# 寒地设施农业
# 节水灌溉技术研究与实践

于振良　刘淑艳　著

哈尔滨出版社
HARBIN PUBLISHING HOUSE

**图书在版编目（CIP）数据**

寒地设施农业节水灌溉技术研究与实践 / 于振良，
刘淑艳著 . —哈尔滨 ：哈尔滨出版社，2024.4
ISBN 978-7-5484-7840-9

Ⅰ.①寒… Ⅱ.①于… ②刘… Ⅲ.①寒冷地区 – 农
田灌溉 – 节约用水 Ⅳ.① S275

中国国家版本馆 CIP 数据核字（2024）第 078998 号

书　　名：**寒地设施农业节水灌溉技术研究与实践**
HANDI SHESHI NONGYE JIESHUI GUANGAI JISHU YANJIU YU SHIJIAN

作　　者：于振良　刘淑艳　著
责任编辑：李金秋
装帧设计：杨秀秀

出版发行：哈尔滨出版社（Harbin Publishing House）
社　　址：哈尔滨市香坊区泰山路 82-9 号　　邮编：150090
经　　销：全国新华书店
印　　刷：玖龙（天津）印刷有限公司
网　　址：www.hrbcbs.com
E－m a i l：hrbcbs@yeah.net
编辑版权热线：（0451）87900271　　87900272
销售热线：（0451）87900202　　87900203

开　　本：787mm×1092mm　1/16　印张：16.25　字数：328 千字
版　　次：2024 年 4 月第 1 版
印　　次：2024 年 4 月第 1 次印刷
书　　号：ISBN 978-7-5484-7840-9
定　　价：88.00 元

凡购本社图书发现印装错误，请与本社印制部联系调换。服务热线：（0451）87900279

# 前　言

我国是世界人均水资源较为缺乏的国家之一，作为农业大国，农业用水量占总用水量的 60% 以上，因此发展节水农业势在必行，任重道远。农业水资源高效利用是可持续利用水土资源、推进农业农村现代化的必然要求。我国农业基础设施建设逐步完善，农业灌溉逐渐向高质量节水模式转变，特别是设施农业节水灌溉技术的应用，在提高水肥利用率、减少病虫害发生、省时省工、提高产品品质等方面效果显著。

近年来，黑龙江省以其独特的地域优势，设施农业迅速发展。随着农业供给侧结构性改革的不断深入，设施农业规模将进一步扩大。为促进现代农业高质量发展，经多年潜心钻研，积极开展设施农业高效节水灌溉技术研究，取得了丰硕的技术成果。

本书共 8 章，第一章至第四章由于振良编写（共计 16.5 万字），第五章至第八章由刘淑艳编写（共计 16.3 字）。书中着重阐述和介绍了设施农业节水灌溉技术的基本理论、研究方法和技术成果等。希望该书的出版能够促进寒冷地区设施农业高效灌溉节水综合技术应用，推动设施农业节水灌溉理论与技术发展，以期获得良好的经济效益和生态效益。

由于编者水平有限，书中难免存在不足和疏漏之处，敬请读者提出宝贵意见。

# 目 录

## ◇ 第一章　概论 ◇

# ◇ 第二章　灌溉方式对早春温室黄瓜、番茄生产的影响 ◇

# ◇ 第三章　高寒地区设施农业主要蔬菜需水规律<br>与灌溉水利用效率研究 ◇

# ◇ 第四章　节水型人工有机基质栽培技术 ◇

# ◇ 第五章　保护地"绿色"番茄种植集成技术研究 ◇

## ◇ 第六章　设施樱桃番茄水肥一体化高效栽培技术 ◇

# ◇ 第七章　水肥一体化栽培技术规程 ◇

# ◇ 第八章　蔬菜产业发展机遇 ◇

# 第一章　概　论

设施农业作为现代农业的主要组成部分之一，在供给侧结构性改革、农业绿色发展、农民增收增效、巩固脱贫攻坚成果等方面成效显著，带动了农业现代化发展。在生产集约化程度、农业技术含量、产品品质和种植效益等方面有着明显优势，对提高土地产出率、资源利用率、劳动生产率以及增强农业综合生产能力具有重要的推动作用。设施农业的关键是对作物生长的环境条件加以适度的调控，以最大限度地利用有利的自然条件和生物的潜能，在有限的土地上获得优质、高产、高效的农产品，实现农业"提高单位面积种植效益"的目标，因此设施农业在全国各地得到了大面积的推广，并且取得了显著的社会和经济效益。

我国近年来设施农业蓬勃发展。党的二十大明确提出，树立大食物观，发展设施农业，构建多元化食物供给体系。"发展现代设施农业"已经写进了2023年的中央一号文件，并提出拓宽农民增收致富渠道，促进农业经营增效等。

设施农业一般是指利用农业物联网技术、机械与工程技术、信息化技术和现代化经营管理技术等各项技术，通过改善农作物局部生长环境[1-2]，提供一个环境因子（光、热、水、气、肥），并根据作物生长和发育需求而设定的"舒适空间"，一定程度上减少或消除自然环境对农业生产的限制[3]，表现为生产季节周年性和生产类型多样性的现代农业生产方式[4-5]。设施农业是现代农业科技水平和集约化程度的集中体现形式，较传统农业生产方式具备了抵御风险能力强、物质与能量投入大、科技密集度高、地域差异性显著和社会、经济、生态三重性等特点和优势[6-8]，并已成为世界各国现代农业发展的重点[9-10]。随着传感器技术、计算机技术和5G通信技术等的快速发展，物联网技术、云计算、大数据和人工智能等在设施农业等现代农业生产中推广、应用和普及[11]，我国传统农业的现代化转型正在加速进行。

通俗地说，设施农业就是用现代工业化的方式和手段、几乎完全借助技术从事农业生产的现代农业模式，具有高投入、高技术含量、高品质、高产量和高效益等特点，是最具活力的现代新农业，是涵盖建筑、材料、机械、自动控制、品种、园艺技术、栽培技术和管理等学科的系统工程，其发达程度是体现农业现代化水平的重要标志之一，也是现代化农业发展的重要建设任务。设施农业为保障我国蔬菜、肉蛋奶等农产品季节性均衡供应，增加农民收入，改善城乡居民生活发挥越来越重要的作用，必将成为当今社会生活和经济发展不可或缺的重要组成部分。

发展现代设施农业，是贯彻落实党的二十大精神，更好保障国家粮食安全、构建多元食物供应体系的重要举措。

## 一、发展设施农业是深挖食物供给潜力的必然选择

当前，我国粮食安全保障有力，居民食物消费需求更加丰富多样，已由"吃得饱"向"吃得好"转变。发展设施农业是深挖食物供给潜力的必然选择。传统的食物供给已经满足不了人们不断变化的食物需求。我国人均 GDP 已经超过 1 万美元，达到中等收入国家水平，人们对食物数量、质量、多样的需求都将提高，结构也将发生变化，主食的直接消费将减少，水果、蔬菜、优质蛋白的需求将增加。

然而，从供给侧看，尽管我国粮食连年丰收，稳稳站在了 1.3 万亿斤的水平，有效地保障了 14 亿多人吃得饱、吃得好，但是仍需理性地认识到，我国粮食总体处于紧平衡状态，农产品进口量巨大，近年来大豆进口每年在 1 亿吨左右。我们在保障口粮基础上，拓展传统粮食边界，全方位多途径开发食物资源，让食物种类更加丰富、结构更加优化、品质更有保障，不断提高食物供给能力，满足人民群众多样化的消费需求。在确保粮食供给的同时，保障肉类、蔬菜、水果、水产品等各类食物有效供给。

设施农业将在空间、时间、品种上弥合食物供需的矛盾。我国耕地资源有限，且有严格的用途管制，2022 年中央一号文件明确提出"永久基本农田重点用于粮食生产，高标准农田原则上全部用于粮食生产"。因此，从空间上看，可用于生产非粮食类产品的增量面积几乎没有，必须通过发展设施农业，提高土地产出率，增加果蔬菌和肉蛋奶等农产品的供给；从时间上看，作物生长受地区资源禀赋、气温、光照等条件影响，有相对固定的生长周期，设施农业在一定程度上突破了农业生产的自然条件限制，实现时不分四季、地不分南北，促进了农产品周年供应，是"菜篮子"产品季节性均衡供应的重要保障；从品种来看，设施农业不仅大面积用于蔬菜、水果、花卉等作物，也越来越多用于水产养殖、畜牧养殖等领域，对于提供优质蛋白也发挥了重要的作用。

## 二、中国设施农业发展总体形势

设施农业是我国从传统农业向现代农业转型的产物，是农业现代化的重要发展方向。我国设施农业的种类很多，有中小棚、塑料大棚、节能日光温室、玻璃温室等，最受广泛关注和应用的是塑料大棚和节能日光温室，其中日光温室更是我国独创。

经过多年快速发展，我国设施农业发展取得显著成效，在保障粮食和"菜篮子"产品稳定供给、深化农业供给侧结构性改革和促进农民持续增收等方面发挥了重要作

用。

相比大田农业，设施农业克服了传统农业"靠天吃饭"的不确定性，通过现代化的设施和技术，实现了农业生产的机械化、自动化和智能化，一定程度上突破了传统农业对耕地和水资源的高度依赖，成为缓解粮菜争地矛盾的关键抓手。设施农业的发展，不仅有效解决了国人吃菜问题，还使蔬菜成为中国所有大类农产品中最具国际竞争力的品种。目前中国是世界上最大的蔬菜生产国，产量占全球50%以上，中国人平均蔬菜年占有量515kg，是世界平均水平的3.4倍。蔬菜年贸易顺差超百亿美元，连续多年是中国农产品出口大头。

### （一）我国设施农业发展现状

#### 1. 设施农业规模持续扩大

党的十八大以来，我国设施农业在诸多政策引导下得到快速发展。在布局上，中国已逐步形成黄淮海及环渤海、长江中下游、西北、东北、华南地区5大设施蔬菜优势产区[12]，江苏、山东、辽宁、河北是中国4个设施农业大省。数据显示，目前，全国仅设施农业面积就超过4200万亩，占世界设施农业总面积的80%以上，其中蔬菜（含食用菌）占据了设施总面积的八成，其余主要是果树和花卉，黄瓜、番茄、辣椒等30多种蔬菜在设施农业帮助下摆脱了"靠天吃饭"，为每个国人贡献了接近200kg的蔬菜和超过30kg的瓜果。

近年来，"南菜北运"与"北菜南运"设施蔬菜基地相互配合，加上多级批发市场、电子商务、冷链物流的发展，让新鲜蔬菜更加触手可及。

#### 2. 技术装备水平不断提升

设施环境调控方面，创新了设施蔬菜信息获取技术，研制出设施环境传感器、设施蔬菜影像识别系统，并开展高通量图像识别的设施蔬菜生长表型研究；建立了日光温室综合环境精准控制模型；研发了第1代现代节能日光温室综合环境管控系统，基于统一物联网平台，可实现设备协同调控、温室专用、低成本；开发出双侧卷帘、平卷内保温、水蓄热、上翻窗、降温箱、运输车、打药车、室内监测、水肥机、气象站、物联网平台等温室管控关键装备；构建了基于统一物联网平台的系列环境和轻简化生产管控系统。设施农业科技支撑能力不断增强，机械化、数字化、智能化与绿色化水平显著提升。

棚膜创新方面，20世纪90年代以来，我国棚膜创新取得巨大进步，特别是近年来已经接近了国际先进水平。首先是聚烯烃多层共挤防老化、防流滴、防雾涂覆棚膜（简称PO涂覆膜）取得突破，该类膜的透光率高、强度大、伸长率高；在膜外层涂覆了1层防流滴、防雾涂层，使其具有与防老化膜同等寿命的防流滴、防雾性能。一般 0.1mm 厚棚膜使用寿命达 3—4 年；其次是蔬菜专用转光棚膜取得新进展，多功能转光棚膜制造工艺取得新突破，破解了长寿命、高接枝、双光效、涂覆协同增效及低成本制造等关键技术，研制出的转光棚膜实现蔬菜增产 16%—34%；此外散射光棚膜可以提高中下部冠层光合作用，蔬菜专用棚膜雾度 < 15%，透光率 90% 以上。

机械装备研发及技术应用方面，设施蔬菜生产小型装备研发创新方面，研发出适合设施使用的深旋机、深松机、灭茬机等耕整地设备；起垄 + 铺滴灌带 + 覆膜为一体的多功能起垄机，可自带动力手扶式，也可配套悬挂动力；人工喂苗秧苗移栽机和自动喂苗秧苗移栽机；蔬菜有序收获机和叶菜无序收获机；以及设施内使用的多功能作业平台车、运输车等。相应设施蔬菜宜机化栽培技术得以推广应用。设施蔬菜栽培菜畦方向顺着塑料大棚和日光温室走向设置，以便机械操作；针对不同作物和不同茬口，探索出相应的宜机化栽培参数。

### 3. 种子种苗创新

设施蔬菜集约化育苗集成技术体系得到新的提升。育成众多设施蔬菜优异专用品种；筛选出蔬菜野生本砧，解决了嫁接不亲和品质降低的问题；研制出嫁接机器人，提高了嫁接效率和嫁接苗成活率；开发出嫁接流水线，提高了劳动效率；探讨设施蔬菜无人化育苗工厂。

### 4. 设施蔬菜病虫害绿色防控技术

设施蔬菜病虫害绿色防控以物理、生物、生态环境、农艺措施防控为主，农药防治为辅。

物理防控病虫害：夏季高温闷棚使土温达 70 ℃，可钝化病原菌 70% 以上，控病 50% 以上，对线虫有效；防虫网防虫和黄蓝板诱虫可防虫害 90% 以上；诱虫灯防虫和臭氧消毒可防虫害 90% 以上。

生物防控病虫害：利用抗病虫品种，虽然目前筛选和育成了一批品种，但仍不能满足需求；嫁接防病虫主要防控土传病虫害，对地上部病虫害效果极小；多数生物农药防效不高，成本较高，诱导抗病持效时间短，防效为 40% 左右。

生态环境防控病虫害：多数真菌性蔬菜病害（除白粉病外）发病最适气温为 15—25 ℃，最适空气相对湿度 > 90%，每天持续时间 4 h 以上利于发病，每天低于 2 h 发病较少；因此控病调控指标为：温度 15—25 ℃，空气相对湿度控制 < 85%；空气相对湿度 > 90%，温度控制 < 15 ℃；空气相对湿度 > 90%，温度 > 15 ℃，时间控制在 2 h 以下，防效可达 60% 以上。

农艺措施防控病虫害：可采用膜下滴灌，夏季少灌、勤灌，冬季少灌并一次灌透，降低蒸发蒸腾量；垄沟间铺锯末、稻壳、秸秆碎末等有机物料，具有吸湿、保温的作用；及时摘除老叶、病叶，并烧毁或深埋。

科学施药：少量病虫害发生后采用低毒高效农药及时进行防治，选用绿色生产允许的农药和高效施药器具，做到节药、省时、省力、高效率，确保绿色生产。

**5. 提高生产效率**

高新技术的应用成为设施农业发展的核心，推动生产效率产生质的飞跃。设施农业是现代生物技术和工程技术的集成，是农业高新技术的象征。它在传统农业的精耕细作的基础上，实现了技术、物资、劳力和机械等的综合输入，通过对植物生长环境要素全方位调控的逐步实现和可控的工程技术措施，尽可能地使植物生长环境要素处于最佳的组合状态，既能持续增进资源生产潜力，又有利于充分发挥农作物内在的生产潜力，以及土地产出率高和劳动生产率高的优势。设施农业科技含量和集约化程度较高，使作物的生长速度加快，生长周期缩短，产量增加，质量提高，其生产效率比传统农业要提高几倍甚至几十倍，有力促进农民增收和农村共同富裕。由于采取集约化生产，设施农业在节水、节能、节肥、节药等方面也具有显著优势，生态效益明显。

**6. 资源利用率明显提高**

设施农业加强了资源的集约高效利用，大幅度提高了农业系统的生产力。与传统农业比较，设施农业对资源的利用效率要高得多。尽管在相同的时间段内，设施农业和传统农业所占有的资源量相同，但通过各类不同设施的利用，设施农业一方面不同程度地延长了农业资源利用时间，另一方面扩大了农业资源利用空间，使原本不能利用的农业资源得到了有效利用，促进了资源要素的合理配置，加强了资源的集约高效利用，实现了农业资源利用空间的广延性和时间的持续性，从而大幅度提高了农业系统的生产力。

**7. 设施农业对稳产保供作用更加突出**

设施农业综合生产能力稳步提升。2021年设施蔬菜占全国蔬菜播种面积的19%、总产量的30%，人均设施蔬菜占有量近160kg，北方大中城市冬季蔬菜自给率比2015年提高10个百分点。设施畜牧养殖产能大幅提升，全国肉类、禽蛋、奶类总产量的70%由规模养殖场提供。池塘、工厂化与网箱等设施水产养殖产量达到2800万吨以上，占比超过水产品总产量的50%[12]。

**（二）我国设施农业发展不足**

尽管我国现代设施农业取得了长足发展，但在实践中还存在不少短板，距离"菜篮子"产品稳产保供的要求还有不小差距。

**1. 传统设施农业发展空间日益受限**

近十年我国耕地面积累计减少1.13亿亩，统筹保障粮食和"菜篮子"产品稳定供给的耕地资源压力持续加大。当前近80%的设施种植分布在黄淮海、环渤海以及长江中下游等粮食主产区,戈壁、滩涂、盐碱地等非耕地综合利用水平还较低,迫切要求转变设施农业发展方式,在传统优势区集约化改造基础上,合理有序开发荒山荒地等非耕地,开拓新发展空间[12]。

### 2. 设施装备亟待升级

我国设施农业装备研发制造与技术集成能力仍较薄弱,智能化、机械化水平总体较低,设施装备老旧问题普遍存在,迫切需要加快改造升级,强化科技装备支撑,提升设施农业整体发展质量。中国设施农业在设施类型上基本以中小型塑料大棚为主,中小拱棚和塑料大棚等设施种植面积占比70%以上,具有环境控制能力的连栋温室占比不到1%[12],在作业方式上以小农户经营为主,人工成本偏高。整体看,中国设施农业在设施装备方面投入偏少,导致设施的现代化水平以及生产调控能力偏低[13]。

### 3. 科技创新支撑不足

与国际先进水平相比,中国设施农业的创新能力不足,单产水平偏低,机械化率较低。当前我国设施农业发展方式仍较粗放,水土资源利用效率不高。在品种研发方面,番茄、辣椒等高端蔬菜品种严重依赖进口;农业废弃物资源化利用不足,与高质量绿色发展要求还有较大差距。

### 4. 栽培土壤质量比较低

一些温室大棚经过多年耕种后,土壤质量问题开始显现,例如不溶于水的一些矿物质在土壤中聚集,微生物含量减少,这些都会造成土壤质量下降。多年连作以及长期不合理的水肥管理模式的弊端日益突出,制约了设施农业健康稳定、可持续发展。研究表明,随着栽培年限的增加,土壤连作障碍概率也在增加,作物生长发育不良、品质及产量下降、抗病能力降低等,已成为制约设施农业生产的障碍因子。

### 5. 设施农业服务配套滞后明显

设施农业产业链条还不完善,社会化服务发展滞后,商品化育苗、仓储保鲜与冷链物流等短板突出。设施农业标准、信息、服务与市场等配套体系不健全,专业管理和技术人员较为缺乏,先进设施装备功能难以发挥。政策支持不完善,设施用地政策有待细化,设施农业保险与金融服务力度不足,抵御应对各类风险的能力有待提升。

在农业农村发展面临的诸多问题中,确保农民增收、粮食安全和农业可持续发展是我国农业发展面临的最大挑战[14]。设施农业作为一种高投入、高产出、高效益、资金密集、劳动力密集和科技含量密集型产业[15],在推动建设智慧农业、周年供应农产品、保障粮食安全和增加劳动就业岗位等方面均有重要作用[16]。

### （三）设施农业发展方向

从实践经验和发展趋势来看，设施农业既是破解我国耕地资源紧缺、食物需求量质齐升矛盾的关键一招，也是协同实现向耕地、向江河湖海、向植物动物微生物要热量、要蛋白的必然选择。未来要从以下几个方面充分挖掘设施农业增产潜能：

**1. 设施装备现代化**

设施农业改造升级，传统优势产区的设施将变得更智能。老旧设施将加快装备升级，推广现代化信息技术。包括改造棚型结构、推广新型复合保温墙体、优化屋面结构、提高保温和蓄热的性能等；推广水肥一体化的自动化调控设备，打药机、物流运输机等省力化作业设备，提高整体设施农业的机械化、自动化和智能化水平。利用大数据、人工智能、物联网等现代信息技术，改造提升现有种植养殖设施，新建智能温室、新型保暖大棚等节能节地环保设施，建设植物工厂、数字牧场、智慧渔场，提升设施产品供给能力。

**2. 建设现代设施育苗中心**

中国设施农业 70% 以上是以家庭为单元的小农户经营，机械化水平仅为 30%—40%。这种作业方式在种苗培育、品种选择等方面都存在不足。建设现代设施育苗中心，通过扩大蔬菜的优质种苗，提高优质种苗的供给覆盖率，将有效解决小农户育苗难、成本高、质量差的问题。例如，大约 5 万亩的设施蔬菜，就需要一个现代化的设施育苗中心。因此，未来应该从设施蔬菜集中的区域开始推广，根据密度建设现代设施育苗中心。

**3. 利用戈壁、沙漠等发展设施农业**

2023 年中央一号文件在设施农业方面还有一个新提法："利用戈壁、沙漠等发展设施农业。"戈壁、沙漠以及盐碱地、滩涂等地方发展设施农业，是为了更好利用水土资源。科技将会让这些过去不能生产农产品或生产率非常低的土地资源得到改造。例如，甘肃、新疆等地通过引入现代化农业设施，大力发展戈壁农业，取得了明显成效。在甘肃的戈壁滩，通过打造日光温室并引进基质栽培、水肥一体化、物联网控制等技术，已经形成了数十万亩的戈壁农业。新疆在突破了水的限制后，充分发挥光热资源优势，生产出了高质量农产品。

**4. 打造现代智慧设施农业**

现代化设施农业，更是拎稳城市"菜篮子"的重要保障。大城市人口集中，蔬菜消耗量大，土地资源紧张。现代都市型的智慧设施农业是今后的发展方向，包括建设全年生产立体种植、智能调控的连栋温室、植物工厂等，形成布局合理、高产高效、能够保障一定产品需求的农业标准化园区。

### 5.推进产业集群化

按不同农业生态类型、产业基础条件、产品市场需求，合理规划设施农业发展布局，建成一批产业集群发展、先进要素集聚、产业链条完整、供给能力强劲的现代设施农业产业带。探索利用戈壁、荒漠等非耕地资源，发展戈壁农业，丰富农业业态，拓展产业空间。

### 6.有效发挥政府引导作用

以更大的财政资金投入力度引导和撬动更多社会资本进入，形成多元化投入格局；加大智能化、绿色化设施农业机械和装备的研发推广力度，进一步提高设施农业的经济效益和生态效益；开展现代设施农业政策解读与宣传，充分调动政府部门、市场主体、农民群众等各方面积极性，构建政府、社会、市场协同推进的工作格局。

### 7.加强舆论引导

强化与新闻媒体的沟通合作，开展设施农业系列专题报道宣传，引导全社会共同关注、协力支持，在全社会掀起设施农业发展热潮，凝聚促进设施农业高质量发展的强大合力。引导新型农业经营主体广泛参与设施农业建设，创新完善联农带农机制，推动设施农业新型经营主体与小农户建立优势互补、分工合作、风险共担、利益共享的联结机制。

## 三、设施农业发达国家的经验借鉴

设施农业历史久远，尤其西方发达国家在发展设施农业过程中对其补贴和投入较多，因而发展迅速[17]。目前，荷兰、日本和以色列等设施农业较发达的国家，在设施环境调控、水肥管理、土壤特性演变和专业育种育苗等方面进行全面系统的研究，形成了完整的设施农业技术体系和配套装备[18]。

### （一）荷兰

荷兰设施农业以先进的玻璃温室及其配套设施为主要特征，拥有玻璃温室超过1万 $hm^2$，占农业总产值的35%。荷兰玻璃温室盛产蔬菜和花卉，出口量均占世界第一，享有欧洲"菜篮子"的美誉。

荷兰玻璃温室生产效率高、管理经验强，具体表现为：拥有世界上规模最大、最先进的智慧种植温室；具备先进的种苗研发和种苗种植销售体；研发了科学的温室配套设备、高效的水肥一体化种植技术和自动化设备与系统；积累了丰富的种植管理经验；打造了发达的自动分拣和物流传输体系。总体上，其设施农业发展经验可概括为以下四个方面：

### 1.良好的发展环境

荷兰是温带海洋性气候，雨水充足，但光照不足，年均光照时间约为1600h。因此，荷兰政府通过制定适合其自然环境和国家农业发展实际情况的政策和战略，达到了高效利用有限的土地资源的目的。

### 2. 生产高度专业化

荷兰设施农业通过不断地发展、完善和创新，逐步形成了高度专业化的生产体系，拥有一流的温室设施及其配套装备。荷兰温室装备主要包括：温室主体框架、温室遮阳设备、作物生长监控系统、温室环境控制系统（主要包括温度控制系统、二氧化碳补充系统和补光系统等）、智能管控系统和节水灌溉系统等，功能覆盖作物生长发育到收获全过程。在设施温室实际生产中，从基质搅拌、装钵、定植、栽培、施肥、灌溉、采摘、运输，甚至包装等环节全部实现了机械化运作，且室内光、温、水等环境因子，及作物生长状况等均可由物联网和计算机系统进行监测和控制。由此，一栋温室便可变成一座小型农产品加工厂。

### 3. 市场经营规范化

完整规范的市场经营体系是荷兰温室农产品进入全球消费市场和提供优质服务的重要保障。荷兰政府十分重视农业市场经营体系规范，严格审查申请进入市场的各类主体，并通过制定公平交易制度管理市场交易活动、维护市场正常秩序。完善的农产品交易系统是荷兰农业市场的一大特点，交易系统以产品链为核心，把产前、产中和产后各生产和交易环节连接为一个整体，消费者可通过农产品包装上的条码获得生产产地、生产日期和保质期等相关信息。

此外，为连接市场与农户，"市场拍卖"成为荷兰农业一体化经营的重要一环。农户按照产品质量标准进行分类、分级、包装和检验，并在交易大厅由批发商竞价交易。"市场拍卖"打通了生产者与购买者的中间渠道，有效解决了农产品的销售问题。同时，公平、公正、公开的拍卖过程，不仅有利于保护农户的利益，还可以有效调节市场供求关系，优化资源配置。

### 4. 完善的社会服务体系

农业合作社在荷兰农业发展中发挥着重要作用，是以减少市场风险和提高生产盈利为目的，由具有相同作物或相似作物种植经验的种植户或其他生产者、管理者等自行组织和形成的社会团体。

农业合作社类型十分丰富，包括供应合作社、农产品加工合作社、销售合作社、服务合作社和信用合作社等。由此可知，农业合作社不仅存在于农业生产领域，还广泛存在于农产品加工、销售、农业信贷、种植技术交流和农业生产资料供应等领域，实现了生产、检测、市场、信贷、服务、推广和信息系统的全覆盖[19]。此外，通过农业合作社，还设立了农业安全基金，给予受到自然灾害或经营困难的农户资金帮助，提高农业从业人员的风险抵御能力[20]。

## （二）日本

日本人多地少，人均耕地面积仅为 $0.039hm^2$。自 20 世纪 60 年代起，日本便开始积极发展设施农业，以弥补耕地资源的不足。在发展设施农业过程中，日本基于本国气候和栽培特点，积极引进和改良其他设施农业较发达国家的温室结构与栽培、种养殖经验，形成了适合日本设施农业发展的技术体系和设施装备，推动了日本设施农业的快速发展[21]。目前，日本设施温室配套设备及设施温室内环境管控技术处于世界领先水平[22]。日本设施农业得以快速发展，主要归功于以下几个方面：

### 1. 政策引导、财政支持

为保障农业生产用地，日本政府颁布并实施《农地法》《土地改革法》等法律。此后，日本陆续制定《农业基本法》《农业协同组合法》等法律，以期扶持农业生产经营。通过出台《农产品价格稳定法》《批发市场法》等系列法律法规，保障了农产品交易市场秩序和农民的利益。连续、稳定的农业政策保障了日本农业的快速发展，同时，吸引了大量资金进入农业生产。日本政府又适时采用财政补贴政策，进一步推动了农业的飞速发展。

### 2. 功能齐全的农协组织

众多发达国家在发展农业过程中，均依托农业合作社等类似的社会服务组织，农协组织是日本农业发展行之有效的组织形式，可实现生产指导、统一销售、集中采购、社会服务、信贷支持和权益保障等多种服务，通过全面的保障措施极大地降低了农户的生产经营风险，充分保障了农户利益，维护了农业生产和农业市场稳定性。

### 3. 农业生产的"五化"原则

所谓日本农业生产的"五化"原则，即生产机械化、管理科学化、农产品加工标准化、品种优良化和营销体系化。

生产机械化，1966 年日本就已基本实现了农业生产机械化。随着精品农业的快速发展，其农业机械化水平不断提高，并向着智能化方向发展和转变[23-24]。

管理科学化，日本国立和地方农业科研机构与全国农业改良普及中心组成专家团队，对日本各农业生产区土地状况、作物种植要点、气象特点和病虫害预警与防治等生产管理措施给出准确判断和建议。

农产品加工标准化，日本农产品需准确标明原材料所含成分、生产日期、保存方法和生产厂商，以保障质量安全和产品竞争力。

品种优良化，优良品种是获得高产的第一步。日本农业发展十分重视优良品种的研发，以期获得更优质、高产和耐病性高的新品种。

营销体系化，通过中央批发市场的销售服务系统，农户及生产厂商可以查询每日国内批发市场的农产品销量和海关的进出口通关量[25]，以便及时掌握农产品市场动态，调整生产规模和经营范围。

**4.重视科技创新和人才培养**

农业科技创新是农业可持续发展的动力源泉。日本重视农业科技创新和人才培养，建立了国立/公立科研机构、大学和社会组织（公司、社团等）三种形式的农业科研体系，政府和企业每年会投入大量资金用于农业技术创新，促进了日本设施农业的快速发展。日本通过农业改良普及部门和农协组织开展全国农业技术推广服务，对农民进行职业技术培训和科普教育，不仅培养了大量农业技术人员，还形成了一套较为完善的农业人才培养制度，为日本农业发展与农技创新等提供了充足的人才储备。

### （三）以色列

以色列位于地中海东部，是典型的亚热带地中海气候，光热充足，但严重缺水，全国每年可利用水资源仅为 20 亿 $m^3$ [26]，气候资源与我国西北地区有较大相似性。借鉴以色列设施农业发展经验，可促进和指导我国西北地区设施农业产业发展，克服水资源缺乏、昼夜温差大、冬季寒冷干燥和土地严重沙化等不利环境因素的影响，提升西北地区农业生产力和自然灾害抵御能力[27]，对提高农业生产效率和促进农民增收等的意义不言而喻。总体上，以色列设施农业的成功经验可以概括为以下三个方面：

**1.政府扶持战略**

一方面，以色列政府非常重视农业科学研究的投入。不仅支持高校和科研院所的学者申请各类技术开发项目，还支持地方农技推广中心的工作人员参与到技术开发和创新中，促进了以色列农业科技的快速发展。政府还通过低息贷款，鼓励农户建立温室、果园或农产品生产和出口基地，以扶持高品质、高效益农产品的生产活动。

另一方面，以色列通过精准的农业生产补贴，降低农户生产经营风险。如把补贴用于农业节水灌溉，给予供水公司一定的优惠政策，不仅减少了农户的生产投入，还对改进节水灌溉技术有促进作用[28]。

**2.科技引领，发展节水农业模式**

以色列国土面积的 2/3 为丘陵和沙漠，1/2 以上属于干旱和半干旱地区[29]。水资源的枯竭迫使以色列最大限度地采用节水灌溉方法。1964 年，以色列便在全国范围内建立了可用于灌溉施肥的输水系统，并应用于温室作物生产中。经过数十年发展，以色列研发并应用了世界上最先进的喷灌、滴灌、微喷灌及水肥一体化技术等，使农业生产过程中的水分利用率提高 40%—60%，肥料利用率提高 30%—50%[30]，温室滴灌水分利用率达 90% 以上[31]。除节水灌溉技术外，以色列农业发展还十分重视

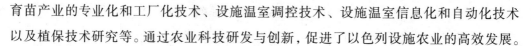

育苗产业的专业化和工厂化技术、设施温室调控技术、设施温室信息化和自动化技术以及植保技术研究等。通过农业科技研发与创新，促进了以色列设施农业的高效发展。

### 3. 专业的外销服务组织和对外培训

以色列从 1984 年 80% 的农产品依靠进口来满足本国需求，到如今谷物、油料种子、肉类、咖啡、可可和糖等全国 60% 的农副产品用于出口，年出口创汇约 21 亿美元，其专业的外销服务组织功不可没。早在 1954 年，以色列就成立了农产品出口组织。为开拓农产品特别是设施农产品出口市场，以色列还加大了对外培训和宣传工作。这样不仅可以展示以色列在温室设施自动化和智能化、节水灌溉技术、水肥一体化技术等农业科技的先进成果，增大其技术成果与智能装备的出口机会，塑造现代农业生产的典范，还可通过激烈竞争促进原有技术与装备不断创新升级，推进农业可持续发展。

## 四、借鉴国外经验，对我国设施农业发展的启示

世界各国都将设施农业作为现代农业发展的重要任务，探索形成了各具特色的发展路径，对我国设施农业高质量发展提供了有益借鉴。

### 1. 科技创新和人才培养是持续动力

设施农业是现代农业发展的显著标志，已成为世界各国农业科技水平竞争的重要指标。农业科技创新不仅可以抢占设施农业发展先机，同时也是生产主体专业化的前提和关键一步。农业科技创新需根据本国国情和气候及资源特点，进行必要的、非重复性核心技术研究，重点提高农业资源的产出率和农业生产效率。此外，在现代农业科技创新体系中，农民和农业生产者与农业经营管理人员等始终是农业科技创新的原动力，同时也是创新成果的实际需求者与实践应用者[32]。通过政府、农业科研院校、企业和社会服务组织等多种方式培养高素质的现代农业人，做好先进农业科技与设备设施的全国推广、普及和应用等，不仅能促进相关技术与装备的二次创新，还有利于推动我国设施农业的快速和可持续性发展。

### 2. 专业化的生产主体是核心内容

专业化的生产主体，即先进的设施技术及其配套装备，是设施农业逐步迈向更高层次农业生产方式的核心内容和重要保障[33]。基于生产主体的专业化，经营者可以利用工业化、机械化和智能化的农业生产经营与管理方式[34]，通过设施技术与装备，精准控制设施内环境状况[35-36]，实现有计划、有规模、有稳定产量和质量保障农产品的周年供应。

我国设施农业应积极发展农业物联网、设施机器人、气象灾害预警、病虫害绿色防控、设施环境自动调控、专家决策系统、农产品质量溯源、智能装备等技术与装备[37-40]，缓解目前我国设施农业发展存在的机械化水平低、自动化控制差和经营管

理方式落后等问题，为我国设施农业的可持续发展做好充足准备。

### 3. 完善的服务体系是重要补充

以共同利益为目标的社会服务体系或组织，将农户与农户、农户与生产商及生产商之间的关系紧密连接，组成强有力的命运共同体。通过体系下延伸出多种服务内容，从农产品的生产、加工、技术指导、销售、金融、推广等多个环节，保证农产品由产前到产后的全链条服务，从而保障各方利益，促进设施农业的稳定发展。目前，由于各种原因导致我国农村合作社的职能较为单一，建议通过完善农业金融市场、信贷、保险和推广等多重属性，为我国设施农业发展提供更全面的服务与保障。

### 4. 政府主导和财政支持是关键

首先，基于自身国情制定和颁布一系列行之有效的法律法规，引导和扶持设施农业发展，建立起设施农业发展的法律体系和法律依据，加强政府宏观调控和干预能力；其次，根据对不同时期的判断，政府出台符合实际需要的设施农业发展的政策法规，适时做出调整和改变，可促进设施农业健康发展和现代化建设；再次，基于政府的政策导向，鼓励和支持农业财政等金融措施，积极引导社会资金重点向设施农业建设注入，加速其发展；最后，通过政府的各项优惠政策和财政支持，可有效降低设施农业的市场风险，促进其健康和稳定发展，并保证了农户和经营者的利益[41]。

2023年6月9日，农业农村部联合国家发展改革委、财政部、自然资源部制定印发《全国现代设施农业建设规划（2023—2030年）》（以下简称《规划》），《规划》包括1个总体规划、4个专项实施方案，明确建设以节能宜机为主的现代设施种植业、以高效集约为主的现代设施畜牧业、以生态健康养殖为主的现代设施渔业、以仓储保鲜和烘干为主的现代物流设施4方面重点任务；部署实施现代设施农业提升、戈壁盐碱地现代设施种植建设、现代设施集约化育苗（秧）建设、高效节地设施畜牧建设、智能化养殖渔场建设、冷链物流和烘干设施建设6大工程；明确提出强化组织领导、政策扶持、指导服务、主体培育、宣传引导5方面保障措施，对未来一个时期现代设施农业发展做出全面部署安排。《规划》提出，到2030年，全国现代设施农业规模进一步扩大，区域布局更加合理，科技装备条件显著改善，稳产保供能力进一步提升，发展质量效益不断提高，竞争力不断增强。设施蔬菜产量占比提高到40%，畜牧养殖规模化率达到83%，设施渔业养殖水产品产量占比达到60%，设施农业机械化率与科技进步贡献率分别达到60%和70%，建成一批现代设施农业创新引领基地，全国设施农产品质量安全抽检合格率稳定在98%。这是我国出台的第一部现代设施农业建设规划，对促进设施农业现代化具有重要指导意义。

## 五、我国农业用水现状

中国作为农业大国，一直以来用占世界极小的耕地面积养活了庞大的人口，这是令世界瞩目的成绩。现今国家繁荣富强、社会和谐稳定，人们的思想观念也发生了一定变化。我国积极倡导和践行可持续发展的理念，近年来也一直致力于建设资源节约型社会。在推动农业发展的同时，人们对于水资源的关注度也越来越高。

在我国农业发展过程中，有一个重要的制约因素就是水资源不足。地球虽然有71%的面积被水所覆盖，但是淡水资源却非常有限[42]。我国是一个缺水严重的国家，淡水资源总量为 28000 亿 $m^3$，占全球水资源的6%，位列世界第四；但是我们国家地域辽阔，人口数量多，据世界粮农组织最新数据，目前我国人均水资源量仅为 $1936m^3$，是世界平均水平（$5675m^3$）的 1/3，在 183 个有统计的国家 / 地区中排第 97 位（2017 年中国水资源公报编辑部最新成果）。2020 年我国亩均耕地水资源占有量 $1467m^3$，约为世界平均水平的 1/2，因此我国水资源问题格外受到重视。

要想保障农业的发展，就需要保障农业用水需求；但实际农业用水资源的开发较为困难，因为它所需要的资金较多，见效却慢，投资额度大，风险更大，在短时间内并不能解决大面积的农业灌溉问题。针对这一现实问题，积极研究节水灌溉技术是十分重要且必要的。用最少的水量，获得最大的产量，在保障农业用水的同时，降低水资源使用量，这对于推动节水农业发展有着重要意义[43]。

农业节水不仅是我国国民经济和社会可持续发展所要求的，也是我国农业资源，尤其是水资源短缺、水土资源配置失衡等严峻形势决定的。农业节水对保障国家水安全、粮食安全和生态安全，推动农业和农村经济可持续发展，具有重要的战略地位和作用。我国农业缺水的问题在很大程度上要依靠节水予以解决，加强对我国节水农业技术的研究，以科技创新促进生产力发展，建立与完善适合我国国情的现代节水农业技术体系，将成为促进我国节水农业可持续发展的重大战略举措之一。

## 六、黑龙江省设施农业及水资源状况

### （一）黑龙江省设施农业情况

黑龙江省地处我国东北边疆，由于无霜期短，冬春季节寒冷，在露地无法从事正常的种植业，而大棚、温室等设施是在不适宜种植的寒冷季节里，采取防寒保温、升温和降温措施，在人工控制的环境条件下，使作物正常生长和发育，这样发展设施蔬菜生产能有效地延长蔬菜供应期，既能增加农民的收入，又能解决城市居民的"菜篮子"供应问题。近些年，随着科技的发展，设施农业在我省发展速度非常快，在城镇蔬菜供应方面发挥着重要作用。据统计，2018 年，黑龙江省设施蔬菜播种面积达

140 万亩。

水是设施农业生产的关键因素之一。伴随着设施农业的兴起,灌溉水资源的高效利用是这一产业发展的重要保障。目前,黑龙江省设施农业绝大多数仍然采用传统的沟灌或畦灌,水的利用率非常低,水分由地表逐渐下渗到作物的根系,地表湿润,蒸发量大,造成棚内空气湿度大,为病原菌的生长繁殖创造有利的条件,造成病害发生,从而影响作物的生长和产量,同时造成水资源的浪费。

开展设施农业节水灌溉技术试验研究与应用对于水资源优化配置、农田水利规划,对科学用水,文明用水,提高水的利用率,提高农民收入,促进节水社会的建设具有非常重要的意义。

### (二)黑龙江省水资源情况

黑龙江省水系发达,江河纵横。全省有黑龙江、松花江、乌苏里江和绥芬河四大水系以及乌裕尔河与双阳河两条内陆水系,全省流域面积在 50 平方公里以上的河流有 2881 条。黑龙江省与俄罗斯边界线长度 2981km,其中水界线 2723km,占中俄边界线总长度 86.55%。

全省有常年水面面积 1 平方公里及以上湖泊 253 个,总湖面面积为 3037km$^2$,有兴凯湖、镜泊湖、连环湖和五大连池等主要湖泊。全省拥有自然湿地 556 万 hm$^2$,占全国自然湿地面积的七分之一,占全省总面积的 11.8%。全省水能总理论蕴藏量 739.49 万千瓦,可开发的水能资源装机容量 603.2 万千瓦,全部开发年总发电量 218.5 亿千瓦时。黑龙江省对水能的利用率很低,发展潜力很大。

全省年平均水资源量 807.80 亿 m$^3$,其中地表水资源 667.50 亿 m$^3$,地下水资源 303.63 亿 m$^3$,全省人均占有水资源量约 2536m$^3$,耕地亩均占有水资源量约 338m$^3$。黑龙江省以不到全国 3% 的水资源总量,支撑起全国 11.3% 的粮食产能。

我省与我国华北地区和西北地区的省份相比,水资源是比较丰沛的,但水资源的时空分布极不均匀,呈现出境内少、过境多,汛期多、非汛期少,山丘区多、平原区少的特点。山丘区的耕地面积占全省耕地面积的 20%,水资源量占全省水资源总量的 74.5%;平原区耕地面积占全省耕地面积 80%,水资源量占全省水资源总量的 25.5%;松嫩平原耕地面积占全省耕地面积的 45.6%,水资源量占全省水资源总量的 5.7%;大、小兴安岭地区耕地面积占全省耕地面积的 13.1%,水资源量却占全省水资源总量的 58.2%。

# 第一节　节水技术

当前，农业节水技术的发展呈现出多学科相互交叉、各单项技术互相渗透的明显特征，各种节水技术措施趋向于集成化发展，单一的农业节水技术已难以满足节水、增产、增效、节能、节肥、省工等多元化节水目标的需求。同时，在节水效果上愈加注重农业节水对区域水资源与水环境的影响，因此多元化节水目标对农业节水技术措施选择的影响愈加显著。世界各国采用的节水农业技术通常可归纳为工程节水技术、农艺节水技术、生物（生理）节水技术、水管理节水技术和雨水收集、渗透、循环利用等。节水农业技术的应用可大致分布在四个基本环节：一是减少灌溉渠系（管道）输水过程中的水量蒸发与渗漏损失，提高农田灌溉水的利用率；二是减少田间灌溉过程中的水分深层渗漏和地表流失，在改善灌水质量的同时减少单位灌溉面积的用水量；三是减少农田土壤的水分蒸发损失，有效地利用天然降水和灌溉水资源；四是提高作物水分生产效率，减少作物的水分奢侈性蒸腾消耗，获得较高的作物产量和用水效益。节水农业发达的国家始终把提高上述环节中的灌溉（降）水利用率和作物水分生产效率作为重点，在建立了以高标准的衬砌渠道和压力管道输水为主的完善的灌溉输水工程系统和采用了以喷（微）灌技术和改进的地面灌技术为主的先进的田间灌水技术后，节水农业技术的研究重点正从工程节水向农艺节水、生物（生理）节水、水管理节水等方向倾斜，尤其重视农业节水技术与生态环境保护技术的密切结合。

## 一、工程节水技术

为减少来自农田输水系统的水量损失，许多国家已实现灌溉输水系统的管网化和施工手段的机械化。同时，国内外将高分子材料应用在渠道防渗方面，开发出高性能、低成本的新型土壤固化剂和固化土复合材料，研究具有防渗、抗冻胀性能的复合衬砌工程结构形式。与此相适应，我国加快了节水灌溉技术的发展，各地结合实际，因地制宜地总结和推广了不同工程节水技术。

### （一）渠道防渗技术

渠道防渗工程措施可以减少渠道渗漏损失，节省灌溉用水量，更有效地利用水资源；提高渠床的抗冲刷能力，防止渠坡坍塌，增强渠床的稳定性；减小渠床糙率系数，加大渠道内水流流速，提高渠道输水能力；减少渠道渗漏对地下水的补给，有利于控制地下水位和防止土壤盐碱化及沼泽化；防止渠道长草，减少泥沙淤积，节省工程维修费用；降低灌溉成本，提高灌溉效益。此外，渠道防渗还具有加大过水能力、减小过水断面、有利于农业生产抢季节、节省土地等优点。渠道防渗是我国当前节水灌溉技术推广的重点。根据渠道防渗所使用的材料进行划分，我国目前主要采用混凝土衬砌、浆砌石衬砌、预制混凝土与土工布复合防渗等形式。常见的渠道防渗工作措施主要有：

**1. 土料防渗施工技术**

该技术主要运用土料防渗处理的方式，防止水利工程出现渠道渗漏问题。由于其所需主要材料为土料，获取方式较为简便，所需成本相对较低，防渗效果较好，因此，受到水利工程施工方的广泛使用。土料防渗施工技术也存在一定的不足之处，即抗冻性和耐久性相对较弱，施工人员在使用土料防渗施工技术进行水利工程施工时，常常将其应用于施工规模不大、室外温度不低于0℃的建筑工程之中，将土料防渗施工技术的优势尽可能多地展现出来。此外，在实际的施工中，应加强对土料厚度的考虑，或者以构建伸缩层的方式，避免水利工程出现渠道泄漏问题。

**2. 混凝土防渗施工技术**

混凝土防渗技术对施工的场地、环境以及气候等并没有太高的要求，并且具有较强的耐久性和抗冲击性，使用年限相对较长，防渗效果也较好，因此，受到水利工程施工方的喜爱。然而，需要注意的是，在使用混凝土防渗施工技术之前，应做好前期准备，将所需要的工具备齐，并对混凝土的质量进行多次检查，以保证能够满足水利工程施工质量的标准。在浇筑混凝土的过程中，施工人员应当一次性将混凝土浇筑完成，防止在混凝土浇筑时出现裂缝问题。进行水利工程渠道防渗施工时，可通过分段、分层的方式进行混凝土的浇筑，在混凝土振捣的过程中，也应分层进行施工。混凝土浇筑工作结束12h后，要对混凝土进行及时养护，通过覆盖、洒水等方式，使混凝土的表面保持一定的湿润度，从而避免混凝土出现裂缝[44]。

**3. 砌石防渗施工技术**

砌石防渗施工技术主要是利用卵石对水利工程渠道进行防渗处理，该技术因具有操作简洁、防渗效果好、持续时间较长、抗冲击等优势，受到水利工程施工方的广泛应用。需要注意的是，施工人员要提前对施工场地的实际情况进行调查与分析，并根据分析结果对卵石防渗层的厚度进行适当调整，以确保渠道防渗施工保持较高的质量。在选取砌石防渗施工技术类型时，可根据实际施工状况及想要达到的施工效果进行选择。如果施工要求相对较低，可采取干砌勾缝施工技术，如果施工要求较高，则采用浆砌块石护面技术。

**4. 沥青防渗施工技术**

该技术作为处理水利工程渠道渗漏问题的常用技术之一，主要由三个环节构成，分别为沥青混凝土、埋藏式沥青薄膜以及沥青席。在沥青混凝土环节中，要求施工人员将沥青混凝土所需原材料进行合理配比并充分搅拌，使其形成具有一定防渗效果的沥青混凝土材料，将其在水利工程施工中进行使用，可增强防渗效果。在埋藏式薄膜环节中，需要施工人员对施工区域进行除草处理，并调整平整度，在其上方铺设一层沥青薄膜，防止沥青因使用年限的增长而出现老化的现象。在沥青席环节中，要求在席子上涂抹一层沥青材料，然后将其铺设在上方，使整体的防渗效果得到提升[45]。

### 5. 膜料防渗施工技术

膜料防渗施工技术主要指在塑料薄膜中涂抹一层保护层，并将其铺设在施工区，以达到防渗漏的目的。膜料防渗施工技术所需成本较少，应用范围较为广泛，在一定程度上能够降低渗漏问题发生的概率。但是由于其主要材料是塑料薄膜，相对较为脆弱，在面对坚硬物体时容易损坏，使用周期相对较短。因此，为了能够使膜料防渗施工技术发挥其自身的优势，在进行水利工程施工时，应选择稳定性较强、质量较好的塑料薄膜，并严格根据施工的要求及标准进行施工。一旦发现薄膜出现损坏的问题，应及时更换处理，以保证该技术的防渗效果[46]。

农田水利渠道防渗技术作为水利工程施工中较为关键的技术，不但能够提升水利工程施工建设的质量，还能够解决水利工程渠道渗漏的问题。在面对水利工程因地质原因、施工原因、温度原因等产生渠道渗漏问题时，可利用土料防渗施工技术、砌石防渗施工技术、混凝土防渗施工技术、沥青防渗施工技术、膜料防渗施工技术等，增强水利工程渠道防渗效果，保证水利工程施工建设质量[47]。

## （二）管道输水技术

目前管道输水技术主要在我国北方井灌区推广应用，在南方部分水稻种植区和北方自流灌区也开始采用管道输水技术。我国管道输水常用的管材主要有塑料管（硬管、软管）和混凝土管，其中专门用于管道输水的低压薄壁塑料管应用最为广泛。

### 1. 管道输水灌溉技术优点

相对于传统渠道输水灌溉技术而言，低压管道输水灌溉技术计量方便、控制灵活，在节水、省地、节约人工、输水速度上的优势更为显著，与土渠相比较，利用管道输水的利用系数可提高到 0.95，在种植业结构调整方面也拥有一定的适应性。而当下各类大口径管材、管件的技术更为先进[48]，标准化、系列化程度很高，价格适宜，相对于混凝土管施工而言也更加简便，低压管道输水灌溉工程因此得到了快速发展。在人们对农业生产的省水、省地、生态及高产优质要求不断提高的今天，要想实现农业的进一步发展，就必须加强低压管道输水灌溉技术研究。

### 2. 我国低压管道输水灌溉技术应用现状

早在 20 世纪 50 年代，我国便对低压管道输水灌溉技术展开了研究。到了 20 世纪 80 年代，我国北方水资源更加稀缺，为了推动农村经济的发展，在重点科技攻关项目中加入了低压管道输水灌溉技术，加大了管道管材及配套装置的研究，加强低压管道输水灌溉系统在农田中的应用，这是我国农业输水灌溉技术的又一进步，可以有效地解决我国农田缺水的现状。因此，我国相关技术人员应该加强对低压管道输水灌溉技术的研究，完善低压管道输水灌溉系统，提高灌溉水的利用率，节约能源[49]。低压管道输水灌溉技术的推广及应用，使我国北方地区较为严重的水资源缺乏问题得到了一定的缓解，为农业可持续发展奠定了基础。

### 3.我国低压管道输水灌溉技术发展趋势

其一，不断提高灌区高标准管道输水与田间灌水配套技术水平，提高管道输水工程管理中数字化、自动化技术水平，尤其是群井联合调度技术及多级配水自动控制技术更是如此。其二，应以产业化、标准化及系列化为标准开发配套管件及其附属设备，如快速链接管件及大口径可移动输水管材的研发[50]，能向灌区普及最为简单的管道灌溉技术；而低成本、高性能、复合型材料的高分子新型管材管件的研发，能使低压管道输水灌溉技术的应用范围得到扩大。其三，应加大低投入、低能耗及高效率设备的研发力度。因受到我国径流量较小、耕作地块及土地经营规模等多方面条件的限制，应以实际情况为依据进行适用设备的研发，确保该设备具有一定的经济技术指标，如量水、分水、测压及节制等。其四，积极与国外先进经验相融合，不断强化渠灌区大口径管道输水计算的应用示范指导，充分发挥低压输水管道省地、省水、增产等优势。其五，落实低压管道输水灌溉工程标准体系的建立，如设计标准、工程建设标准及运行管理标准等。

## 二、农艺节水技术

农艺节水技术主要有地表覆盖保墒技术、水肥耦合技术、耕作保墒技术、抗旱作物品种筛选等。利用农业综合技术，合理使用水资源，减少土壤蒸发，使作物的水分生产率得到进一步提高，从而实现高产节水的目的。其优点主要表现在科学性强、易推广、投资少、风险低、见效快、方便实施等，可以使农户非常容易地掌握农艺技术，而且可以进行大面积大范围的学习与应用。经过国内外的大量实践证明了农艺节水技术不但可以有效地降低农业用水所投入的成本，还可以促使作物增产，同时具备保土保肥、灌水均匀、降低病虫害发生率、有效避免土壤的板结以及调节田间小气候等特点，从而保证了农田的增收[51]。

### （一）培育高产抗旱品种

作物是抗旱节水的核心，作物自身的抗旱性决定着节水农业的效果。筛选抗旱品种是节水农业的基础，也是在经济条件差、灌溉水源少、设施落后地区的有效节水方式，在筛选抗旱品种的同时也利用了作物本身生理功能进行调节（如气孔调节、渗透调节及代谢途径等方面）。因此在节水农业方面筛选抗旱品种是一种经济有效、易掌握、易推广的节水模式[52]。

### （二）坐水种技术

#### 1. 坐水种的原理

从作物种子萌发到出苗的生长发育过程中，种子或幼苗本身对水分的需求量少，但其对土壤小环境中水分的要求较高。种子发芽和出苗的适宜相对土壤含水量（田间持水量）约为70%。通过坐水种可将水一次性注入播种穴或播种沟，以改善土壤小环境中水分状况，使种子或种苗处于湿土团或近似横向湿土柱中，既可满足种子发芽或种苗出土对水分的需求，又促进了种子周围土壤养分的移动，提高了养分有效性，有利于种苗出土和苗期生长。同时该技术体现了利用有限水分进行润芽或润根，而不是灌地的节水新理念，实现了节水保苗的目的。

#### 2. 坐水种概念及分类

坐水种技术是指作物播种过程中通过在种子周围土壤局部施水，创造适合种子发芽出苗的土壤水分小环境，达到抗旱保苗的一种播种技术。依据采用工具的不同，将坐水种分为人工坐水种和机械坐水种两类。

人工坐水种是指水源取水、运水、挖穴、注水、点种、施肥、覆土等作业程序均由人工完成，其作业效率较低。机械坐水种是指播种各项作业程序依靠农用运输车和播种机等完成。机械坐水种包括机械开沟明管坐水种和机械开沟暗管坐水种两种方式。明管坐水种是由三轮车装载水箱向已经开挖的播种沟内坐水，或由拖拉机牵引水车在开沟的同时向沟内坐水，待水浇入土壤后进行播种、施肥和覆土等作业，其作业效率较人工坐水种提高1倍以上；暗管坐水种是开沟、坐水，点种、施肥、覆土及镇压等作业由一台播种机一次完成，实现了联合坐水播种，其播种质量和作业效率最高[53]。

### （三）耕作保墒技术

耕作保墒技术主要包括深松蓄水保墒技术、深种接墒抗旱保苗技术、中耕保墒技术以及深耕保墒技术等。该技术可以提高土壤的蓄水降水能力，同时减少土壤的水分蒸发，从而使土壤里的水分被高效地利用。

深松蓄水保墒技术是采用多功能振动机作业，该类振动机幅宽140—280cm；最大深松度500mm；碎土率72%以上；匹配动力59—102kW。实现了改、蓄、降等多重功效。不破坏土壤层位，使土壤膨松，深度达30—50cm，改善土壤物理指标，科学调节土壤水、肥、气、热条件，提高蓄水保墒能力，涵蓄天然降雨，建立"土壤水库"，在同等农艺措施条件下可提高作物产量20%—30%。对农业生产中的土壤改良、提高降水资源利用效率、增产增效效果显著。

中耕保墒技术主要是在作物的生长阶段，特别是在雨后及灌水后的 2—3 天效果最好。中耕不但可以阻止土壤里的水分蒸发，还可以起到锄草的作用，避免杂草与作物争水分与养分，此外还能提高对降水的蓄水能力[54]。

### （四）水稻控制灌溉技术

水稻控制灌溉又称水稻调亏灌溉，是在 20 世纪 80 年代"浅湿浅"技术基础上形成的，是适合大面积推广应用的新技术。它指在秧苗本田移栽后的各个生育期，田面基本不再长时间建立灌溉水层，也不再以灌溉水层作为灌溉与否的控制指标，而是以不同生育期、不同的根层土壤水分作为下限控制指标及土壤裂缝宽度，确定灌水时间、灌水次数和灌水定额的一种灌溉新技术[55]。

在水稻非关键需水期，通过控制土壤水分造成适度水分亏缺，改变水稻生理生态活动，使水稻根系和株型生长更趋合理。

在水稻关键需水期，通过合理供水，改善根系土壤中水、气、热、养分状况及田面附近小气候，使水稻对水分和养分的吸收更趋合理有效，促进水稻生长[56]。

通过合理的土壤水分调节和控制，不仅减少了灌水次数和灌溉水量，大幅度节约了用水量，而且能促进水稻根系生长发育，控制水稻地上部株型的无效生长，提高水肥利用的有效性。适时适量的灌溉供水，能较充分地发挥水稻生长的补偿效应，从而形成较合理的群体结构和较理想的株型，达到节水高产目的[57]。

### （五）农田覆盖技术

受季节影响和出于土地休养生息的目的，必然会存在一段农闲时期。农闲时期土地无覆盖，土壤完全裸露，稀少的降水量加上干燥的大风等因素，使得土壤中的水分大量流失，不利于后续的农业生产。覆盖保墒技术是指用地膜或秸秆将裸露的地表遮盖住，减小土壤水分蒸发量，保护土壤墒情[58]。

以秸秆覆盖技术为例，具体操作是将作物的秸秆打碎平铺于地表，再将一层土覆盖到秸秆上。利用作物秸秆覆盖土地的优点是：首先，将收获后的秸秆再覆盖于土地上，是自然循环中的一部分，既省去了农户后续处理秸秆时消耗的人力物力，又不需要过多的科技手段介入，避免对土地造成破坏；其次，覆盖在土地上的秸秆相当于为土壤加盖了保护层，大大减小了土壤水分蒸发量，为土壤保墒提供了保障；再次，秸秆的自然腐烂过程为土地注入了大量的有机质，是天然的土地肥料，能够增强土壤肥力；最后，散落在土壤表层的秸秆就像是土地上的一个个小型水坝，能够截留水分，减少水分流失。

### （六）水肥耦合技术

根据经验建立的农业种植模式中，水和肥料是作物生长的两个必要因素，但主要是定性地为作物施加肥料、灌溉水分，没有进行定量计算。传统的种植模式消耗了大量的水资源，不合理地水肥施用导致水肥利用率低下，不仅不利于作物生长，还会造成大量浪费。水肥耦合技术是指依照作物的生长特性、所需的水肥规律、生长的土壤及气候条件，来建立以水、肥和作物的产量为中心的耦合模型。水肥耦合技术的优点是可以改变作物的蒸发率，使被作物吸收的水分更多转向作物生长的需要，保证在最佳的施加范围内，让土壤和作物吸收足够的水分，获得充分的营养物质，使传统农业向更为精准的高科技农业发展[59]。

### 三、生物（生理）节水技术

近年来，生物节水理论与技术是国内外节水农业研究的一个新亮点，是实现作物用水从耐旱稳产到抗旱丰产再向节水优质高产型方向转变的重要内容，已经受到国内外的高度重视。1998年和2001年，美国先后启动了国家科学基金项目"植物抗逆基因组学"及"植物水分利用效率基因组"研究，从基因组角度研究植物抗旱节水的遗传学基础，分析与抗旱节水相关的重要基因。国际农业研究磋商小组（CGIAR）于2003年启动了"挑战计划"（generation challenge programme——cultivating plant diversity for the resource poor），其目标是应用先进的分子生物技术研究作物遗传资源的多样性，发掘利用优异基因，为发展中国家提供抗旱、抗病虫、营养高效的作物品种，其中，提高抗旱性是最重要的研究目标。

经过生物节水的大量研究工作，将作物水分生理调控机制与作物高效用水技术紧密结合开发出的诸如调亏灌溉（RDI）、分根区交替灌溉（ARDI）和部分根干燥（PRD）等作物生理节水技术，可明显地提高作物的水分利用效率。

### 四、水管理节水技术

水管理节水技术是指根据作物需水规律控制或调配水源，以最大限度地满足作物对水分的需求，实现区域效益最佳的水分调控管理技术。它包括农田土壤墒情监测预报、节水灌溉制度制定、灌区水量与输配水调控及水资源政策管理等方面。

为实现灌溉用水管理手段的现代化与自动化，满足对灌溉系统管理的灵活、准确和快捷的要求，发达国家的灌溉水管理技术正朝着信息化、自动化、智能化的方向发展。在减少灌溉输水调蓄工程的数量、降低工程造价费用的同时，既满足用户的需求，又有效地减少弃水，提高灌溉系统的运行性能与效率。

我国通过提高灌溉管理水平，采用科学的灌溉方式，达到节水的目的，主要有根据作物需水量和对土壤墒情的监测，进行适时适量的科学灌溉；对灌溉用水进行科学合理的调度；通过调整过低的水价，改革用水管理体制，让农民参与管理，提高农民节水意识。

节水灌溉是设施农业生产过程中一项重要的农艺措施。但在实际生产过程中，设施蔬菜生产者往往对节约用水没有足够的重视，水分管理比较粗放，仅凭经验进行灌溉，不仅造成水分浪费，而且由于灌水量过大，引起设施内土壤和空气湿度加大，诱发病害的发生，一方面容易造成减产，另一方面由于为了防治病虫害，加大了农药的使用量而导致蔬菜产品质量下降。因此，加强对设施蔬菜生产过程中水分的管理对于蔬菜产品的优质高产具有重要的意义。

### 五、雨水的收集、渗透、循环利用

根据我国可持续发展战略，在多雨城市发展雨水收集系统是解决我国淡水匮乏的可行途径。利用雨水收集系统收集雨水，将收集的雨水进行处理，然后循环利用，进行城市园林灌溉或者道路洒水等，可以节约水资源，美化城市。

通过对雨水的收集利用渗透，提高非传统水源的利用率、减轻城市给排水设施的负荷，降低了城市给排水设施的规模，补充地下水等。

经济效益分析：城市排水系统的压力主要来自降水。近些年，我国许多城市都发生了内涝。如果在城市建立大量的、系统的城市雨水收集系统，就可以在发生强降雨时收集雨水，利用雨水收集系统的存水系统储存雨水，从而减小城市排水系统的压力，降低城市给排水设施的规模，节省城市给排水设施的基建投资与运行费用，也可以降低城市内涝的发生概率。同时利用雨水能增加可用水量，减少因水资源短缺造成的国家财政收入损失。

社会效益显著：雨水利用能减少地下水开采量，有效补充地下水，防止地下漏斗扩大和地面下沉。雨水利用减少了城市雨水的外排量，直接减少了雨水径流挟带的污染指数量，使得进入城市水体的面源污染大为减少，促进了城市水环境的改善。雨水利用具有良好的产业前景，能形成新的经济增长点。雨水与中水利用设备产业可以吸引大量的民间资本进入，形成一个新产业。这项产业在减少政府财政支出、促进经济增长、吸纳就业、促进小城镇建设等方面都会发挥出积极作用。城市雨水利用也将促进雨水的收集、设备生产、设施建设、运行管理、中水利用等方面产业链的形成，为城市带来一个新的经济增长点。

近几年来，西北地区群众将当地解决人畜饮水的集雨技术和节水灌溉技术结合起来，通过修建集雨场，将雨水集中到小水窖、小水池等小、微型水利工程，再利用滴灌、膜下滴灌等高效节水技术进行灌溉。集雨节灌工程可以使干旱缺水地区群众同平原地区一样发展"二高一优"农业，走上脱贫致富之路。集雨节灌技术已在西北（降雨量一般要大于250mm）和西南地区得到了推广。

# 第二节　设施农业节水灌溉模式

节水灌溉模式是与"丰水高产型"的充分灌溉模式相对应的非充分灌溉（限水灌溉）理论及技术模式。农业节水灌溉技术是高效用水的灌溉方法、技术措施和制度的总称[60]，包含了对各种水资源充分的、合理的利用，从而达到提高水的利用效率和作物产量目的而采取的技术措施。要将自然界的水转化为农作物产量，一般要经过以下四个环节：对水资源进行合理开发，使其成为农业可用水源；将水从水源输送至田间；把引入田间的水，均匀地分配到指定的区域并储存到土壤中；作物经根系吸收土壤水，通过作物体内生理、生化过程转化形成经济产量。

## 一、节水灌溉技术体系

节水灌溉是指根据作物的需水规律、当地农业气象条件及当地供水条件等，采取工程、农艺、管理等工程技术措施，用尽可能少的水投入，获得农业的最佳经济效益、社会效益和生态效益而采取的多种措施的总称。其核心是在有限的水资源条件下，通过采用先进的水利工程技术、适宜的农作物技术和科学用水管理等综合技术措施，充分提高灌溉水的利用率和水分生产率。从广义来说，凡是能提高灌溉水利用率和效率的技术措施，均属于节水灌溉技术体系的内容。节水灌溉技术体系的组成见图1-1。

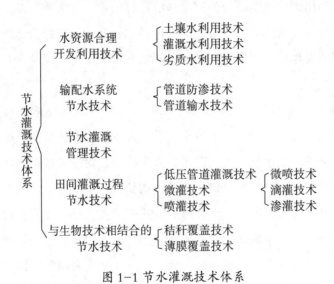

图1-1 节水灌溉技术体系

## 二、设施农业应用节水灌溉技术的必要性

在我国北方地区，主要利用设施农业生产反季节蔬菜、花卉等。棚室为半封闭的生态体系，湿度较高，土壤、水分、植物和空气之间形成较为封闭的循环模式，环境的相对湿度较高，容易诱发多种病虫害。同时，灌溉是设施农业生产中唯一的水资

源来源，灌溉用水的消耗量较大，水利用率较低，导致我国水资源短缺的危机加剧。以喷灌和微灌为主的机械节水灌溉技术，能够精准控制作物的灌溉量，实现按需灌溉，可有效降低棚室内的相对湿度，提升灌溉水的利用率和生产率。

我国设施农业种植通常采用温室大棚种植，其农产品主要是经济作物。最初在温室大棚种植中，其灌溉使用的大多是传统畦灌。畦灌技术要素包括单宽流量、畦田规格、灌水时间，这些因素对于适量灌水、湿度均匀有着重要影响。目前在设施农业节水灌溉中，水的利用率仅仅为40%。农业水资源的合理利用成为重点关注的问题。我国发展节水灌溉技术，并从发达国家引进了先进设备，实现设施农业节水灌溉、水肥同步管理和高效利用。先进设备的广泛应用，使得节水效果明显，同时也有效提高了农产品质量。

### 三、设施农业节水灌溉技术

农业节水灌溉技术是指通过使用先进的灌溉技术，以实现减少水资源消耗、提高农作物产量为目的的农艺措施。农业节水灌溉技术是以农业为基础，以灌溉为手段，在一定的区域范围内，充分利用地表径流和地下渗漏，对农田的水分需求量和供给量进行调节，使其在满足作物生长发育需要的同时又不造成浪费。

目前，应用于设施农业的节水灌溉技术主要有喷灌技术、微灌技术、低压管道输水灌溉技术。其中微灌技术又分为滴灌、微喷、渗灌等形式。

国外多数国家在设施农业上主要采用喷灌、滴灌、渗灌等灌溉形式，其生产规模已形成了集约化、产业化，其管理模式已形成了机械化、自动化和智能化。其设施农业能够根据作物对环境的不同需要，完全由计算机对设施内光、水、肥、气、热等因子自动监测和控制，对水而言真正实现了节约用水、科学用水。

我国设施农业灌溉的自动化、机械化、现代化水平较低。由于受投入与产出的经济及资源现状的影响，设施农业主要以人工为主，劳动效率低。仍然有传统的沟灌模式。沟灌是耕地经平整后，以一定距离开成一道道输水沟，灌溉水通过水沟进行灌溉。传统的沟灌由于灌溉简便，除水费外几乎没有其他投入，仍然是目前蔬菜生产中的主要灌水方式，水资源浪费严重，蔬菜水分管理不合理，尤其是空气相对湿度比棚室外高3—4倍，一般在80%—90%。夜间棚室内地温下降，表层土壤不断散发热量，棚室内外温差增大，遇冷时薄膜、蔬菜叶片上凝结大量水珠，棚内空气相对湿度有时呈饱和状态，易导致病害发生，这不仅影响蔬菜产量，也影响蔬菜品质。另外，许多调查研究表明，地下水硝酸盐含量超标的现象与氮肥的过量使用[61]和频繁的大量灌水密切相关[62]。

大力推广农业节水灌溉技术也是解决我国农业水资源短缺的一个重要途径，各级政府应高度重视节水灌溉。从我国农业经济发展的分布及投入与产出的影响来看，在设施农业中大力推行现代节水灌溉技术，将会使我国的节水农业得到稳定的发展。

当前，在我国推广的主要节水灌溉形式有微喷灌、滴灌、膜下滴灌和渗灌等。膜下滴灌具有增加地温、防止蒸发和节水的优点，节水效果最好，在我国西部得到迅速推广。微灌每亩投资为 500—1200 元之间，在我国主要应用于果树、蔬菜、花卉、大棚、棉花等。近年来，随着产品国产化和价格的降低，微灌发展迅速，每年新增微灌面积在 50 万亩以上。

## （一）滴灌

利用专门灌溉设备，灌溉水以水滴状流出，浸润作物根区土壤的灌水方法，称为滴灌[63]。

滴灌是一种微灌方法，是一种局部、高频率供水的先进灌溉技术，可以精确地控制灌溉水量、有效地调节肥料施用量。

滴灌方法普遍是通过利用一套塑料管道系统将水直接输送到每株作物根部区域，水由每个滴头直接滴在根部的地表，然后深入土壤浸润作物根系最发达区域来实现。滴灌最突出的优点是省水，自动化程度高，地形适应能力强，但需要大量塑料管，投资较高，滴头极易堵塞[64]。

我们在使用滴灌系统灌溉时，水从滴头处均匀缓慢地滴入土壤中，在地表下面形成湿润的球形区域，这称为湿润球。不同土壤质地中的水分移动不同，从而形成不同形状和不同大小的湿润区域。如果土壤的黏性弱，比如砂性土壤中，湿润球则纵向较长；如果土壤的黏性强，则土壤湿润球比横向长；砂壤土湿润球近似圆形。

中国滴灌技术的发展大致经历了 3 个阶段：

第一阶段：20 世纪 80 年代以前，主要是引进、消化和研制。在此期间引进了墨西哥的滴灌产品安装在果园并自行开发了滴灌带和小管出流产品。

第二阶段：20 世纪 80—90 年代，属于缓慢发展阶段，主要是针对滴灌产品品种少、设备不配套、产品质量差等问题对已有的产品进行改进，开发了孔口滴头、补偿滴头、折射式和旋转式微喷头，并在河北和山东建立了示范点，对中国节水灌溉设备的开发和应用起到了极大的推动作用。但是由于当时科研投入不够，技术还存在一些缺欠推广面积相对较少。

第三阶段：20 世纪 90 年代，在北方地区连续多年干旱，城市人口急剧增加，水资源短缺情况下，国家对节水灌溉农业十分重视，投入相对增加，同时又提出了发展高标准设施农业的构想。这一时期我国大中城市的郊区和小城镇纷纷建立了设施农业的示范点，蔬菜、果树设施化栽培面积迅速扩大，引进了以色列等国的灌溉技术和设备，如脉冲式滴灌设备、补偿式滴灌管、压力调节器、过滤器、施肥器等，使我国北方设施农业中的滴灌技术有了较大的发展，同时科研单位对设施农业节水灌溉设备进行了系统的研发[65]。

滴灌系统中的主要配套设备：

供压装置：水泵是滴灌系统供压的主要设备，通常采用井用潜水泵、离心泵，管道压力不够时往往增设管道泵二次加压。为保证滴灌水源压力稳定，最好使用滴灌专用压力罐或变频调压器。为节省能源也可根据当地地势条件，建立蓄水池或水塔，利用位差供水实现自压滴灌。

过滤装置：过滤装置主要由砂石式过滤器、网式或叠片式过滤器组成。作业中如发现滤网、密封圈损坏，必须及时修补或更换，否则将会造成整个系统的堵塞。据调查，约50%滴灌工程报废就是过滤器故障所致。

配套输水管路：主要由干管、分支管和各种连接管件，以及流量计、压力调节装置、进排气阀等组成。为减缓老化，所有管道都尽可能埋于地下。干支管线均要铺设在冻土层下，末端设排水口。每个灌溉周期都要冲洗1—2次。

施肥装置：目前多采用压差施肥技术。每次施肥前后，应用清水滴一定时间，以免肥液残留在滴灌管内。为节省投资，施肥罐可在几个小地片轮流使用。滴灌施肥应根据作物种类和生育期，确定施肥种类和施肥量。

滴灌技术在设施农业中的发展潜力及效益：

滴灌技术的应用，使地面局部湿润面积小且水分蒸发较少。它直接铺设在作物畦面上灌水，能为棚内作物生长提供良好的生长环境。

①节水。滴灌比其他灌溉方式效率高且经济，适用于设施农业的生产，采用软管滴灌技术可节水50%—70%。

②提高肥效。滴灌追施的肥料，集中在作物根部，容易被作物吸收，提高肥料使用效率，是一种充分利用肥力的经济施肥法。

③保持良好的土壤环境。滴灌部分的土壤比较疏松，地表面不会板结，土壤团粒结构不会被破坏，有利于根系发育，为作物生长创造了良好的环境。

④提高设施内土温和气温。滴灌比沟灌平均土温和气温提高1—2℃，对作物生长十分有利。

⑤减轻病虫害。滴灌用水量小，土壤水分蒸发少，降低空气湿度20%—30%，因而减轻病害的危害，使病虫害发生率大大下降，可以不用或少用农药，减少果实及环境污染，保证作物绿色无公害生产。

⑥实现科学灌溉。采用滴灌可实现灌水量的精确控制，可以根据不同作物或同

种作物的不同生长阶段对水的需求，少灌、勤灌，科学合理地供给水量，并可保持作物行间、株间土壤干燥，杂草不易生长、土壤不板结。

⑦节能、省工、省地。节电可达55%—60%；省工可达50%—70%；减少沟梗占地，可提高土地利用率10%—15%。

⑧提高收益。种子萌发快、幼苗健壮、生长快、营养充足、果实发育好、成熟早，特别是北方早春，能够使作物提早上市，获取较高的经济效益。

⑨管理方便，省工省时，易实现自动化。

⑩科学投资。一次投资多年受益，符合现代农业发展趋势。

Silber et al.（2003）认为，采用滴灌等高频率灌溉可以持续补充根土界面的养分损耗，增加土壤中可溶性养分的流动性，对作物的养分缺乏有一定的补偿作用[66]。Hebbar（2004）研究认为，滴灌施肥可以减少硝态氮和钾的深层渗漏，由于磷在土壤中的移动性较差，地下滴灌施肥的施肥点位于地表以下，相对于地表施肥而言，地下滴灌施肥增加了下层土壤的有效磷含量[67]。Khalil Ajdary et al.（2009）利用HYDRUS-2D模拟了不同土壤条件下滴头流量和施肥制度对土壤氮素淋失的影响，结果表明，滴灌施肥条件下，土壤质地对氮素淋失的影响大于滴头流量的影响，壤土和砂壤土氮素的淋失很少，施肥制度不影响氮素的淋失[68]。Bar-yosef等研究发现，与肥料撒施相比，滴灌施肥可使土壤溶液保持较高的磷浓度环境；滴灌施肥持续时间长，为根系生长维持了一个相对稳定的水肥环境[69]。Hagin等指出滴灌施肥时，土壤溶液中硝态氮的浓度稳定在60—150mg/kg之间，而喷灌时硝态氮的浓度在0—300mg/kg范围内变化[70]。滴头流量在一定尺度增大，会改变铵态氮$NH_4^+-N$在土壤湿润体内的运移扩散方式，进而影响扩散边缘处的铵态氮$NH_4^+-N$浓度和最大扩散距离[71]。

滴灌技术不单纯是一个节水措施，它实际上是一个系统工程。比如由它带动了栽培技术的发展，由精准灌溉带来的精准施肥、精准用药，符合现代农业对机械化、信息化、智能化的要求。滴灌技术大大提高了土地的利用率，加之农药、化肥等营养液随输水管道供应，大大减轻了劳动者的劳动强度，使得劳动生产率有了明显提高。

### （二）膜下滴灌

膜下滴灌是我国推广的一项先进节水技术，它将覆膜的优点和滴灌的长处结合起来，从而达到节水和提高地温的作用。国内膜下滴灌技术首次应用是水利部牧区水科所赵淑银等（1989—1991）为控制呼市地区保护地黄瓜的病虫害而进行的一项灌溉措施，但是这项技术在当时未受到重视[72-73]。

膜下滴灌技术大面积应用是1996年我国新疆北部农垦兵团为了克服新疆北部土壤含盐量高以及蒸发强烈等因素而用井水滴灌覆膜棉花[74]。

膜下滴灌技术充分发挥其节水、节肥药、节机力、节人工和增产、增效作用[75]。因此为了更好地推广膜下滴灌技术，我国出台了包括滴灌用滴灌管、滴灌带、低压输水管、调节阀和过滤器等涉及滴灌设备的国家标准和行业标准。

### （三）微喷灌

微喷灌是利用专门喷灌设备将有压水送到灌溉地块，通过安装在末级管道上的微喷头（流量≤250 L/h）进行喷洒灌溉的方法。

微喷灌是设施农业灌溉中经常用到的一种灌溉方式，它的特点是结合了滴灌与喷灌两种灌水方式，从而形成的一种新型节水灌溉技术。通过低压管道系统将水流以较大的流速喷出，进而用较小的流量将水喷洒到土壤表面，水流喷出后在空气阻力的作用下分解成无数个小水滴落在土壤和作物表面上。微喷灌还可以将可溶于水的肥料随着灌溉水直接喷洒到土壤表面或作物表面，从而促进作物的生长，大大提高化肥的使用率，减少化肥使用量。微喷灌可以保障作物对温度和湿度的要求，还可以通过微喷灌技术实现清洗作物叶面灰尘的功效。

### （四）地下灌溉

地下灌溉包括渗灌技术和地埋式滴灌。渗灌是一种新型的灌溉技术，它主要是通过管路系统及埋设在地表下作物根系主要活动层的渗灌管，将水缓慢流出，渗入附近土壤，再借助毛细管或重力作用将水分扩散到整个根层供作物吸收利用[76]。后者是用埋在土层中滴灌管线，将灌溉水直接送入作物根层土壤。地下灌溉技术比沟畦灌节水71%，能有效地控制温室湿度，减轻病害，提高地温；前期产量可增加8%，总产量可提高13%，结果期延长10—15 d，是干旱地区发展节水农业，提高温室生产效益的有效途径[77]。在设施农业节水灌溉中，地下滴灌及渗灌这两种方式能够有效减少水分的蒸发，提高水资源的利用率。同时对于农作物来说，这两种灌溉方式能够及时向根系供水，效果较好。但是目前地下滴灌及渗灌存在的缺点主要是滴孔输水管道过滤不好容易造成堵塞；灌溉区土壤盐分易积累；由于湿润范围有局限性，因而限制了蔬菜根系发展[78]。设备制作工艺粗糙，设备质量不高，就会导致渗灌管出流不均匀。管路在停止供水以后滴孔处形成负压，滴头就会吸入土块导致堵塞。再者，我国目前设施农业节水灌溉设备的技术水平与发达国家存在差距，滴灌带、滴灌头的抗堵塞能力较差，施肥、灌溉、生长调节剂等一体化运作水平不高，很多设备的研究还没有系统化地展开。另外，设备的价格偏高、使用寿命短也是制约设施农业节水灌溉发展的一个重要问题。

### 四、我国设施农业节水灌溉发展策略

随着时代的发展，人们的生活水平不断提高，人们在物质生活得到保障后，对

于生活质量有了更高的要求。农产品作为餐桌上的必需品，现今需求量越来越大，尤其是对于北方地区来说，反季节蔬菜的需求量大幅增加。随着供需矛盾的凸显，大力发展设施农业十分必要。在设施农业种植中，通常使用传统的畦灌方式。但是畦灌容易浪费水资源，并且对于提高农产品的质量和产量没有显著作用，所以设施农业的灌溉方式需要进一步调整。在节能节源理念的影响下，现今人们对于水资源保护的概念越来越强。大力发展我国设施农业节水灌溉，对于促进节水农业发展有着重要作用。只有向着按需适量适时灌溉的方向发展，才能真正做到节水灌溉。当前大力发展我国设施农业节水灌溉的对策主要有以下几方面：

### （一）灌溉系统多功能化

在我国设施农业节水灌溉发展过程中，要想真正做到节水灌溉，就必须合理有效地利用水资源，对水资源进行科学分配，以此来提高农业生产率。灌溉系统也不能仅仅局限于浇水，需要进行更全方位的应用，其中结合使用液体肥料的灌溉是需要重点关注的问题。对于不同类型的蔬菜、果树需要准备相应的液体肥料。应加强对水肥药一体化灌溉专业技术的研究，包括水动精量注肥器、精量注肥技术等。以提高施肥效率、节约用水为主要目的，研究适应蔬菜、果树等农作物用水需求的微喷灌制度[79]。此外，还应按照农产品生产对环境、水、肥料的需求，研究相应的设备，进一步提高农业生产量，用科技的力量推动灌溉事业的发展。

### （二）科学技术集成化

温室节水灌溉是设施农业节水灌溉的重要工程，其中涉及的专业技术非常多，并不是单一研究某一项目便能发挥效果的。在温室生产中，需要提高对灌溉的重视程度，必须保障其灌溉的均匀度，用最少的水发挥最大的效应，既能满足农作物对水的需求，又要保障农作物健康生长，不至于因空气湿度较大导致农作物发生病害。温室节水灌溉既能提高农作物的品质，又能真正做到节约用水，增加产量。而这一方向的研究是当前农业节水灌溉研究中的关键。在研究过程中，要加强对农作物的观察，充分了解农作物生长所需的水、肥等环境因素。

现今随着科学技术的快速发展，可以充分利用计算机设备，自动控制灌水量和精确控制灌溉时间，进一步实现合理灌溉。另外还需根据农作物的实际情况，加强研究各类设备，以此来实现环境综合因子调控、自动灌溉和施肥，满足现代农业发展需求。

### （三）灌溉设备国产化

如今在农业节水灌溉中，其发展方向是适量灌溉、按需灌溉。必须正视的是，在温室灌溉中，无论是技术还是设备，与其他发达国家相比，仍旧存在一定差距。需要根据灌溉现状，真正解决灌溉问题。当前，我国灌溉技术与设备的发展空间较大，但仍满足不了温室灌溉的要求。纵观当前温室灌溉设备市场中的产品，大多数为进口产品，并且在未来几年，进口产品仍将呈增长趋势，占有较大比例。进口设备虽然质量好，种类更加丰富，但是有着价格昂贵的特点，在实际农业生产过程中，受资金因素的影响，节水灌溉的应用率会降低，因而制约了节水灌溉的发展，并且很多产品并不适应我国农业的实际情况。针对这一实际情况，就需要结合我国的基本国情及农业发展特点，加快研发适合我国国情和满足我国农业发展要求的灌溉设备，代替进口设备，大力推进灌溉设备国产化，这是今后研究的重点。

### （四）地下滴灌广泛运用

在我国传统设施农业灌溉中，地上滴灌模式通常是通过安装在毛管上的灌水器，一滴一滴地将水滴入农作物根部的土壤，保障水量小，滴水速度缓慢。这种方式的缺点是，长时间的紫外线照射会缩短设备的使用寿命，并且也会加大地表水分的蒸发。针对这一现实情况，应积极采用地下滴灌模式来发展节水灌溉，将毛管埋于地下，通过灌水器将水或水肥的混合液输送到植物根部的土壤中，这有利于作物更好更快地吸收。这种方式的优点是能够有效避免蒸发，几乎可以完全消除水分在土壤表面的蒸发，土壤表面干燥，大大降低了地表空气的湿度，也就降低了农作物发生病虫害的概率。同时，地下滴灌灌水器所湿润的区域为球形，与地表滴灌比较，体积和表面积更大，有利于农作物根系生长，吸收更多养分。另外，在地下滴灌情况下，土壤中水分和养分的分布更加均匀。在相同温度环境下，地下滴灌相比于地上滴灌，农作物根系扎得更深，设备因避免了阳光的直射和风雨的侵蚀，使用寿命更长，降低了成本。

我国的人均水资源拥有量非常低，而国家各行各业发展迅速，水资源短缺的问题尤为突出。在农业生产中灌溉是非常重要的一个环节，通过节水灌溉，能够有效节约农业灌溉用水，解决水资源浪费问题。现今我国设施农业节水灌溉应该朝着适时适量、按需灌溉的方向发展，广泛应用地下滴灌，加强灌溉系统多功能化、科学技术集成化的设计研究，大力推进灌溉系统国产化，合理有效利用水资源，促进经济的进一步发展。

# 第三节  水肥一体化技术

## 一、水肥一体化技术的概念

"水肥一体化"是将灌溉与施肥融为一体的新型高效农业灌溉技术，就是把可溶性肥料溶解在灌溉水中，借助系统提供的灌水设备和产生的压力，按照作物需水需肥规律，由灌溉通道适时、适量且均匀地输送到作物根系生长区域的土壤表面或土层中的方法，以满足作物生长发育的需要。水肥一体化技术可定量供给作物水分和养分及维持土壤适宜水分和养分浓度，调节水的入渗速率，灌水均匀，不产生地面径流和减轻土壤板结，减少土壤蒸发和渗漏损失，使灌溉水利用效率达 90% 以上。同时由于实现水、肥同步管理，可有效提高肥料利用率，节省灌水施肥用工。

设施农业是现代农业生产的重要组成部分，是当前中国农业发展的必然趋势。而水肥一体化技术为实现这一目标提供了有力支持。在设施农业中，水资源和土地资源是有限的，同时农产品的质量和安全也受到严格的要求。在这种情况下，水肥一体化技术能够有效地解决这些问题。基于此，应进一步加强水肥一体化技术在设施农业中的应用[80]。

## 二、水肥一体化技术类型

### （一）简易水肥一体化技术

简易水肥一体化技术的应用能够较好地适用于小型农户或者家庭农场。这类技术主要包括滴灌、微灌、滴灌—滴灌组合等多种形式。简单来说，就是利用简单的灌溉设备和少量的肥料，通过精准浇灌和施肥方式，让作物获得足够的水分和养分。在应用时，需要先测定土壤养分含量，确定肥料种类和用量。然后设置灌溉设备并进行浇灌。最后，根据实际情况进行肥料投放和施药工作。简易水肥一体化技术的优势在于操作简单、成本较低、适应性强。简易水肥一体化系统是一种设备简单、投资较低、运行方便的灌溉系统，可满足不同作物的不同需求。简易水肥一体化技术的特点是可以实现精确灌溉和施肥，并且不需要复杂的设备和人员培训，因此适用于中小型农场和家庭农场等[81]。

### （二）平衡施肥技术

在水肥一体化技术运用过程中，平衡施肥技术是一个重要的环节。平衡施肥技术是指通过对土壤和作物的综合监测和分析，制订出相应的施肥方案，确保作物得到均衡的营养供应。平衡施肥技术的核心是建立完整的数据采集、存储和分析体系。为保证整个农业生产过程中能够维持肥力平衡，还要采取一系列措施，如定期检查和维护灌溉系统、及时修复漏损、合理安排施肥时间等。只有做到以上几点，才能真正实现水肥一体化技术。该技术采用国际先进的土壤养分联合速测技术，能对土壤中氮、磷等12种元素和有机质进行快速检测。同时，该技术还有自动配比功能，能够根据不同的作物种类和生育期，给出最合适的施肥配方。平衡施肥技术能够帮助农民准确掌握作物所需的营养成分，进而制订出最合适的施肥方案。另外，与节水灌溉技术一同使用，可以大幅度减少用水量，同时还能增加土壤保水能力。平衡施肥技术对于设施农业而言尤为重要，因为设施农业往往要在较小的空间内进行规模化的农业生产活动。因此，平衡施肥技术能够帮助农民实现高效率的农业生产，同时保障作物健康成长。

### （三）智能水肥一体化技术

网络信息技术不断发展，数字化、智能化已经成为当今社会的发展趋势。随着科技的进步，智能水肥一体化技术不断涌现出来。智能水肥一体化技术是指通过互联网、传感器、人工智能等先进技术手段实现水肥管理的全面自动化。其核心是搭建智能化监控平台，实现对水肥管理过程的实时监控和反馈，根据不同农作物生长需求进行针对性设计，比如在水稻生长期间根据水稻的生理特性定时施肥；在蔬菜生长阶段，可以根据蔬菜的生长特点来定时施肥。智能水肥一体化技术具有很多优点：一是提高了农业生产效率，二是减轻了劳动力负担，三是降低了环境污染风险。水肥一体化智能管理系统主要包括数据采集层、网络传输层、数据库存储层、决策支持层、用户界面展示层五个部分。其中，数据采集层包括传感器、测量仪器、遥感卫星等。网络传输层包括无线通信模块、移动通信网、局域网等。数据库存储层包括数据库服务器、数据库客户端、数据库软件等。

### 三、水肥一体化技术特点

#### （一）节约水资源

传统的灌溉方式畦灌和大水漫灌，常将水量在运输途中或非根系区内浪费。而水肥一体化技术主要采用滴灌、微喷灌等一些节水灌溉方式进行施肥，通过可控管道滴状浸润作物根系，从而将用水量降到最小，减少水分的下渗和蒸发，提高水分利用率，通常可节水30%—40%。

#### （二）提高肥料利用率

水肥一体化技术是将溶解后的液体肥料直接输送到植物的根部集中部位，降低肥料与土壤的接触面积，水肥同时提供，可发挥二者的协同作用。与传统施肥方式相比有减少肥料挥发、流失及土壤对养分的固定的特点，而且实现了集中施肥和平衡施肥。在同等条件下，一般可节约肥料30%—50%。

#### （三）可根据气候、土壤特性及作物不同生长发育阶段对营养的不同需求，灵活地调控所供应的水分和养分。

例如种植果蔬时，生长前期增加氮肥投入比例可促进生长，但在生长后期增加磷、钾比例减少氮肥比例，则可促进果实着色。

### （四）减少农药用量

设施蔬菜棚内因采用水肥一体化技术可使其湿度降低 8.5%—15.0%，从而在一定程度抑制病虫害的发生。此外，棚内由于减少通风降湿的次数而使温度提高 2℃—4℃，使作物生长更为健壮，增强其抵抗病虫害的能力，从而减少农药用量。

### （五）提高农作物产量与品质

实行水肥一体化的作物因得到其生理需要的水肥，其果实果型饱满。单果重增加，通常可增产 10%—20%。此外，由于病虫害的减少，腐烂果及畸形果的数量减少，果实品质得到明显改善。以设施栽培黄瓜为例，实施水肥一体化技术施肥后的黄瓜比常规畦灌施肥减少畸形瓜 21%，黄瓜增产 4200kg/hm$^2$，产值增加 20340 元 /hm$^2$。

### （六）节省用工

传统的灌溉和施肥方法是每次施肥需要挖穴或开浅沟，施肥后再灌水。而利用水肥一体化技术实现水肥同步管理，可以节省施肥、灌水用工，节约大量劳动力。

### （七）改善土壤微生态环境

水肥一体化技术使土壤容重降低，孔隙度增加，增强土壤微生物的活性，促进作物对养分的吸收，减少养分淋失，从而克服了土壤板结和地下水资源污染，耕地综合生产能力大大提高。

## 四、国内外设施蔬菜水肥一体化技术进展

水肥一体化技术在干旱缺水以及经济发达国家农业中已得到广泛应用，在国外有一特定词描述，叫"Fertigation"，即"Fertilization（施肥）"和"Irrigation（灌溉）"各拿半个词组合而成的，意为灌溉和施肥结合的一种技术。国内根据英文字意翻译成"灌溉施肥""加肥灌溉""水肥耦合""水肥一体""肥水灌溉"等多种叫法。

### （一）国外水肥一体化技术研究进展及现状

世界上科技先进、经济发达的国家早在 20 世纪 30 年代就开始研究实施喷灌这一先进的节水灌溉技术。西方国家采用喷灌设备灌溉作物，始于庭院花卉和草坪的灌溉。20 世纪 30—40 年代，欧洲发达国家由于金属冶炼、轧制技术和机械工业的迅速发展，逐渐采用金属壁管做地面移动输水管，代替投资大的地埋固定管，用缝隙或折射喷头浇灌作物。自第二次世界大战结束后，西方经济快速发展，喷灌技术及其机具设备的研制又得到了快速发展。20 世纪 50 年代以后，随着塑料工业的快速发展，为满足水资源缺乏地区灌溉的需要，以塑料为基础的滴灌和喷灌技术逐渐发展起来。随着可持续发展理念在人们意识中的加强，滴灌施肥在资源利用和环境保护方面的突出

作用引起了越来越多学者的关注。水肥一体化灌溉技术逐渐成为国际上作物精准灌溉施肥的常规技术措施。

20世纪60年代，以色列为提高水资源利用率开始发展应用水肥一体化灌溉施肥技术，首先利用滴灌系统进行灌溉施肥技术方面的研究，普遍采用计算机控制，灌溉控制系统相当精准，以色列全国75%以上的灌溉面积采用了这一技术，涉及果树、花卉、温室栽培作物和多数大田作物等，地表滴灌水分利用效率达88%，地下滴灌高达95%以上，取得了显著的效果，成为以色列农业取得举世公认成就的主要支撑技术。

水肥一体化技术随后在各个国家迅速发展，得到了广泛应用，美国、荷兰、澳大利亚、南非等陆续开展了这一方面的研究和应用，在印度、墨西哥等一些发展中国家，滴灌的发展也很快。美国起步较晚，但却是微灌面积推广应用最大的国家，滴灌应用面积约为95万 $hm^2$，占全国总灌溉面积4.2%。20世纪80年代，全世界喷灌、微灌面积已突破0.2亿 $hm^2$，其中美国和苏联已超过666.67万 $hm^2$，分别占两国灌溉面积的40%左右。

随着施肥设备不断研发和更新，对肥料施用量的精准性控制要求也越来越高。施肥设备的发展也从需手工调节的肥料罐发展到文丘里施肥器、水压驱动肥料注射器、机械自动化控水控肥设备，再到现在的施肥机系统，水肥同步供应的能力得到质的飞跃。在设施园艺发达的国家，还将计算机、电导率仪、酸度计与灌溉施肥系统相结合，自动检测营养液的 EC 和 pH 值，可以更精确的控制营养液的使用量。

20世纪90年代，日本开发的"养液土耕"栽培，通过计算机自动控制灌溉施肥，根据作物不同的生长发育阶段，测定植株和土壤的养分，调整灌溉量，每天供给作物必要、适量的水分、养分和氧气的栽培模式。这种栽培模式将无土栽培和土壤栽培有效地结合，实现了真正意义上的水肥精准灌溉施肥技术，将肥料利用率提高到70%以上，避免肥料浪费的同时还减少环境污染。

荷兰采用封闭的营养液循环系统，水肥供给通过计算机自动精准控制，并对营养液进行回收利用，大大提高了水肥利用效率。与土壤栽培相比，黄瓜无土栽培实现了节水节肥21%和34%。荷兰还利用计算机精准控制系统，根据作物不同生育时期、一天的温度、太阳辐射量的变化等及时调整灌溉量，不但满足了作物的需求，还避免了水分的浪费，并提高了作物的产量和品质。

目前，在以色列、美国、荷兰、西班牙、澳大利亚、塞浦路斯等水肥一体化灌溉施肥技术发达的国家，已形成了设备生产、肥料配制、推广和服务的完善技术体系。

## （二）国内水肥一体化研究进展及现状

相比发达国家，我国水肥一体化技术的发展晚了近 20 年。我国在 1974 年引入了滴灌技术，发现滴灌具有显著的增产节水效果。到了 80 年代初期，滴灌技术已经被广泛应用于温室大棚等蔬菜保护地和山区果园中。在我国北方的蔬菜生产中，滴灌技术已成为应用最普遍的灌水方式。滴灌施肥是以滴灌技术为基础发展起来的，水肥一体化的应用，给施肥带来了巨大的变化。水肥一体化是将施肥与滴灌相结合的一种农业新技术。滴灌施肥所使用的肥料有由固体肥料溶解而来的，也有直接加入液体肥的。随着水肥一体化的推广与应用，适合滴灌施肥的可溶性肥或液体肥也越来越多。对水肥一体化的研究也从单纯侧重节水、增产效益以及土壤水分状况的试验研究上，转向研究水肥一体化条件下水肥耦合效应及其对作物生长和品质的影响、养分在土壤中的运移规律。

滴灌施肥的装置也由原始的简易设备，逐步发展到可由计算机控制肥料加入时间、种类和数量的自动化系统。常见的将肥料注入滴灌系统的方法有两种：一种为肥料罐法，是根据肥料罐两端水流压力差的不同，通过水流将肥料带入灌溉系统中的。这种方法对于固体或液体肥均适用，但是不易控制加入肥料的浓度，因此不适合对养分控制要求严格的温室栽培的需要。另一种是采用肥料泵的方法，将肥料注入灌溉系统，这种方法避免了肥料罐法的缺点，可以定量地控制加入肥料的数量。通过对滴灌施肥系统的整体控制与管理，能够根据作物不同生育期对水肥的不同需求精确控制灌水量和施肥量，进而控制土壤水分和养分，使其始终能够保持对作物生长最有利的水肥状态，避免了传统灌水施肥中由于灌水量和施肥量过多或过少对作物产生的不良影响，最终为促进作物生长、提高产量、改善品质提供了保障。在滴灌施肥系统中，常用的施肥装置一般有比例施肥泵、压差式施肥罐、文丘里施肥器和注入泵等。近年来智能型滴灌施肥自动控制系统的应用使水、肥适时精量地同步施入作物根区，从而提高水肥利用效率，同时减少水分、养分的流失，降低环境污染的风险，优化了水肥耦合的关系。

## 五、我国设施农业智能水肥一体化技术发展现状及分析

我国作为农业大国，改变原有的传统种植方式以及传统种植技术是确保我国农业可持续发展的关键。针对当前我国农业发展水平较为缓慢的现状，实现农业生产技术的创新、智能化是当务之急[82]。

### （一）智能水肥一体化技术设计及存在问题

#### 1. 智能水肥一体化技术设计

当前，我国智能水肥一体化技术已实现具体的应用并且投入到农业一线生产中。

智能水肥一体化技术运行原理主要是通过智能系统来进行决策，对当前面临的农作物状态进行初步判断，然后选择是否要进行智能灌溉。通常，该技术运行过程中会根据灌溉原理将实际运作方式分为两种，一种是纯水灌溉模式，另一种则是有一定肥料在内的水肥配比灌溉模式。两种灌溉模式具体内部系统控制存在不同。一般纯水灌溉模式，以系统运行标准为基础来选择运行模式，而水肥配比灌溉模式则需要混合溶液pH 值以及 EC 值为基础，对内部系统进行合理设置。通常对该技术的应用一般是人工进行纯水灌溉模式的操作。通过人工干预可对管道阀水泵进行管控，实现一定的技术控制。

智能水肥一体化技术，其设计原理既要满足当下现代农业的发展需求，同时还要有一定技术要求，所以在设计过程中要严格按照设计原则进行。其原则主要体现在三个方面：第一，技术设计一定具备经济性以及灵活性原则。由于该设施应用在农业生产上，受众群体为农民，为了确保该技术的推广，要确保技术的经济性，能够使广大农民接受该技术的价格。同时还要满足农业生产过程的不同情况，因而技术设计要能够对农业生产有所帮助，需要贯彻灵活性原则。第二，具有易推广性和适用性原则。从上述一条原则可得知，该技术主要面向的是广大农民以及相应的农作物种植作业，加之我国是农业大国，采用的技术设备要尽可能满足全国各地农业生产要求，具有一定的推广价值。该技术能够起到推动农业生产的作用，同时还具有环保、节水、节能的效果，便于农业生产者使用。第三，具有稳定性原则。技术设施在运行过程中要确保其工作的稳定性，能够安全运行，并且在农业作业过程中实现高效率、强稳定，确保灌溉工作的连续性，为农作物提供良好的灌溉。第四，切合实际需求。该设备的设计包括多项技术的应用与结合，最根本的是根据我国农作物生长条件和土壤墒度进行设计，确保该设备可通过传感器感知土壤参数并为此调整设备参数，根据不同植物生长需求实现智能浇灌[83]。

**2. 存在的问题**

当前我国农业智能水肥一体化技术处在初步发展阶段，所以在具体应用过程中仍然存在一些问题，主要体现在以下几个方面。

从国外引进智能水肥一体化设备来看：

第一，引进设备所需成本高，适用率低。不少地区引进国外智能化设备，但考虑到进口运输费用，农业生产成本就会大大提升，同时国外智能水肥一体化设施并不完全适用于中国农业种植情况，因此，可能会出现设备本土化程度低、国外设备购置闲置的情况，造成资源浪费的问题。

第二，在国外引进设施的管理上。首先，在使用过程中若出现机器设备故障，需要专门的维修人员进行维护，维护费用高，这无形当中增加了农业生产成本；其次，引进国外智能灌溉设施操作过于复杂，系统日常维护工作同样需要耗费一定的时间，这样导致农业生产进度受到影响。

从国内智能水肥一体化设备设计来看：

第一，国内现有的智能水肥浇灌设备不够完善，存在应用范围较窄、精准度较低、水肥使用量难以控制等问题。

第二，国内设备设计存在施肥不均匀、水肥浓度难以把握等问题。

当前，中国智能水肥一体化技术仍然处于初步探索时期，并未真正地得到广泛的推广与应用。究其原因，在该设备研制过程中水肥一体化配比技术以及相应的智能应用不够完善影响了该技术的质量。

## （二）农业智能水肥一体化技术要点

### 1.选择农作物品种

智能条件下农作物生长环境更具灵活性，相比传统农作物生长在环境上有很大的人为可控性，可根据气候季节及市场需求来调整作物生长周期，因此在选择农作物时需要对农作物品种进行挑选，确保农作物在栽培过程中生产量高、作物品种有极强的生命力、生长较为稳定，这样能够极大地确保农作物的收益。

### 2.挑选恰当的施肥及浇灌设施

智能水肥一体化技术可以实现灌溉与施肥两项技术的融合，能够以简便的形式完善灌溉与施肥两项工作，实现水肥高效利用以及同步管理。根据我国农业实际灌溉及施肥情况来看，大多数农民采用的灌溉方式通常是以滴灌、微喷灌为主，所以在设置水肥一体化技术时，可根据不同区域的实际情况，结合当地农业种植土壤性质、农作物种类要素来选择灌溉设备。智能水肥一体化在简单实现水肥同步管理的基础上，还能够根据当下肥料营养成分、pH值进行灵活应对，确保水肥灌溉浓度适应不同农作物的需求。

### 3.合理布局系统管线

水肥一体化技术需要结合实际的灌溉管道系统技术、施肥效率等因素进行科学合理的管线布置。管线布置原则便是低耗高效、管理方便，能应对不同地形的农作物灌溉需求。尤其是对于山丘地区，管道布置应垂直于等高线，分别向两侧毛管配水，干管沿等高线或沿着山脊进行布置。若是针对平原地区，管线则尽可能采用双向控制方式来布置，支管和干管两侧布置下级管道，达到高效且节约的目的。

### 4.合理控制营养液

对水肥一体化技术需要对营养液浓度进行合理控制，确保营养供给与农作物需求达到平衡。营养液控制方式特别注意以下两个方面：第一，控制 pH 值。营养液的 pH 值直接影响化肥当中各项营养元素的吸收利用。第二，控制 EC 值。EC 值直接反映出水肥可溶性盐浓度。农作物在生长不同阶段对 EC 值有不同浓度需求。

**5. 施肥灌溉的具体操作**

在合理控制营养液后进行施肥灌溉的具体操作，一般分为三个步骤。第一步，先利用纯水对农作物所在土壤进行湿润，同时检查系统性能，确保系统各个部件无任何问题。第二步，按照操作系统的规范要求，利用肥料溶液进行灌溉。在此过程中，工作人员需要根据农作物实际生长的外部情况来制定灌溉制度。其中包括灌溉次数、灌溉时间、灌溉额度等。对于蔬菜类的农作物，湿润层通常控制在 0.2—0.3m 左右。第三，使用纯水对灌溉系统进行清洗，此步骤主要是为了延长系统的寿命。

### （三）水肥一体化技术应用前景

结合当前对水肥一体化技术的研究，该技术具备的优势越发显著。在社会发展及国内外农业种植中受到认可。就我国当前实际情况来看，水肥一体化技术应用前景十分广阔。基于我国农业大国实际情况，相应农作物种植量大，对化肥消耗更是逐年递增。结合当下施肥技术应用过程中存在的问题，如施肥技术落后、肥料养分分布不合理等情况，提高施肥技术是大势所趋。另外，我国当前耕地面积有限，出现逐年递减的趋势，很多地区水资源短缺，灌溉不方便，因此农作物在生长过程当中对水的需求和周期便出现不一致，采用水肥一体化技术可以很好地满足不同农作物的生长需求，最大效率地利用现有资源。

总之，智能水肥一体化技术的研发与推广既能够满足当前我国农业发展的需求，也是响应我国现代化农业科技发展的号召。但就目前发展情况来看，我国现有发展技术、发展能力有限，水肥一体化技术的研发与实际应用还存在一定问题，需要相关人员不断进行探索，对该技术进行完善。基于当下技术发展现状，在今后研究中，一方面对现有技术进行完善，另一方面，可以结合大数据，将信息网络技术与智能水肥技术进行有效结合，推进我国农业数字化发展。因此，大力发展水肥一体化技术需要多方面的共同努力。

# 第二章 灌溉方式对早春温室黄瓜、番茄生产的影响

黄瓜和番茄是北方寒地设施农业生产的重要蔬菜种类，本试验以黄瓜和番茄为试材，研究滴灌、膜下滴灌和沟灌三种灌水方法对温室黄瓜、番茄生长及产量的影响，明确三种灌水方式下黄瓜和番茄生长的变化规律，探讨合理的灌溉方式，为设施农业灌溉用水管理提供基础数据资料，为设施栽培作物节水高效灌溉模式实施与节水灌溉制度制定提供指导，同时为寒冷地区乃至其他地区设施农业、节水高效农业的发展提供指导与借鉴，这对缓解水危机和发展节水高效农业有着极为重要的现实意义。

## 一、试验区概况

本试验于 2007 年 12 月—2009 年 8 月在黑龙江省水利科学研究院哈尔滨试验研究基地进行，该试验区位于哈尔滨市机场路 15.5km 处，地理位置为东经 126°20'、北纬 45°43'，总占地 24hm²，建有高标准日光节能温室 8 栋（2600m²），塑料大棚31 栋（20000m²），大田喷灌、微灌面积 3.42 万 m²，可供试验研究使用。基地还建有农业水土实验室一处，水利新技术实验室一处，人工智能灌溉自动控制系统一套，节水灌溉试验示范基地一处，旱田节水灌溉信息中心一处，具有完善的基础设施和先进的试验仪器。

该试验基地位于哈尔滨市道里区万家灌区二级阶地。

由于历史原因，河道改变，致使万家灌溉站无法提水、供水，目前依靠地下水灌溉。该地区地下水资源比较丰富，一般成井深度为 50—60m 之间，单井出水量 40—50m³/h。地下水埋深 3.5m 以上，水的 pH 值为 6—8，符合灌溉饮用水标准。

该试验基地地形为东南高，西北低，高差在 3—10m 左右；试验区耕地耕层土壤大部分为黑钙型中壤土，部分土质呈微碱土；土壤比较肥沃，0—40cm 土层有机质含量在 5% 左右，土壤容重平均为 1.42g/cm³。试验土壤物理特性测定见表 2-1。

表 2-1　试验土壤的物理特性

| 土层（cm） | 气体占百分数（%） | 液体占百分数（%） | 固体占百分数（%） | 干容重（g/m³） | 田间持水量（%） |
|---|---|---|---|---|---|
| 0—10 | 27.38 | 27.61 | 45.01 | 1.19 | 40.67 |
| 10—20 | 17.69 | 36.7 | 45.61 | 1.24 | 36.84 |
| 20—30 | 16.05 | 36.82 | 47.13 | 1.24 | 36.68 |
| 30—40 | 14.07 | 33.12 | 52.81 | 1.39 | 29.79 |
| 40—50 | 4.62 | 37.22 | 58.16 | 1.52 | 26.79 |

## 二、试验材料与方法

### （一）试验材料

黄瓜品种为"龙园绿春"旱黄瓜，番茄品种为"金棚586"番茄，由黑龙江省农科院提供。

滴灌设备由黑龙江省农业机械工程科学研究院提供。

### （二）试验设施

试验所用温室东西走向，与其他温室间隔8m，温室长50m，宽6.5m，畦田为南北走向，每畦宽80cm，长500cm，两畦间留有20cm宽的过道。温室为钢混结构，覆盖聚乙烯抗老化流滴长寿膜，冬季外面覆盖两毡一棉保温被，温室内设有增温装置暖气。

### （三）试验方法

#### 1. 不同灌溉方式对温室黄瓜、番茄生长及产量的影响

黄瓜材料于2008年2月14日播种育苗，2月25日分苗于8cm×8cm塑料营养钵中，番茄材料于2009年1月14日温室播种育苗，2月5日分苗于8cm×8cm塑料营养钵中，常规管理。番茄和黄瓜分别于3月末定植于温室。定植秧苗选定标准是株高和茎粗大致相同，黄瓜定植株行距为30cm×40cm，畦作，每畦2行，为一个小区，每小区定植32株，三次重复。番茄定植株行距为40cm×40cm，畦作，每畦2行，为一个小区，每小区定植24株，三次重复，每个小区面积均为4m²。

灌溉方式为滴灌、膜下滴灌和沟灌。在定植前进行铺设滴灌带和覆膜作业，用于黄瓜的滴灌带上的滴头间距30cm，用于番茄的滴灌带上的滴头间距40cm，植株定植穴始终与滴头保持5cm范围距离。每个小区安装水表和止水阀。以未铺设滴灌设备的常规沟灌方式为对照。从定植起至生产结束，滴灌、膜下滴灌和沟灌这三种方式的灌水次数均为3—4天灌水一次。

**2. 膜下滴灌不同处理对温室黄瓜、番茄生长及产量的影响**

黄瓜、番茄的播种与定植以及地膜和滴灌带的铺设按试验设计进行。根据前期预备试验结果，在灌水总量相同的前提下，对于黄瓜，从定植开始灌水间隔时间设置间隔 1d、间隔 2d、间隔 3d；对于番茄，从定植起灌水间隔时间设置间隔 2d、间隔 4d、间隔 6d。其他栽培管理按照正常管理条件进行。具体设计方案及处理代码见表 2-2 和表 2-3。

表 2-2　温室黄瓜膜下滴灌灌水试验设计方案

| 处理代码 | 灌水间隔（d）<br>（定植—坐果）<br>（29 日 /3 月—16 日 /4 月） | 灌水间隔（d）<br>（坐果—采收）<br>（17 日 /4 月—13 日 /6 月） |
|---|---|---|
| C11 | 1 | 1 |
| C12 | 1 | 2 |
| C13 | 1 | 3 |
| C21 | 2 | 1 |
| C22 | 2 | 2 |
| C23 | 2 | 3 |
| C31 | 3 | 1 |
| C32 | 3 | 2 |
| C33 | 3 | 3 |

表 2-3　温室番茄膜下滴灌灌水试验设计方案

| 处理代码 | 灌水间隔（d）<br>（定植—坐果）<br>（29 日 /3 月—22 日 /4 月） | 灌水间隔（d）<br>（坐果—采收）<br>（23 日 /4 月—19 日 /7 月） |
|---|---|---|
| T22 | 2 | 2 |
| T24 | 2 | 4 |
| T26 | 2 | 6 |
| T42 | 4 | 2 |
| T44 | 4 | 4 |
| T46 | 4 | 6 |
| T62 | 6 | 2 |
| T64 | 6 | 4 |
| T66 | 6 | 6 |

### （四）指标测定方法

**1. 株高、茎粗测定**

每个处理随机选定 3 株进行挂牌标记，在植株定植缓苗后，黄瓜每间隔 10 天测定株高和茎粗，连续测定 5 次。番茄每间隔 15 天测定株高和茎粗，连续测定 4 次。茎粗为地上 1cm 处的茎粗。

**2. 植株地上部分和地下部分干重的测定**

生产结束时，每个处理选择植株 3 株测定地上部干重和地下部干重。茎基部以上部分为地上部，茎基部以下部分为地下部。在挖根部时尽量多带土块，尽量少破坏根系，将其装在孔径 2mm 的尼龙网袋内，用水浸泡 1h 后冲洗干净，烘干后称重。

**3. 病情指数调查**

在植株生长过程中参照胡晓辉方法（2003）[84]调查病情指数，病害分级标准见表 2-4。

病情指数 =[（∑各级发病数 × 相应级严重度平均值）／调查总数 ]×100[85]。

表 2-4　番茄和黄瓜的病害分级标准

| 病级 | 番茄早疫病 | 番茄叶霉病 | 黄瓜角斑病 | 黄瓜霜霉病 |
| --- | --- | --- | --- | --- |
| 0 级 | 无病 | 无病 | 无病 | 无病 |
| 1 级 | 病叶数占全株总叶数的 1/4 以下 | 病叶数占全株总叶数的 1/4 以下 | 病叶数占全株总叶数的 5% 以下 | 病叶数占全株总叶数的 1/4 以下 |
| 2 级 | 病叶数占全株总叶数的 1/4—1/2 | 病叶数占全株总叶数的 1/4—1/2 | 病叶数占全株总叶数的 6%—10% | 病叶数占全株总叶数的 1/4—1/2 |
| 3 级 | 病叶数占全株总叶数的 1/2—3/4 | 病叶数占全株总叶数的 1/2—3/4 | 病叶数占全株总叶数的 11%—20% | 病叶数占全株总叶数的 1/2—3/4 |
| 4 级 | 几乎全株叶片都有病斑 | 几乎全株叶片都有病斑 | 病叶数占全株总叶数的 21%—50% | 病叶数占全株总叶数的 3/4 以上 |
| 5 级 | 全株叶片霉烂或枯死，几乎无绿色组织 | 全株叶片霉烂或枯死，几乎无绿色组织 | 病叶数占全株总叶数的 50% 以上 | 全株死亡 |

**4.产量测定**

从开始采收到结束，每畦单独进行产量的测定，每2—3天测一次。

图2-1 不同灌溉方式对比试验区

图2-2 试验小区单独控制供水

## 三、结果与分析

### （一）不同灌溉方式对温室黄瓜、番茄生长及产量的影响

**1.不同灌溉方式对温室黄瓜生长及产量的影响**

①不同灌溉方式对温室黄瓜植株株高、茎粗的影响

由图2-3和图2-4可以看出不同灌溉方式对温室黄瓜株高和茎粗产生了一定影响。在定植初期三种灌溉方式下无论是植株株高，还是茎粗其差异均不明显，随着植株的生长，从4月25日之后，膜下滴灌方式下的黄瓜株高和茎粗均略高于滴灌方式，两者之间差异不明显，但膜下滴灌和滴灌方式下的黄瓜株高和茎粗均明显高于沟灌（CK）灌溉方式下黄瓜的株高和茎粗。

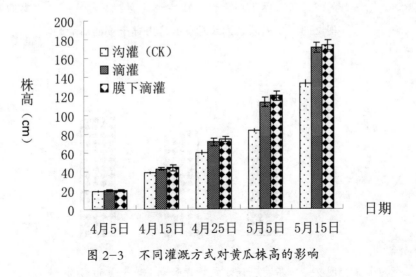

图2-3　不同灌溉方式对黄瓜株高的影响

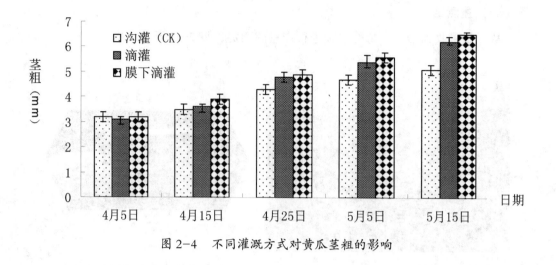

图 2-4　不同灌溉方式对黄瓜茎粗的影响

②不同灌溉方式对温室黄瓜植株干重的影响

由图 2-5 和图 2-6 可知，膜下滴灌和滴灌两种灌溉方式与对照沟灌相比，黄瓜的地上部干重和地下部干重都有一定的提高，其中膜下滴灌提高更为明显。

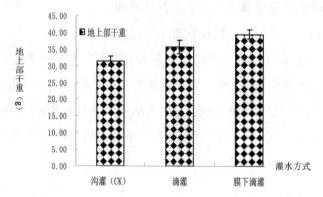

图 2-5　不同灌溉方式对黄瓜地上部干重的影响

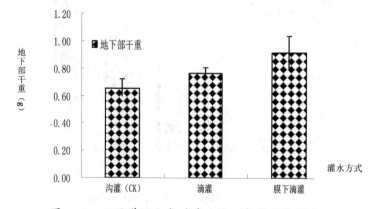

图 2-6　不同灌溉方式对黄瓜地下部干重的影响

③不同灌溉方式对温室黄瓜病情指数的影响

黄瓜霜霉病和黄瓜角斑病都是黄瓜栽培中重要的病害。由表 2-5 可知，不同灌溉方式对黄瓜病情指数的影响十分显著。无论是黄瓜霜霉病还是黄瓜角斑病，膜下滴灌处理的病情指数显著低于滴灌处理，二者均极显著低于对照沟灌。可见，膜下滴灌和滴灌方式均可有效抑制黄瓜霜霉病和角斑病病害的发生，而膜下滴灌方式对病害的抑制效果最好。

表 2-5　不同灌溉方式对黄瓜病情指数的影响

| 处理 | 黄瓜霜霉病 | 黄瓜角斑病 |
|---|---|---|
| 沟灌（CK） | 30.99 ± 1.01（Aa） | 20.93 ± 2.07（Aa） |
| 滴灌 | 27.37 ± 0.55（Bb） | 15.30 ± 2.49（Bb） |
| 膜下滴灌 | 24.42 ± 1.67（Bc） | 12.30 ± 3.02（Bc） |

注：大写字母表示 0.01 的水平；小写字母表示 0.05 的水平。

④不同灌溉方式对温室黄瓜产量的影响

对不同灌溉方式下黄瓜产量方差分析结果如表 2-6 所示：前期产量，各个处理间差异不显著。中期产量，膜下滴灌处理极显著高于对照沟灌处理；滴灌处理显著高于对照沟灌处理；但滴灌处理与膜下滴灌处理差异不显著。后期产量，膜下滴灌处理显著高于沟灌处理，滴灌处理略低于膜下滴灌处理，二者之间差异不显著，同时滴灌处理略高于对照沟灌，二者之间差异不显著。从总产量来看，采用不同的灌溉方式对其影响较大，其中膜下滴灌处理产量最高，其次滴灌，而对照总产量最低，三者之间差异极显著。由此可得：膜下滴灌处理对黄瓜产量的提高最为显著。

表 2-6　不同灌溉方式对黄瓜小区产量的影响　（单位：kg）

| 处理 | 前期产量（4.23-5.7） | 中期产量（5.9-5.22） | 后期产量（5.25-6.13） | 总产量（4.23-6.13） |
|---|---|---|---|---|
| 沟灌（CK） | 9.91 ± 2.08（Aa） | 7.90 ± 0.53（Aa） | 9.97 ± 1.29（Aa） | 27.78 ± 2.78（Aa） |
| 滴灌 | 10.10 ± 2.59（Aa） | 9.64 ± 1.58（ABb） | 13.88 ± 4.42（Aab） | 33.61 ± 1.19（Bb） |
| 膜下滴灌 | 10.25 ± 2.29（Aa） | 12.73 ± 1.92（Bb） | 19.45 ± 3.46（Ab） | 42.42 ± 1.13（Cc） |

注 1：大写字母表示 0.01 的水平；小写字母表示 0.05 的水平。

注 2：产量为小区产量

**2.不同灌溉方式对温室番茄生长及产量的影响**

①不同灌溉方式对温室番茄植株株高、茎粗的影响

由图2-7可知，随着番茄植株的生长，不同灌溉方式对温室番茄株高影响十分明显，其中在滴灌和膜下滴灌两种灌溉方式下番茄株高明显高于沟灌（CK）灌溉方式下番茄的株高。而膜下滴灌处理下的株高在生长后期明显高于滴灌处理植株的株高。

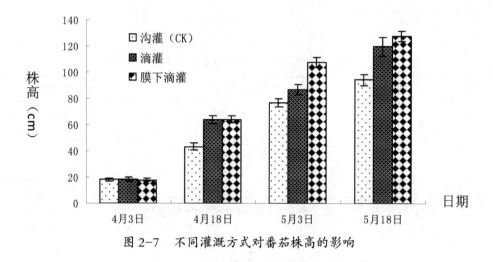

图 2-7　不同灌溉方式对番茄株高的影响

由图2-8可知，不同灌溉方式对温室番茄茎粗的影响十分明显。定植前期影响不大，随着植株的生长，采用滴灌和膜下滴灌可以有效增加茎粗，其中膜下滴灌处理下的茎粗略高于滴灌处理。

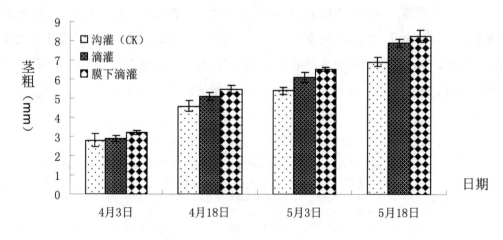

图 2-8　不同灌溉方式对番茄茎粗的影响

②不同灌溉方式对温室番茄植株干重的影响

由图2-9和图2-10可知，膜下滴灌和滴灌两种灌溉方式与对照沟灌相比，番茄

的地上部干重和地下部干重都有一定的提高，其中膜下滴灌提高更为明显。

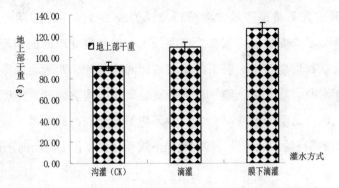

图 2-9 不同灌溉方式对番茄地上部干重的影响

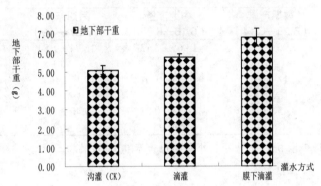

图 2-10 不同灌溉方式对番茄地下部干重的影响

③不同灌溉方式对温室番茄病情指数的影响

番茄叶霉病和番茄早疫病都是番茄栽培中重要的病害。由表 2-7 可知，不同灌溉方式对番茄病情指数产生一定影响。膜下滴灌处理下，病害无论是番茄的叶霉病，还是早疫病，其病情指数均显著降低。滴灌处理下两种病害指数略低于对照沟灌，但两者之间差异不显著。滴灌处理下两种病害指数略高于膜下滴灌处理，但两者之间差异不显著。由此可以得出：膜下滴灌可有效抑制番茄病害的发生。

表 2-7 不同灌溉方式对番茄病情指数的影响

| 处理 | 番茄叶霉病 | 番茄早疫病 |
|---|---|---|
| 沟灌（CK） | 22.07 ± 1.33 （Aa） | 26.00 ± 2.00 （Aa） |
| 滴灌 | 19.13 ± 1.87 （Aab） | 22.67 ± 1.53 （Aab） |
| 膜下滴灌 | 16.22 ± 1.69 （Ab） | 19.00 ± 3.00 （Ab） |

注：大写字母表示 0.01 的水平；小写字母表示 0.05 的水平。

④不同灌溉方式对温室番茄产量的影响

对不同灌溉方式下番茄产量方差分析结果如表2-8所示：前期产量，膜下滴灌处理最高，显著高于沟灌处理，其次为滴灌处理，但滴灌处理的前期产量与对照差异不显著。中期产量和后期产量，膜下滴灌略高于滴灌处理，两者之间差异不显著，但二者均显著高于对照。总产量，膜下滴灌处理显著高于沟灌处理。但膜下滴灌处理与滴灌处理之间，以及滴灌处理与对照之间差异均不显著。由此可得：膜下滴灌处理与滴灌处理可以有效提高番茄的产量，特别是膜下滴灌对提高各个时期的产量效果更显著。

表2-8　不同灌溉方式对番茄产量的影响　（单位：kg）

| 处理 | 前期产量<br>（5.28—6.14） | 中期产量<br>（6.16—6.25） | 后期产量<br>（6.27—7.9） | 总产量<br>（5.28—7.9） |
|---|---|---|---|---|
| 沟灌（CK） | 7.06 ± 1.23<br>（Aa） | 13.65 ± 3.13<br>（Aa） | 16.74 ± 1.84<br>（Aa） | 36.43 ± 2.17<br>（Aa） |
| 滴灌 | 8.11 ± 1.03<br>（Aab） | 16.59 ± 1.01<br>（Ab） | 19.19 ± 0.32<br>（Ab） | 40.44 ± 3.28<br>（Aab） |
| 膜下滴灌 | 9.45 ± 0.36<br>（Ab） | 18.58 ± 0.28<br>（Abc） | 19.40 ± 2.45<br>（Ab） | 43.88 ± 0.94<br>（Ab） |

注1：大写字母表示0.01的水平；小写字母表示0.05的水平。

注2：产量为小区产量

## （二）膜下滴灌不同处理对温室黄瓜、番茄生长及产量的影响

### 1. 膜下滴灌不同处理对温室黄瓜生长及产量的影响

①膜下滴灌不同处理对温室黄瓜植株株高、茎粗的影响

由图2-11和图2-12可知，膜下滴灌不同处理对黄瓜的株高和茎粗的影响，前期变化不大；后期在定植期到坐果期灌水次数相同，坐果期到采收期灌水次数不同的情况下，随着灌水次数间隔的增多，黄瓜株高呈下降趋势，而茎粗数值呈上升趋势。

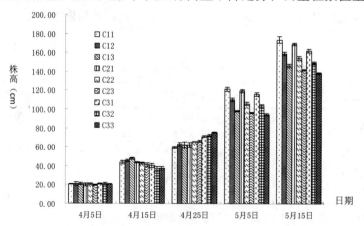

图2-11　膜下滴灌不同处理对黄瓜株高的影响

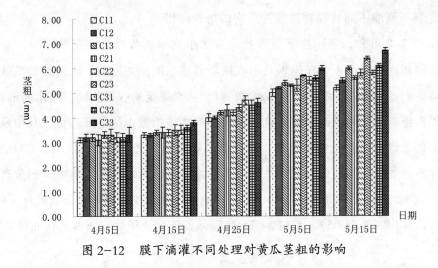

图 2-12　膜下滴灌不同处理对黄瓜茎粗的影响

②膜下滴灌不同处理对温室黄瓜植株干重的影响

由图 2-13 和图 2-14 可知，膜下滴灌下不同处理对地上部干重和地下部干重的影响，在定植期到坐果期灌水次数相同，坐果期到采收期灌水次数不同的情况下，随着灌水次数间隔的增多，黄瓜的地上部干重和地下部干重均呈下降趋势。

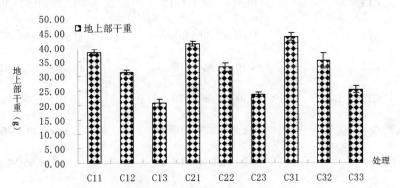

图 2-13　膜下滴灌不同处理对黄瓜地上部干重的影响

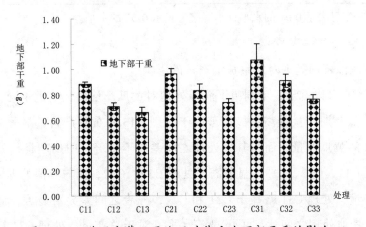

图 2-14　膜下滴灌不同处理对黄瓜地下部干重的影响

③膜下滴灌不同处理对温室黄瓜病情指数的影响

由表2-9可知，不同膜下滴灌处理对黄瓜病情指数产生一定的影响，在坐果前灌水间隔相同的情况下，在坐果至采收期随着灌水间隔的增加，无论是黄瓜的霜霉病还是角斑病，其病情指数均呈下降趋势；对于从坐果至采收期相同的灌水间隔条件下，在坐果前随着灌水间隔的增加，这两种病害的病情指数也呈下降趋势。其中灌水间隔天数多的处理C33病情指数最低，对于黄瓜霜霉病，处理C33与C32、C31、C23之间差异不显著，与其他处理之间达到了显著或极显著的水平；对于黄瓜的角斑病，处理C33、C32、C31之间差异不显著，而与其他处理之间也达到了显著或极显著的水平。由此可以看出，处理C33 、C32、C31在降低黄瓜病情指数方面为最佳处理。

表2-9　不同膜下滴灌处理对黄瓜病情指数的影响

| 处理 | 黄瓜霜霉病 | 黄瓜角斑病 |
| --- | --- | --- |
| C11 | 19.66 ± 0.74（Aa） | 14.87 ± 0.60（Aa） |
| C12 | 18.19 ± 1.46（ABab） | 14.66 ± 0.68（Aa） |
| C13 | 16.51 ± 1.96（ABCbc） | 12.73 ± 0.57（Bb） |
| C21 | 15.43 ± 2.00（BCDcd） | 11.94 ± 0.13（BCbc） |
| C22 | 14.19 ± 1.86（CDEcde） | 10.88 ± 0.67（BCcd） |
| C23 | 13.21 ± 1.06（CDEdef） | 10.17 ± 1.30（CDd） |
| C31 | 12.57 ± 1.06（DEef） | 8.38 ± 0.99（DEe） |
| C32 | 12.14 ± 0.96（DEef） | 7.96 ± 0.95（Ee） |
| C33 | 11.08 ± 0.89（Ef） | 7.12 ± 0.89（Ee） |

注：大写字母表示0.01的水平；小写字母表示0.05的水平。

④膜下滴灌不同处理对温室黄瓜产量的影响

由表2-10可以看出，不同膜下滴灌处理对黄瓜产量的影响也不同。前期产量，处理C31黄瓜前期产量最高，极显著高于处理C13的黄瓜产量，显著高于处理C22和处理C12的黄瓜产量，而与其他处理之间差异不显著；中期产量，处理C31极显著高于处理C11、C12、C13，显著高于处理C32、C22，而与其他处理之间差异不显著；后期产量，处理C31略高于C21和C22，三者之间差异不显著，而C31显著高于C32，与其他处理之间达到了极显著水平；对于总产量，处理C31极显著高于其他处理。综上可得，处理 C31 最有利于早春黄瓜产量的形成，无论是前期产量、中期产量，还是总产量在各个处理中表现为最高，而处理 C13 的前期产量、中期产量，还是总产量在各个处理中表现为最低。

表 2-10　不同膜下滴灌处理对黄瓜产量的影响　（单位：kg）

| 处理 | 前期产量<br>（4.20—5.5） | 中期产量<br>（5.7—5.20） | 后期产量<br>（5.22—6.11） | 总产量<br>（4.20—6.11） |
|---|---|---|---|---|
| C11 | 10.14 ± 2.60（ABab） | 8.81 ± 0.23（CDc） | 14.24 ± 2.21<br>（BCDbc） | 33.19 ± 1.07<br>（DEde） |
| C12 | 8.63 ± 1.93（ABbc） | 9.44 ± 1.83（BCDc） | 13.53 ± 3.73<br>（BCDbc） | 31.59 ± 0.26<br>（EFef） |
| C13 | 6.77 ± 2.19（Bc） | 8.50 ± 0.95（Dc） | 14.37 ± 1.22<br>（BCDbc） | 29.63 ± 1.32<br>（Ff） |
| C21 | 10.28 ± 1.51（ABab） | 12.96 ± 1.93（ABab） | 18.06 ± 1.36<br>（ABab） | 41.29 ± 1.59<br>（Bb） |
| C22 | 8.50 ± 1.48（ABbc） | 12.06 ± 1.46（ABCb） | 17.44 ± 2.05<br>（ABCab） | 38.00 ± 1.18<br>（BCc） |
| C23 | 11.36 ± 0.61（Aab） | 14.11 ± 0.51（Aab） | 10.42 ± 2.6（Dc） | 35.89 ± 1.89<br>（CDdc） |
| C31 | 12.35 ± 0.86（Aa） | 15.14 ± 1.74（Aa） | 21.81 ± 0.62（Aa） | 49.30 ± 1.71<br>（Aa） |
| C32 | 11.48 ± 2.13（Aab） | 12.32 ± 1.83（ABCb） | 16.73 ± 4.20<br>（ABCDb） | 40.52 ± 1.32<br>（Bb） |
| C33 | 11.02 ± 1.08（ABab） | 13.89 ± 1.01（Aab） | 11.58 ± 1.42（CDc） | 36.49 ± 1.73<br>（CDc） |

注 1：大写字母表示 0.01 的水平；小写字母表示 0.05 的水平。

注 2：产量为小区产量。

**2. 膜下滴灌不同处理对温室番茄生长及产量的影响**

①膜下滴灌不同处理对温室番茄植株株高、茎粗的影响

由图 2-15 可知，膜下滴灌不同处理对番茄株高有一定影响。定植前期番茄的株高基本无变化，但到了坐果期和采收期期间，在定植期到坐果期灌水次数相同，坐果期到采收期灌水次数不同的情况下，随着灌水次数间隔的增多，番茄的株高长度呈下降趋势。总体来看，处理 T22 和 T24 在后期（5 月 3 日和 5 月 18 日）的株高最高；其次为处理 T26、T42、T44、T46，四者之间株高基本相同；处理 T62、T64、T66表现为株高较矮，这三者之间的变化较为明显。

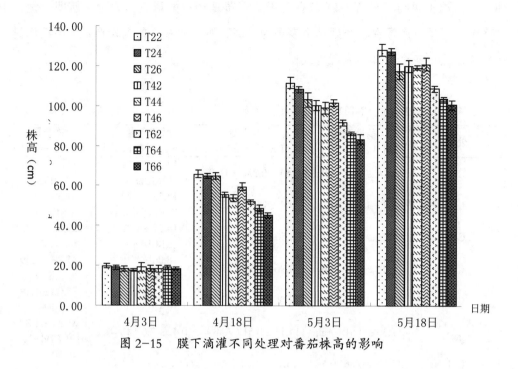

图 2-15　膜下滴灌不同处理对番茄株高的影响

由图 2-16 可知，定植前期（4 月 3 日）和坐果前期（4 月 18 日）茎粗基本无变化，随着植株的进一步生长，不同的膜下滴管制度对番茄茎粗产生了一定的影响。其中从定植到坐果灌水间隔 4 天的处理 T42、T44、T46 的茎粗值最大，而处理 T22 茎粗最低。

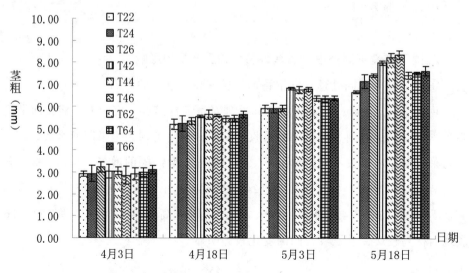

图 2-16　膜下滴灌不同处理对番茄茎粗的影响

②膜下滴灌不同处理对温室番茄植株干重的影响

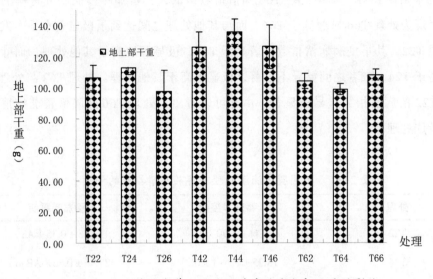

图 2-17　膜下滴灌不同处理对番茄地上部干重的影响

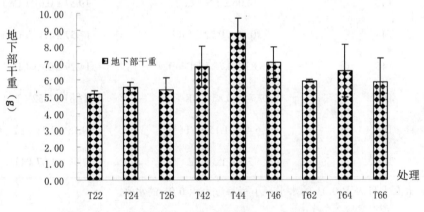

图 2-18　膜下滴灌不同处理对番茄地下部干重的影响

　　由图 2-17 和图 2-18 可以看出，膜下滴灌不同处理对番茄地上部干重和地下部干重产生一定的影响。定植期到坐果期每隔四天灌水的处理 T42、T44、T46 番茄地上部和地下部干重明显高于其他灌水处理，其中坐果期到采收期每隔四天灌一次水的处理 T44 番茄地上部干重和地下部干重最高。

　　③膜下滴灌不同处理对温室番茄病情指数的影响

　　由表 2-11 可以看出，不同膜下滴灌处理对番茄病情指数的影响趋势同黄瓜。即从处理 T22 到处理 T66，在坐果前灌水间隔相同的情况下，在坐果至采收期随着灌水间隔的增加，无论是番茄早疫病还是番茄叶霉病其病情指数均呈下降趋势；对于从坐果至采收期相同的灌水间隔条件下，在坐果前随着灌水间隔的增加，这两种病害的病情指数也呈下降趋势。其中处理T66病情指数最低，其番茄早疫病和叶霉病的病情指数均表现为处理T66显著低于T64，而与其他处理之间达到了极显著水平。发病最高的处理T22，其早疫病病情指数显著高于T24，极显著地高于其他处理，而叶霉病指数略高于T24，二者之间差异不显著，极显著高于其他处理。处理T62与处理T42和处理T22的病情指数差异极显著。由此可以看出，处理T66在降低番茄病情指数方面为最佳处理。

表2-11　不同膜下滴灌处理对番茄病情指数的影响

| 处理 | 番茄早疫病 | 番茄叶霉病 |
| --- | --- | --- |
| T22 | 21.11 ± 1.90（Aa） | 24.85 ± 0.35（Aa） |
| T24 | 18.25 ± 0.76（ABb） | 23.46 ± 0.56（ABab） |
| T26 | 16.04 ± 1.62（BCc） | 22.03 ± 1.57（Bb） |
| T42 | 14.06 ± 1.5（Cc） | 19.37 ± 0.61（Cc） |
| T44 | 10.18 ± 0.72（Dd） | 17.57 ± 1.47（Cd） |
| T46 | 8.83 ± 0.75（DEde） | 14.29 ± 0.93（De） |
| T62 | 7.74 ± 0.83（DEef） | 11.81 ± 0.52（Ef） |
| T64 | 6.41 ± 1.15（EFf） | 10.15 ± 0.25（EFg） |
| T66 | 3.8 ± 1.3（Fg） | 7.99 ± 1.07（Fh） |

注：大写字母表示0.01的水平；小写字母表示0.05的水平。

④膜下滴灌不同处理对温室番茄产量的影响

由表2-12可以看出，不同膜下滴灌处理对番茄产量有一定的影响。前期产量，处理T46番茄前期产量最高，与处理T24、T44、T64、T62之间差异不显著，极显著高于处理T22、T66和T26，显著高于处理T42。后期产量，处理T66产量最高，但与处理T64和T46差异不显著，显著高于T44，而与其他处理达到了极显著水平。总产量，处理T46番茄总产量最高，但与T64差异不显著，T46显著高于处理T66和处理T44的番茄的总产量，极显著高于其他处理。综上可得，处理T46最有利于番茄产量的形成，处理T22表现最差。

表 2-12　不同膜下滴灌处理对番茄产量的影响　（单位：kg）

| 处理 | 前期产量<br>（5.28—7.1） | 后期产量<br>（7.3—7.19） | 总产量<br>（5.28—7.19） |
|------|------|------|------|
| T22 | 24.66 ± 2.22<br>（Dd） | 14.76 ± 2.13<br>（CDde） | 39.42 ± 0.74<br>（Fe） |
| T24 | 32.90 ± 3.87<br>（ABab） | 13.84 ± 3.15<br>（De） | 46.74 ± 0.80<br>（DEd） |
| T26 | 25.71 ± 1.49<br>（DCd） | 16.86 ± 1.04<br>（BCDcde） | 42.57 ± 0.98<br>（EFe） |
| T42 | 30.86 ± 1.50<br>（ABCbc） | 18.80 ± 1.04<br>（BCDbcd） | 49.66 ± 1.28<br>（CDcd） |
| T44 | 34.29 ± 3.14<br>（ABab） | 20.62 ± 1.27<br>（ABCbc） | 54.91 ± 2.35<br>（ABb） |
| T46 | 36.00 ± 2.66<br>（Aa） | 22.74 ± 3.00<br>（ABab） | 58.74 ± 1.9<br>（Aa） |
| T62 | 32.66 ± 2.10<br>（ABabc） | 19.37 ± 1.89<br>（BCDbcd） | 52.03 ± 0.56<br>（BCbc） |
| T64 | 32.79 ± 1.24<br>（ABabc） | 23.13 ± 4.02<br>（ABab） | 55.52 ± 3.70<br>（ABab） |
| T66 | 28.21 ± 2.53<br>（BDCdc） | 26.04 ± 3.33<br>（Aa） | 54.25 ± 0.70<br>（ABb） |

注：大写字母表示 0.01 的水平；小写字母表示 0.05 的水平；产量为小区产量。

## 四、讨论

### （一）不同灌溉方式对温室黄瓜、番茄生长及产量的影响

滴灌是当今世界最先进的节水灌溉技术之一，膜下滴灌技术是世界创举[86]。膜下滴灌将传统的明渠暗渠由滴灌带所替代，水源通过滴灌带滴头进入农作物根系，以滴水的方式输送到每株作物的根部[87]。在棚室内应用膜下滴灌技术，不仅具有省水、节能、灌水均匀、省工、省时等优点，而且还具有控制地温、保持棚室温度、降低棚室湿度和土壤湿度、缩短蔬菜生长期、减少病虫害等优点[88]。

通过本试验证明，不同的灌溉方式对温室黄瓜、番茄的生长及产量的影响十分显著。试验中设置了沟灌、滴灌、膜下滴灌三种不同的灌水处理。无论是对于黄瓜还是对于番茄，滴灌处理和膜下滴灌处理与对照沟灌处理通过试验结果比较发现：在植株的株高和茎粗方面有一定的促进作用，利于地上部干重和地下部干重的积累；在减轻作物病害方面作用显著；在提高作物产量方面效果也十分显著。其中，膜下滴灌处理与滴灌处理相比，膜下滴灌在这些方面的改善更为明显。

滴灌和膜下滴灌处理对植株株高和茎粗有促进作用，有利于地上部干重和地下部干重的积累这是由于滴灌与传统的沟灌灌溉方式相比水分直接作用于根系，更有利于根系的吸收，使其保持旺盛的生命力，以达到满足作物生长对水分和矿物质元素的

需要。有利于根系作物产量即地下部干重的积累,根系生长良好同时也就促进了植株的生长发育,促进了作物地上部干重的积累。而膜下滴灌处理在最大程度上减少了水分的蒸发。所以,膜下滴灌处理下的作物的形态指标要优于滴灌处理。

黄瓜是一种抗旱性较差的蔬菜。其需水量大且对水分敏感[89]。在开花期以前以营养生长为主,对水分的需求明显低于结果期,当进入结果期后,主要以生殖生长为主,黄瓜连续结果,所以对水分需求量大大提高[90]。日光温室早春番茄的需水规律表现为"前期小""中期大""后期小"的变化规律,需水高峰同样出现在结果盛期[91]。

由本试验结果也可以看出,不同灌水方式对作物的病情指数和产量影响十分显著。滴灌处理和膜下滴灌处理均能降低黄瓜和番茄的病情指数,膜下滴灌处理降低更为显著。王俊霞认为滴灌技术避免了输水地面流失和深层渗漏,减少了水分蒸发,最大限度地控制了棚内湿度[92]。通过对使用滴灌农户棚内空气湿度的测量,发现使用滴灌的大棚空气湿度比用传统浇灌的棚内空气湿度下降15%—25%。黄瓜霜霉病、灰霉病等病虫害发病率很低。滴灌处理和膜下滴灌处理不仅可以降低黄瓜和番茄的病情指数,通过分别对黄瓜和番茄前期、中期、后期、总产量的方差分析可以看出两处理在提高产量方面效果也十分显著。膜下滴灌处理黄瓜或番茄的产量极显著或显著高于对照沟灌处理。这与桑艳朋等在甜瓜上的研究结果一致[93]。一方面,在滴灌和膜下滴灌两种灌溉方式下,水分的利用率特别高,尤其是膜下滴灌节水效果十分明显。提高根系活力,植株生长良好;另一方面,滴灌和膜下滴灌在不同程度上降低了温室内的空气湿度,有关研究证明,黄瓜霜霉病孢子的形成与空气湿度关系非常密切,当空气湿度达到89%以上,霜霉病发病率显著提高;当空气湿度达到96%时,霜霉病发病率最为严重[94]。这与本试验的结果相一致。

## (二)膜下滴灌不同处理对温室黄瓜生长及产量的影响

由于膜下滴灌在温室栽植作物方面有很多的优越性,为了进一步研究何种膜下滴灌灌溉方法更有利于作物的生长发育和产量的积累,本部分试验中分别对黄瓜和番茄设置了九个不同的膜下滴灌灌水间隔处理。

由试验结果发现,对于黄瓜,在生育期内,当定植期到坐果期灌水频率不同时,随着灌水频率的减少,在生育后期(坐果后期和采收期)株高长度呈下降趋势;茎粗和干物质的积累均呈上升趋势;当定植期到坐果期灌水频率相同,坐果期到采收期灌水频率不同时,随着其灌水间隔的增大,株高长度、干物质的积累、病情指数和产量均呈下降趋势;茎粗则呈上升趋势。从总体上看,黄瓜的病情指数呈下降趋势,各处理间差异极显著,处理C33病情指数最低;产量方面,灌水频率越大的产量越高,如试验中处理C31的产量极显著高于其他处理的产量。产生上述现象是由于黄瓜从定植到坐果，营养生长为主，不宜浇过多的水，否则会造成植株徒长，影响坐果率，如本试验中的 C11 处理。黄瓜从开始坐果到结果盛期，这一时期植株以生殖生长为主，需要大量补充水分，已达到延长盛果期的目的，获得最大产量积累，如本试验中的 C31 处理。本部分试验结果与桑艳朋等在甜瓜上的研究结果相一致。

### （三）膜下滴灌不同处理对温室番茄生长及产量的影响

刘祖贵（2003）在研究豫北地区日光温室滴灌番茄的理想灌水模式得出[95]，在全生育期适宜土壤水分控制下限为田间持水量的 70%，坐果前滴灌灌水定额为 $75m^3/hm^2$，坐果后滴灌灌水定额为 $105—120m^3/hm^2$。蒋先明等（1984）认为番茄有一定的耐旱能力，但要获得高产，还必须重视水分的供给和调节，定植后 5—7 天浇一次缓苗水，然后中耕保墒，控制浇水，适当蹲苗，促进根系向纵向发展，防止开花结果后番茄根系生长量的下降，并适当控制地上部营养生长，保证营养积累，加速开花结果[96]。

由试验的处理结果发现，对于株高，在相同生育期内，当定植期到坐果期灌水频率不同时，随着灌水频率的减少，番茄的株高长度呈下降趋势，如本试验中的处理 T22、T42 和 T62；对于茎粗和干物质积累，定植期到坐果期每隔四天灌水的处理明显高于其他处理；当定植期到坐果期灌水频率相同，坐果期到采收期灌水频率不同时，随着其灌水间隔的增大，番茄的株高长度呈下降趋势；茎粗变化不明显，每隔六天的灌水处理数值略高；干物质积累方面，每隔四天灌一次水的处理，对干物质的形成效果最好。从总体上看，番茄的病情指数呈下降趋势，各处理间差异极显著，处理 T66 病情指数最低；产量方面，处理 T46 产量最高，处理 T22 在产量积累方面效果最差。这可能是由于番茄从定植到坐果期，灌水次数过少或过多，造成植株水分亏缺或者徒长，不利于植株健康的生长，不利于干物质的形成。蹲苗结束后应结合追肥浇催秧催果水则有利于病害的控制和产量的提高。番茄的需水量到结果盛期达到高峰，这期间一般 4—6 天灌一次水，使整个结果期保持土壤比较均匀的湿润程度。防止忽干忽湿，减少裂果和顶腐蚀的发生。

如何将生产实际和试验研究紧密结合，解决生产中的问题仍是今后研究的方向。目前普遍存在于设施滴灌中的问题可大体概括为：设备质量差，产品品种少，缺乏系列和配套产品；而且设备使用寿命低，存在设计上的不合理、管理不善等都造成资金的浪费。所以在设计和安排灌溉技术时应通过灌溉试验，根据不同地区的土壤条件、气候条件等，按照灌溉的要求特性及番茄的生长条件实施合理的灌溉技术[97]。本试验中无论对于黄瓜还是对于番茄的膜下滴灌处理，从产量和病情指数的关系可以看出，寻找一个既有利于降低病情指数且又产量高的膜下滴灌处理还有待于进一步研究；另外，由于不同的作物、不同的土壤对灌水方法以及灌水间隔期都有不同的要求，由于试验时间和场地的限制，本试验只是在温室内对栽培面积较大的番茄、黄瓜蔬菜作物进行了研究，摸索了适合温室黄瓜、番茄栽培的灌溉处理方式，得出的结论是否适宜温室其他蔬菜作物的栽培或者是否适用于其他保护地栽培，本试验的膜下滴灌灌溉方法只是对早春温室番茄和黄瓜进行了研究，是否适合秋延后或者大棚早春与延后生产等还有待于进一步研究。

## 五、小结

本试验采用沟灌、滴灌以及膜下滴灌三种灌溉方法，研究其对早春温室黄瓜、番茄生产的影响。结果表明，膜下滴灌是更理想的灌溉方法。为此，针对膜下滴灌进行了不同灌水间隔期的试验。通过试验得出以下结论：

（一）与沟灌和滴灌相比，采用膜下滴灌灌溉方法更有利于早春温室黄瓜、番茄的生长

膜下滴灌处理有利于作物的生长和干物质的积累。膜下滴灌处理在早春温室黄瓜和番茄生长过程中，无论是株高、茎粗还是地上部干重和地下部干重的积累，都明显高于滴灌处理和沟灌处理。

膜下滴灌处理可有效降低早春温室黄瓜和番茄的病情指数并提高产量。无论是黄瓜霜霉病还是黄瓜角斑病，膜下滴灌处理的病情指数显著低于滴灌处理，二者均极显著低于对照沟灌。膜下滴灌处理下的番茄的叶霉病和早疫病的病情指数均显著降低。

膜下滴灌处理可以极显著地提高早春温室黄瓜中期产量和总产量，显著提高后期产量，对前期产量影响不大。膜下滴灌处理可以显著提高早春温室番茄早期产量、后期产量及总产量。

（二）采用膜下滴灌灌溉方法，在定植期到坐果期以及坐果期到采收期进行不同间隔的灌水处理，对早春温室黄瓜、番茄的生长产生了一定的影响

早春温室黄瓜生产采用定植期到坐果期，坐果期到采收期每隔一天灌一次水的处理（C11），番茄生产采用定植期到坐果期，坐果期到采收期每隔两天灌一次水的处理（T22）株高长势最好；对于茎粗，黄瓜生产采用定植期到坐果期，坐果期到采收期每隔三天灌一次水的处理（C33），番茄生产采用定植期到坐果期每隔四天灌一次水，坐果期到采收期每隔六天灌一次水的处理（T46）茎粗长势最好；而对于干物质的积累，黄瓜采用定植期到坐果期每隔三天灌一次水，坐果期到采收期每隔一天灌一次水的处理（C31），番茄采用定植期到坐果期，坐果期到采收期每隔四天灌一次水的处理（T44）对于干物质的积累效果最好。

早春温室黄瓜、番茄生产采用膜下滴灌方式进行灌溉，在一定范围内灌水间隔

越短病害越重，间隔越长病害越轻。在 9 个不同的膜下滴灌处理中，随着定植期到坐果期和坐果期到采收期灌水次数的分别减少，病情指数逐渐减低，其中黄瓜的霜霉病和角斑病的病情指数均表现处理 C33 为最小值，处理 C11 这两种病害的病情指数为最高值；番茄的叶霉病和早疫病的病情指数均表现处理 T66 最低，处理 T22 最高。

对于早春温室黄瓜，前期产量，处理 C31 黄瓜前期产量最高，极显著高于处理 C13 的黄瓜产量，显著高于处理 C22 和处理 C12 的黄瓜产量，而与其他处理之间差异不显著；中期产量，处理 C31 极显著高于处理 C11、C12、C13，显著高于处理 C32、C22，而与其他处理之间差异不显著；后期产量，处理 C31 略高于 C21 和 C22，三者之间差异不显著，而 C31 显著高于 C32，与其他处理之间达到了极显著水平；对于总产量，处理 C31 极显著高于其他处理。对于早春温室番茄，前期产量，处理 T46 番茄前期产量最高，与处理 T24、T44、T64、T62 之间差异不显著，极显著高于处理 T22、T66 和 T26，显著高于处理 T42；后期产量，处理 T66 产量最高，但与处理 T64 和 T46 差异不显著；总产量，处理 T46 番茄总产量最高，但与 T64 差异不显著，T46 显著高于处理 T66 和处理 T44 的番茄的总产量，极显著高于其他处理。

# 第三章 高寒地区设施农业主要蔬菜需水规律与灌溉水利用效率研究

水是设施农业生产的关键因素之一。伴随着设施农业的兴起，灌溉水资源的高效利用是这一产业发展的重要保障。开展设施农业主要蔬菜作物需水量试验研究，可以为水资源高效利用提供科学依据。研究成果可直接服务于设施农业的节水灌溉及水资源优化配置、农田水利规划，对科学用水，文明用水，提高水的利用率和利用效率，提高农民收入，促进节水社会的建设具有实际意义。

## 一、试验区

试验于 2008 年 3 月—2010 年 11 月在黑龙江省水利科学研究院水利科技试验研究中心 1 号、2 号日光温室中进行。温室长 50m、宽 6m，种植区 5m × 48 m（240m²）。温室东西走向，坐北朝南，与其他温室间隔 8m，互不遮阴。覆盖高压聚乙烯薄膜，外层覆盖保温被。（见图 3-1、图 3-2）

图 3-1 黑龙江省水利科学研究院水利科技试验研究中心

图 3-2 设施农业温室试验区

## 二、试验设计与材料

### （一）试验设计

试验蔬菜分4个生育期（定植—开花、开花—坐果、坐果—首采、首采—末采）、3个灌水水平进行正交排列设计，共9个处理，3次重复，并分覆膜滴灌和裸露滴灌，另外加1个对照处理（裸露畦灌）（见表3-1）。

每个处理小区栽植1畦，每畦宽80cm，长500cm，每小区计产面积4 $m^2$，栽2行，行距40cm，株距30cm，滴灌带铺在栽植行边上。

说明：

黄瓜：1——土壤含水量占田间持水量的80%—100%。

2——土壤含水量占田间持水量的85%—100%。

3——土壤含水量占田间持水量的90%—100%。

番茄：1——土壤含水量占田间持水量的70%—100%。

2——土壤含水量占田间持水量的80%—100%。

3——土壤含水量占田间持水量的90%—100%。

春豆角：1——4立方米/次/亩。2——8立方米/次/亩。3——16立方米/次/亩。每周灌水一次。

秋豆角：1——8立方米/次/亩。2——16立方米/次/亩。3——24立方米/次/亩。每周灌水一次。

表3-1 日光温室蔬菜灌水试验设计方案

| 处理 | 定植—开花 | 开花—坐果 | 坐果—首采 | 首采—末采 |
|------|-----------|-----------|-----------|-----------|
| 1 | 1 | 1 | 1 | 1 |
| 2 | 1 | 2 | 2 | 2 |
| 3 | 1 | 3 | 3 | 3 |
| 4 | 2 | 1 | 2 | 3 |
| 5 | 2 | 2 | 3 | 1 |
| 6 | 2 | 3 | 1 | 2 |
| 7 | 3 | 1 | 3 | 2 |
| 8 | 3 | 2 | 1 | 3 |
| 9 | 3 | 3 | 2 | 1 |
| Ck | | 裸露畦灌 | | |

## （二）试验材料

黄瓜品种选择龙园绿春（如图3-3）；番茄品种选择金鹏586（如图3-4）；豆角品种选择将军豆（如图3-5）。

图 3-3 黄瓜试验区

图 3-4 番茄试验区

图 3-5 豆角试验区

## （三）试验数据采集及处理

**1.温室小气候观测：**包括温室内空气温度、湿度、土壤地温、水面蒸发量，以及土壤水势、温室内光照度等。1号温室采用温室环境自动监测系统进行自动监测，2号温室采用人工观测。

**2. 生态调查：** 蔬菜各生育期观测，以及各生育期株高、茎粗、植株干鲜重、根系、采收期测产等，均采用人工进行测定。

**3. 土壤物理性质测定：** 土壤田间持水量、容重、三相，采用环刀法进行测定；土壤水分特征曲线测定采用吸力平板仪法。

**4. 土壤含水率测定：** 深度为60cm，每10cm一层，共6层，采用烘干法进行测定。

**5. 灌水量测定：** 每个试验小区安装一块水表，每次记录灌水读数。

**6. 蒸腾蒸发量测定：** 采用小型称重式蒸渗仪进行测定。

## 三、结果与分析

### （一）温室番茄耗水规律与节水灌溉模式

#### 1. 春番茄耗水规律

①逐日及累计耗水过程线

利用小型称重式蒸渗仪系统，通过覆膜与不覆膜处理，对春季番茄需水量进行试验。如图3-6所示，从春季番茄定植到采收整个生育期来看，番茄全生育期日耗水强度的变化趋势是初期与末期较小，中期较高，初期最小，全生育期需水量为506.55mm，耗水强度为4.52mm/d左右。

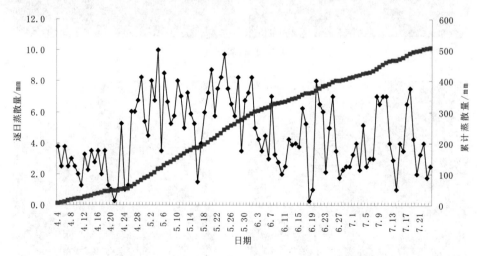

图3-6　番茄累计蒸散量和逐日蒸散量过程线

由图3-7可见，春番茄整个生育期蒸腾耗水为322mm，蒸腾占总耗水量的63.86%，而棵间蒸发为184.55mm，占到总蒸散量的36.14%。说明春番茄在整个生育期间有36.14%的水分用于非生产性耗水。

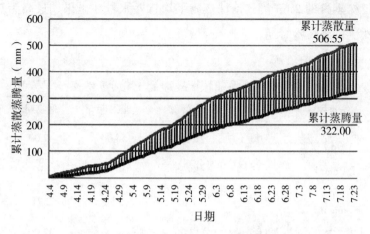

图 3-7 番茄累计蒸散量 / 蒸腾量过程线

②阶段需水模系数

由表 3-2 可见，春番茄全生育期的耗水量坐果期最高，达到 5.44mm/d；定植秧苗期最低，为 3.33mm/d。耗水模系数坐果期最高，占总耗水的 58.03%，其次为采收期，占 33.43%。说明春番茄在坐果期，也就是果实形成期水分消耗较大。从月份上看，是 5 月份耗水最多，平均日耗水量为 6.5mm/d，而 5 月份恰恰正是处于番茄坐果期。

表 3-2 春番茄需水模系数

| 月份 | 4 月 | 5 月 | 6 月 | 7 月 | 合计 |
|---|---|---|---|---|---|
| 生育天数（d） | 27 | 31 | 30 | 24 | 112 |
| ET（mm） | 85.40 | 201.55 | 121.80 | 97.80 | 506.55 |
| 日平均（mm/d） | 3.16 | 6.50 | 4.06 | 4.08 | 4.52 |
| 生育期 | 定植期 | 开花期 | 坐果期 | 采收期 | 全生育期 |
| 生育天数（d） | 3 | 13 | 54 | 42 | 112 |
| ET（mm） | 10.00 | 33.25 | 293.95 | 169.35 | 506.55 |
| 日平均（mm/d） | 3.33 | 2.56 | 5.44 | 4.03 | 4.52 |
| 模系数（%） | 1.97 | 6.56 | 58.03 | 33.43 | 100 |

由表 3-3 可见，春番茄在整个生育期间，植株蒸腾平均日耗水 2.86mm/d，棵间蒸发日耗水 1.65mm/d，植株蒸腾是棵间蒸发的 1.73 倍；春番茄棵间蒸发在定植秧苗期日耗水量最大，达到 2.42mm/d，而此时期植株蒸腾日耗水量最小，仅为 0.92mm/d，

棵间蒸发是植株蒸腾的 2.63 倍；植株蒸腾平均日耗水量在坐果期最高为 3.54mm/d，此时正是植株生长最旺盛时期。

表 3-3　春番茄植株蒸腾量与棵间蒸发量

| | 生育期 | 定植期 | 开花期 | 座果期 | 采收期 | 全生育期 |
|---|---|---|---|---|---|---|
| 植株蒸腾 | 生育天数（d） | 3.00 | 13.00 | 54.00 | 42.00 | 112.00 |
| | T（mm） | 2.75 | 14.25 | 191.25 | 113.75 | 322.00 |
| | 日平均（mm/d） | 0.92 | 1.10 | 3.54 | 2.71 | 2.86 |
| 棵间蒸发 | 生育天数（d） | 3.00 | 13.00 | 54.00 | 42.00 | 112.00 |
| | E（mm） | 7.25 | 19.00 | 102.70 | 55.60 | 184.55 |
| | 日平均（mm/d） | 2.42 | 1.46 | 1.90 | 1.32 | 1.65 |

**2. 番茄产量最佳的节水灌溉模式**

①春番茄最佳节水灌溉模式

表 3-4　春季番茄产量

| 处理 | 产量（kg/亩） | 差异显著性（α=0.05） |
|---|---|---|
| 1 | 6881.8 | bcde |
| 2 | 7039.7 | cde |
| 3 | 6396.8 | abcd |
| 4 | 7431.2 | e |
| 5 | 6508.7 | abcd |
| 6 | 6201.9 | abc |
| 7 | 5890.0 | a |
| 8 | 7272.0 | de |
| 9 | 6101.9 | ab |
| CK（畦灌） | 6159.3 | abc |

表 3-5　方差分析表

| 差异源 | SS | df | MS | F | P-value | F crit |
|---|---|---|---|---|---|---|
| 处理间 | 14879943 | 9 | 1653327 | 3.612154 | 0.009804 | 2.456281 |

续表 3-5

| 差异源 | SS | df | MS | F | P-value | F crit |
| --- | --- | --- | --- | --- | --- | --- |
| 重复间 | 265655.2 | 2 | 132827.6 | 0.290199 | 0.751549 | 3.554557 |
| 误差 | 8238820 | 18 | 457712.2 | | | |
| 总计 | 23384418 | 29 | | | | |

由表 3-4、3-5 可见，方差分析表明，不同灌水水平处理间差异达到极显著水平，且不同处理间的差异显著性分析也表明，不同灌水土壤水分水平对春季温室番茄产量的影响差异显著，显著水平达 0.01，且以处理 4 产量最高，平均亩产达到 7431.2kg。

表 3-6　主因素效应的检验

| 源 | III 型平方和 | df | 均方 | F | Sig. |
| --- | --- | --- | --- | --- | --- |
| 校正模型 | 1.369E7 | 8 | 1711835.177 | 3.624 | .011 |
| 截距 | 2.296E9 | 1 | 2.296E9 | 4859.840 | .000 |
| A | 1231729.402 | 2 | 615864.701 | 1.304 | .296 |
| B | 4591108.447 | 2 | 2295554.223 | 4.859 | .021 |
| C | 3630137.496 | 2 | 1815068.748 | 3.842 | .041 |
| D | 4241706.069 | 2 | 2120853.034 | 4.489 | .026 |
| 误差 | 8503475.613 | 18 | 472415.312 | | |
| 总计 | 2.318E9 | 27 | | | |
| 校正的总计 | 2.220E7 | 26 | | | |

注：① a. R 方 = 0.617（调整 R 方 = 0.447）；② A 指定植期，B 指开花期，C 指坐果期，D 指采收期。

由主因素效应检验表 3-6 可见，方差分析检验结果表明，除定植期（A）外，开花期（B）、坐果期（C）和采收期（D）的不同灌水水平对春季温室番茄产量有显著影响，显著水平达 0.05，且影响重要程度依次为开花期（B）>采收期（D）>坐果期（C），说明开花期不同的土壤水分水平对春番茄的产量影响最大。

进一步进行各因素水平间的多重比较。

表3-7 各因素各水平平均数的多重比较结果表（Duncan 法 α=0.05）

| 因素 | 平均数 | 显著性 | 因素 | 平均数 | 显著性 |
|------|--------|--------|------|--------|--------|
| A1 | 6772.7 | a | B1 | 6734.3 | b |
| A2 | 6714.0 | a | B2 | 6940.9 | b |
| A3 | 6421.3 | a | B3 | 6233.5 | a |
| 因素 | 平均数 | 显著性 | 因素 | 平均数 | 显著性 |
| C1 | 6785.2 | b | D1 | 6497.5 | a |
| C2 | 6857.7 | b | D2 | 6377.2 | a |
| C3 | 6265.2 | a | D3 | 7033.3 | b |

表3-7多重比较结果表明，各因素各水平平均产量间差异显著，各因素的最优水平为A1（2、3）、B2（1）、C2（1）、D3，而产量最高的处理4灌水方式为A2、B1、C2、D3为多重比较结果之一，与多重比较结果相吻合，可见通过春季温室番茄的试验结果，其处理4的灌水方式可获得最高产量，说明处理4的灌水方式为产量最佳的灌水处理，即从春季番茄定植缓苗结束开始至采收结束，不同生育期适宜的土壤灌溉下限水平依次为定植期控制灌水下限到田间持水量的80%；开花期控制灌水下限到田间持水量的70%；坐果期控制灌水下限到田间持水量的80%；采收期控制灌水下限到田间持水量的90%。说明番茄在开花期不能灌太多水，而在采收期要水分充足。

②秋番茄最佳节水灌溉模式

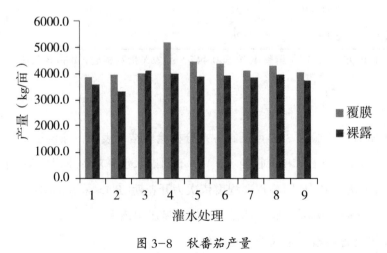

图3-8 秋番茄产量

表 3-8 方差分析表

| 差异源 | SS | df | MS | F | P-value | F crit |
|---|---|---|---|---|---|---|
| 是否覆膜 | 802926.08 | 1 | 802926.1 | 7.4235041 | 0.014996 | 4.493998 |
| 误差 | 1730559.7 | 16 | 108160 | | | |
| 总计 | 2533485.8 | 17 | | | | |

由图 3-8 可以看出，秋番茄在不同的控水条件下，覆膜滴灌番茄产量大都高于未覆膜滴灌番茄产量，平均产量高 8.4%，另外从方差分析表 3-8 可见，覆膜番茄产量与裸露番茄产量之间差异显著，显著水平达到 0.05，说明秋季温室番茄无论采用何种灌水方式，且无论是处于何种灌水水平，进行番茄覆膜生产可显著增加产量。

进一步对秋季温室滴灌覆膜番茄产量进行分析。

表 3-9 秋番茄产量

| 处理 | 产量（kg/亩） | 差异显著性<br>（α=0.05） | 差异显著性<br>（α=0.01） |
|---|---|---|---|
| 1 | 3843.0 | a | A |
| 2 | 3980.0 | ab | A |
| 3 | 3986.3 | ab | A |
| 4 | 5173.7 | c | B |
| 5 | 4440.7 | b | A |
| 6 | 4365.3 | ab | A |
| 7 | 4129.7 | ab | A |
| 8 | 4297.3 | ab | A |
| 9 | 4034.7 | ab | A |

表 3-10 方差分析表

| 差异源 | SS | df | MS | F | P-value | F crit |
|---|---|---|---|---|---|---|
| 处理间 | 14169422 | 8 | 1771178 | 12.13292 | 9.15E-07 | 2.355081 |
| 重复间 | 283460 | 3 | 94486.67 | 0.647252 | 0.592316 | 3.008787 |
| 误差 | 3503548 | 24 | 145981.2 | | | |
| 总计 | 17956431 | 35 | | | | |

由表 3-9、3-10 可见，通过方差分析表明，不同灌水水平处理间差异达到极显

著水平，且不同处理间的差异显著性分析也表明，不同灌水土壤水分水平对春季温室番茄产量的影响差异显著，显著水平达 0.01，且以处理 4 产量最高，平均亩产达到 5173.7kg。

表 3-11　主因素效应的检验

| 源 | Ⅲ 型平方和 | df | 均方 | F | Sig. |
|---|---|---|---|---|---|
| 校正模型 | 1.063E7 | 8 | 1328388.726 | 6.314 | .001 |
| 截距 | 1.356E9 | 1 | 1.356E9 | 6445.655 | .000 |
| A | 6896047.334 | 2 | 3448023.667 | 16.389 | .000 |
| B | 807394.214 | 2 | 403697.107 | 1.919 | .176 |
| C | 804179.630 | 2 | 402089.815 | 1.911 | .177 |
| D | 2119488.632 | 2 | 1059744.316 | 5.037 | .018 |
| 误差 | 3786993.320 | 18 | 210388.518 | | |
| 总计 | 1.371E9 | 27 | | | |
| 校正的总计 | 1.441E7 | 26 | | | |

注：① a. R 方 = 0.737（调整 R 方 = 0.621）；② A 指定植期，B 指开花期，C 指坐果期，D 指采收期。

由主因素效应检验表 3-11 可见，方差分析检验结果表明，除开花期（B）和坐果期（C）外，定植期（A）和采收期（D）的不同灌水水平对秋季温室番茄产量有显著影响，定植期（A）显著水平达 0.01，采收期（D）显著水平达 0.05，说明定植期（A）和采收期（D）不同的土壤水分水平对秋番茄的产量影响最大。

进一步进行各因素水平间的多重比较。

表 3-12　各因素各水平平均数的多重比较结果表（Duncan 法 α =0.05）

| 因素 | 平均数 | 显著性 | 因素 | 平均数 | 显著性 |
|---|---|---|---|---|---|
| A1 | 3936.4 | a | B1 | 4382.1 | a |
| A2 | 4659.9 | b | B2 | 4239.3 | a |
| A3 | 4153.9 | a | B3 | 4128.8 | a |
| 因素 | 平均数 | 显著性 | 因素 | 平均数 | 显著性 |
| C1 | 4168.6 | a | D1 | 4106.1 | a |
| C2 | 4396.1 | a | D2 | 4158.3 | a |
| C3 | 4185.5 | a | D3 | 4485.8 | b |

表 3-12 多重比较结果表明，各因素各水平平均产量间差异显著，各因素的最优水平为 A2、B1（2、3）、C2（1、3）、D3，而产量最高的处理 4 灌水方式为 A2、B1、C2、D3 多重比较结果的最佳灌水处理，与多重比较结果相吻合，可见通过秋季温室番茄的试验结果，其处理 4 的灌水方式可获得最高产量，说明处理 4 的灌水方式为产量最佳的灌水处理，即从春季番茄定植缓苗结束开始至采收结束、不同生育期适宜的土壤灌溉下限水平（占田间持水量百分比）依次为定植期控制灌水下限到田间持水量的 80%；开花期控制灌水下限到田间持水量的 70%；坐果期控制灌水下限到田间持水量的 80%；采收期控制灌水下限到田间持水量的 90%；说明番茄在开花期不能灌太多水，而在采收期要水分充足，这与春季番茄的灌水方式一致。

**3. 番茄水分生产函数模型**

**①春番茄灌水量与产量关系**

通过回归分析建立不同生育期灌溉水量与温室春季番茄产量之间的函数关系，通过不同生育期灌水量预测春季番茄产量，其回归方程如下：

$$y=5606.935-2.33719x_1-15.3306x_2-3.93125x_3+11.81599x_4$$

式中：$y$——春番茄产量，kg/亩；

$x_1$——定植期灌水量，$m^3$/亩；

$x_2$——开花期灌水量，$m^3$/亩；

$x_3$——坐果期灌水量，$m^3$/亩；

$x_4$——采收期灌水量，$m^3$/亩。

表 3-13　灌水量与产量回归分析方差分析表

| 模型 | 平方和 | df | 均方 | F | Sig. |
|------|--------|-----|------|------|------|
| 回归 | 1.259E7 | 4 | 3148078.386 | 7.293 | 0.000 |
| 残差 | 1.079E7 | 25 | 431676.982 | | |
| 总计 | 2.338E7 | 29 | | | |

由表 3-13 可见，回归模型显著，其显著性水平为 0.01。

**②秋番茄灌水量与产量关系**

各生育期灌水量与产量的关系：

通过回归分析建立不同生育期灌溉水量与温室秋季番茄产量之间的函数关系，通过不同生育期灌水量预测秋季番茄产量，其回归方程如下：

$$y=6207.601+15.52428x_1-15.13061x_2-17.0199x_3-135.865x_4$$

式中：$y$——春番茄产量，kg/ 亩；

$x_1$——定植期灌水量，$m^3$/ 亩；

$x_2$——开花期灌水量，$m^3$/ 亩；

$x_3$——坐果期灌水量，$m^3$/ 亩；

$x_4$——采收期灌水量，$m^3$/ 亩。

表3-14　灌水量与产量回归分析方差分析表

| 模型 | df | SS | MS | F | Significance F |
|------|-----|---------|----------|----------|----------------|
| 回归 | 4 | 2263345 | 565836.1 | 4.262365 | 0.010532 |
| 残差 | 22 | 2920537 | 132751.7 | | |
| 总计 | 26 | 5183882 | | | |

由表 3-14 可见，回归模型显著，其显著性水平为 0.01。

生育期总灌水量与产量的关系：

通过回归分析建立秋季温室番茄从定植开始至采收结束灌溉水量与温室秋季番茄产量之间的函数关系，通过建立以灌水量为自变量的作物水分生产函数可以预测秋季番茄产量（如图 3-9），其模型如下：

$$y=-0.22716x^2+180.9972x-31463.9$$

式中：$y$——秋番茄产量，kg/ 亩；

$x$——灌水量，$m^3$/ 亩。

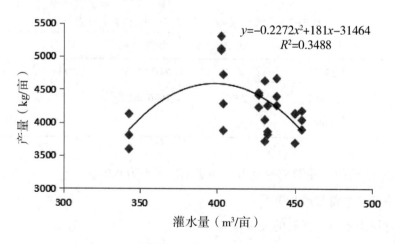

$$y=-0.2272x^2+181x-31464$$
$$R^2=0.3488$$

图 3-9　秋番茄灌水量与产量关系图表

表 3-15　灌水量与产量回归分析方差分析表

| 模型 | df | SS | MS | F | Significance F |
|------|----|----|----|----|----|
| 回归 | 2 | 1808391 | 904195.6 | 6.4289 | 0.005810077 |
| 残差 | 24 | 3375491 | 140645.4 | | |
| 总计 | 26 | 5183882 | | | |

由表 3-15 可见，回归模型极显著，其显著性水平为 0.01，说明可以通过该模型进行温室秋番茄产量预测。

**4. 不同茬口番茄生长发育状态**

由于日光温室不同季节的小气候环境不同，不同茬口番茄定植后的表观生长量也不相同。

①对番茄株高的影响

春茬与秋茬番茄在不同灌水条件下，株高增长如图所示（见图 3-10）。番茄在定植后采收前，植株的株高是秋茬大于春茬，因为这段时期温室的温光条件秋茬好于春茬，可以促进植株的快速生长，并且春茬番茄株高随着定植后天数的增加，以指数函数形式增长，前期增长慢，后期增长快，秋茬番茄随着定植后天数的增加，株高以幂函数形式增长，前期增长快，后期增长慢，但最终番茄株高春茬与秋茬差别不大。

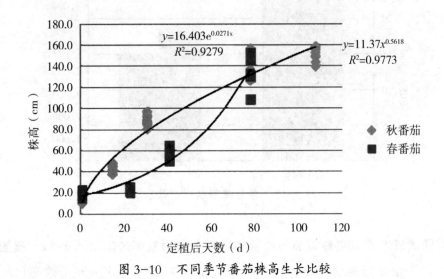

图 3-10　不同季节番茄株高生长比较

②对番茄茎粗的影响

春茬与秋茬番茄在不同灌水条件下，茎粗增长如图所示（见图 3-11）。番茄在整个生育期植株的茎粗总是秋茬大于春茬，并且春茬番茄茎粗随着定植后天数的增加，以指数函数形式增长，前期增长慢，后期增长快，秋茬番茄随着定植后天数的增加，茎粗以幂函数形式增长，前期增长快，后期增长慢。

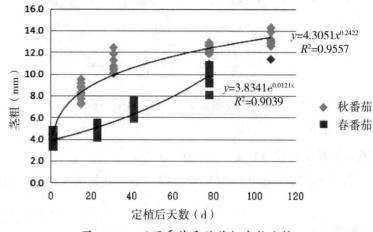

图 3-11　不同季节番茄茎粗生长比较

### 5.膜下滴灌番茄节水增产效果

①春番茄节水增产效果

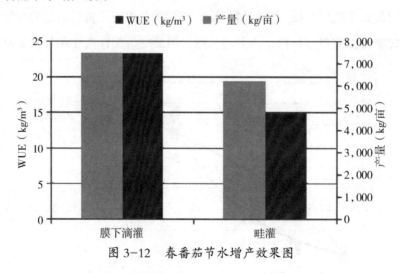

图 3-12　春番茄节水增产效果图

不同灌溉方式温室春番茄的产量和灌溉水利用效率情况见图 3-12。覆膜滴灌春番茄亩产量比畦灌增产 20.65%，比畦灌节水 22.35%，水分利用效率比畦灌高 55.37%，由此可见，温室春季番茄覆膜滴灌与畦灌相比有很好的节水和增产效果。

②秋番茄节水增产效果

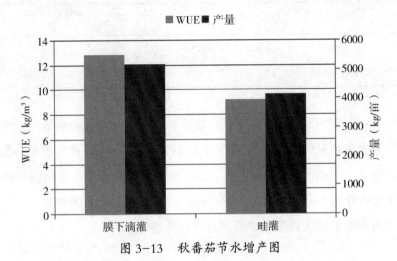

图 3-13 秋番茄节水增产图

不同灌溉方式温室秋番茄的产量和灌溉水利用效率情况见图 3-13。覆膜滴灌秋番茄亩产量比畦灌增产 25.42%，比畦灌节水 10.72%，水分利用效率比畦灌高 40.48%，由此可见，温室秋季番茄覆膜滴灌与畦灌相比有很好的节水和增产效果。

## （二）温室黄瓜节水灌溉模式

### 1.黄瓜产量最佳的节水灌溉模式

①春黄瓜最佳节水灌溉模式

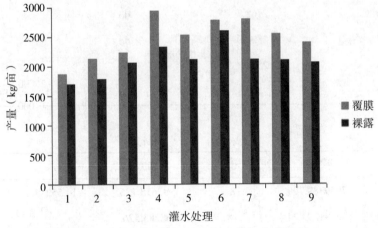

图 3-14 不同灌水下限处理春黄瓜产量图

表 3-16 方差分析表

| 差异源 | SS | df | MS | F | P-value | F crit |
|---|---|---|---|---|---|---|
| 是否覆膜 | 617530.9 | 1 | 617530.9 | 6.503478 | 0.021395 | 4.493998 |

续表 3-16

| 差异源 | df | SS | MS | F | Significance F |
|---|---|---|---|---|---|
| 误差 | 1519263 | 16 | 94953.94 | | |
| 总计 | 2136794 | 17 | | | |

由图 3-14 可以看出，春黄瓜在不同的控水条件下，无论是滴灌还是畦灌，覆膜产量均高于未覆膜产量，另外从方差分析表 3-16 可见，覆膜黄瓜产量与裸露黄瓜产量之间差异显著，显著水平达到 0.05，说明春季温室黄瓜无论采用何种灌水方式，且无论是处于何种灌水水平，进行黄瓜覆膜生产可显著增加黄瓜产量。

进一步对春季温室滴灌覆膜黄瓜产量进行分析。

表 3-17　春季黄瓜产量

| 处理 | 产量（kg/亩） | 差异显著性（α=0.05） | 差异显著性（α=0.01） |
|---|---|---|---|
| 1 | 1875.7 | a | A |
| 2 | 2138.3 | ab | AB |
| 3 | 2228.7 | b | ABC |
| 4 | 2938.3 | e | E |
| 5 | 2530.7 | cd | BCD |
| 6 | 2768.7 | de | DE |
| 7 | 2800.0 | de | DE |
| 8 | 2544.3 | cd | CDE |
| 9 | 2400.3 | bc | BCD |

表 3-18　方差分析表

| 差异源 | 平方和 | df | 均方 | F | 显著性 |
|---|---|---|---|---|---|
| 处理间 | 7949389.799 | 8 | 993673.725 | 14.552 | 0.000 |
| 误差 | 1229139.474 | 18 | 68285.526 | | |
| 总计 | 9178529.273 | 26 | | | |

由表 3-17、3-18 可见，不同土壤水分控制水平处理差异达到极显著水平，且不同处理的差异显著性分析也表明，不同土壤水分水平对春季温室黄瓜产量的影响差异极显著，显著水平达 0.01，且以处理 4 产量最高平均亩产达到 2938.3kg。

表 3-19　主因素效应的检验

| 源 | III 型平方和 | df | 均方 | F | Sig. |
|---|---|---|---|---|---|
| 校正模型 | 7.949E6 | 8 | 993673.725 | 14.552 | .000 |
| 截距 | 4.578E8 | 1 | 4.578E8 | 6704.485 | .000 |
| A | 6005160.336 | 2 | 3002580.168 | 43.971 | .000 |
| B | 223662.143 | 2 | 111831.071 | 1.638 | .222 |
| C | 210681.702 | 2 | 105340.851 | 1.543 | .241 |
| D | 1509885.618 | 2 | 754942.809 | 11.056 | .001 |
| 误差 | 1229139.474 | 18 | 68285.526 | | |
| 总计 | 4.670E8 | 27 | | | |
| 校正的总计 | 9178529.273 | 26 | | | |

注：① a. R 方 = 0.866（调整 R 方 = 0.807）；② A 指定植期，B 指开花期，C 指坐果期，D 指采收期。

由主因素效应检验表 3-19 可见，方差分析检验结果表明，春季温室覆膜滴灌黄瓜各个生育期的土壤灌水控制下限开花期（B）和坐果期（C）影响不显著，定植期（A）采收期（D）的不同土壤控制灌水下限对春季温室黄瓜产量有极显著影响，显著水平达 0.01。

进一步进行各因素水平间的多重比较。

表 3-20　各因素各水平平均数的多重比较结果表（Duncan 法 α=0.05）

| 因素 | 平均数 | 显著性 | 因素 | 平均数 | 显著性 |
|---|---|---|---|---|---|
| A1 | 2080.9 | a | B1 | 2538.0 | a |
| A2 | 2745.9 | c | B2 | 2404.4 | a |
| A3 | 2581.5 | b | B3 | 2465.9 | a |
| 因素 | 平均数 | 显著性 | 因素 | 平均数 | 显著性 |
| C1 | 2396.2 | a | D1 | 2268.9 | a |
| C2 | 2492.4 | a | D2 | 2569.0 | b |
| C3 | 2519.8 | a | D3 | 2570.4 | b |

表 3-20 多重比较结果表明，不同生育期不同土壤水分控制下限对春季温室黄瓜产量影响差异显著，各因素的最优水平为 A2、B1（2、3）、C3（1、2）、D3（2），而产量最高的处理 4，灌水方式为 A2、B1、C2、D3，为多重比较结果之一，可见通过春季温室黄瓜的试验结果，其处理 4 的土壤水分控制下限可获得最高产量，即从春

季温室黄瓜定植缓苗开始至采收结束、不同生育期适宜的土壤灌溉下限水平（占田间持水量百分比）依次为定植期控制灌水下限到田间持水量的80%；开花期控制灌水下限到田间持水量的70%；坐果期控制灌水下限到田间持水量的80%；采收期控制灌水下限到田间持水量的90%，说明温室春季黄瓜采收期要保证水分充足。

②秋黄瓜最佳节水灌溉模式

表3-21 秋季黄瓜产量

| 处理 | 产量（kg/亩） | 差异显著性（α=0.05） | 差异显著性（α=0.01） |
|---|---|---|---|
| 1 | 2078.9 | a | A |
| 2 | 2061.3 | a | A |
| 3 | 2040.9 | a | A |
| 4 | 2505.7 | b | C |
| 5 | 2450.8 | b | BC |
| 6 | 3014.1 | c | D |
| 7 | 2134.0 | a | A |
| 8 | 2170.6 | a | AB |
| 9 | 2101.5 | a | A |

表3-22 方差分析表

| 差异源 | SS | df | MS | F | P-value | F crit |
|---|---|---|---|---|---|---|
| 处理间 | 6918767 | 8 | 864845.9 | 19.51792 | 2.21E-07 | 2.510158 |
| 误差 | 797586.5 | 18 | 44310.36 | | | |
| 总计 | 7716354 | 26 | | | | |

由表3-21、3-22可见，通过方差分析表明，不同土壤水分控制水平处理差异达到极显著水平，且不同处理的差异显著性分析也表明，不同土壤水分水平对秋季温室黄瓜产量的影响差异极显著，显著水平达0.01，且以处理6产量最高，平均亩产达到3014.1kg。

表3-23 主因素效应的检验

| 源 | III 型平方和 | df | 均方 | F | Sig. |
|---|---|---|---|---|---|
| 校正模型 | 6.919E6 | 8 | 864820.032 | 19.518 | .000 |

续表 3-23

| 源 | III 型平方和 | df | 均方 | F | Sig. |
|---|---|---|---|---|---|
| 截距 | 3.917E8 | 1 | 3.917E8 | 8840.122 | .000 |
| A | 5283100.690 | 2 | 2641550.345 | 59.615 | .000 |
| B | 387181.627 | 2 | 193590.814 | 4.369 | .028 |
| C | 706898.432 | 2 | 353449.216 | 7.977 | .003 |
| D | 541379.505 | 2 | 270689.753 | 6.109 | .009 |
| 误差 | 797579.140 | 18 | 44309.952 | | |
| 总计 | 3.994E8 | 27 | | | |
| 校正的总计 | 7716139.394 | 26 | | | |

注：① a. R 方 = 0.897（调整 R 方 = 0.851）；② A 指定植期，B 指开花期，C 指坐果期，D 指采收期。

由主因素效应检验表 3-23 可见，方差分析检验结果表明，各个生育期的土壤灌水控制下限对秋季温室黄瓜产量均有显著影响，定植期（A）、坐果期（C）和采收期（D）的不同土壤控制灌水下限对秋季温室黄瓜产量有极显著影响，显著水平达 0.01，开花期（B）显著水平为 0.05，且影响重要程度依次为：定植期（A）>坐果期（C）>采收期（D）>开花期（B）。

进一步进行各因素水平间的多重比较。

表 3-24 各因素各水平平均数的多重比较结果表（Duncan 法 α=0.05）

| 因素 | 平均数 | 显著性 | 因素 | 平均数 | 显著性 |
|---|---|---|---|---|---|
| A1 | 2060.4 | a | B1 | 2239.5 | a |
| A2 | 2656.9 | b | B2 | 2227.5 | a |
| A3 | 2135.4 | a | B3 | 2385.5 | b |
| 因素 | 平均数 | 显著性 | 因素 | 平均数 | 显著性 |
| C1 | 2421.2 | b | D1 | 2210.4 | a |
| C2 | 2222.8 | a | D2 | 2403.1 | b |
| C3 | 2208.6 | a | D3 | 2239.0 | a |

表 3-24 多重比较结果表明，不同生育期不同土壤水分控制下限对秋季温室黄瓜产量影响差异显著，各因素的最优水平为 A2、B3、C1、D2，而产量最高的处理 6，

与多重比较结果相吻合，可见通过秋季温室黄瓜的试验结果，其处理6的土壤水分控制下限可获得最高产量，即从秋季温室黄瓜定植缓苗开始至采收结束、不同生育期适宜的土壤灌溉下限水平（占田间持水量的百分比）依次为定植期控制灌水下限到田间持水量的85%；开花期控制灌水下限到田间持水量的90%；坐果期控制灌水下限到田间持水量的80%；采收期控制灌水下限到田间持水量的85%。

**2.黄瓜水分生产函数模型**

①春黄瓜灌水量与产量关系

通过回归分析建立春季温室黄瓜从定植开始至采收结束灌溉水量与温室春季黄瓜产量之间的函数关系，通过建立以灌水量为自变量的作物水分生产函数可以预测春季黄瓜产量（如图3-15），其模型如下：

$$y=-0.3846x^2+174.38x-17110$$

式中：$y$——春黄瓜产量，kg/亩；

　　　$x$——灌水量，$m^3$/亩。

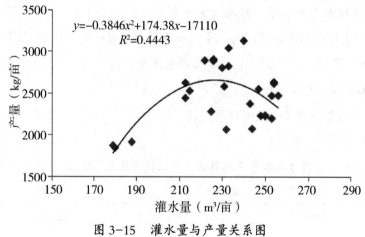

图3-15　灌水量与产量关系图

表3-25　灌水量与产量回归分析方差分析表

| 模型 | df | SS | MS | F | Significance F |
|---|---|---|---|---|---|
| 回归 | 2 | 1466760 | 733379.8 | 9.596025 | 0.000866 |
| 残差 | 24 | 1834209 | 76425.38 | | |
| 总计 | 26 | 3300969 | | | |

由表3-25可见，回归模型极显著，其显著性水平为0.01，说明可以通过该模型进行温室春黄瓜产量预测。

②秋黄瓜灌水量与产量关系

通过回归分析建立秋季温室黄瓜从定植开始至采收结束灌溉水量与温室秋季黄瓜产量之间的函数关系，通过建立以灌水量为自变量的作物水分生产函数可以预测秋季黄瓜产量（如图3-16），其模型如下：

$$y=-0.0977x^2+80.602x-13980$$

式中：$y$——秋黄瓜产量，kg/亩；

$x$——灌水量，$m^3$/亩。

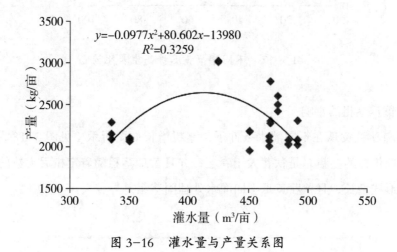

图 3-16　灌水量与产量关系图

表 3-26　灌水量与产量回归分析方差分析表

| 模型 | df | SS | MS | F | Significance F |
|---|---|---|---|---|---|
| 回归 | 2 | 904505.1 | 452252.6 | 5.802429 | 0.008799 |
| 残差 | 24 | 1870606 | 77941.94 | | |
| 总计 | 26 | 2775112 | | | |

由表3-26可见，回归模型极显著，其显著性水平为0.01，说明可以通过该模型进行温室秋黄瓜产量预测。

**3. 不同茬口黄瓜生长发育状态**

①对黄瓜株高的影响

春茬与秋茬黄瓜在不同灌水条件下，株高增长如图所示（见图3-17）。可见春茬黄瓜最终株高明显高于秋茬黄瓜，且春季黄瓜株高以线性形式增长；秋季黄瓜株高以幂函数形式增长。

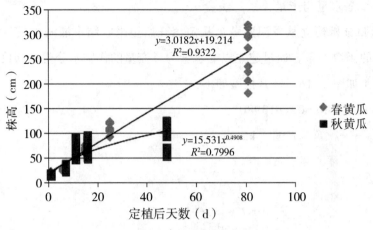

图 3-17　不同季节黄瓜株高生长比较

②对黄瓜茎粗的影响

春茬与秋茬黄瓜在不同灌水条件下，茎粗增长如图所示（见图 3-18）。黄瓜在整个生育期植株的茎粗总是秋茬大于春茬，并且黄瓜茎粗随着定植后天数的增加，均以幂函数形式增长，且秋茬黄瓜不同灌水处理间茎粗差异较大。

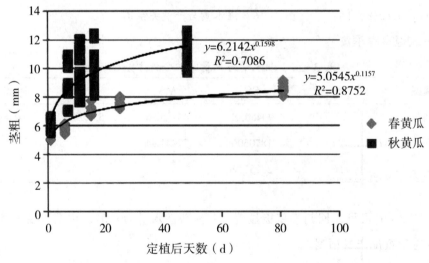

图 3-18　不同季节黄瓜茎粗生长比较

**4.滴灌黄瓜节水增产效果**

①春黄瓜节水增产效果

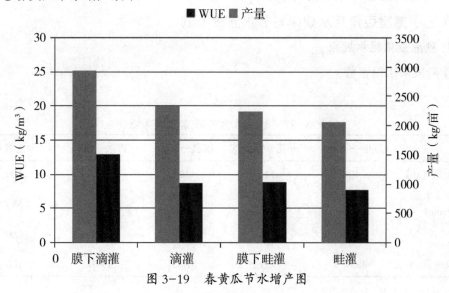

图 3-19 春黄瓜节水增产图

不同灌溉方式温室春黄瓜的产量和灌溉水利用效率情况见图 3-19。覆膜滴灌春黄瓜亩产量比滴灌、膜下畦灌、畦灌依次增产 25.78%、31.84%、42.57%，依次节水 15.49%、9.12%、15.75%，水分利用效率依次提高 48.83%、45.07%、69.21%，由此可见，温室春季黄瓜覆膜滴灌有很好的节水和增产效果。

②秋黄瓜节水增产效果

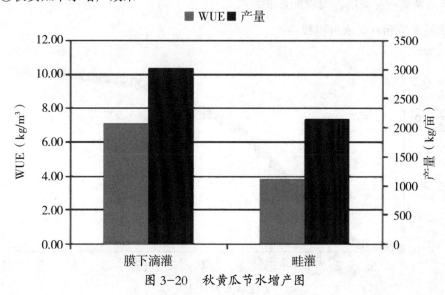

图 3-20 秋黄瓜节水增产图

不同灌溉方式温室秋黄瓜的产量和灌溉水利用效率情况见图 3-20。覆膜滴灌秋黄瓜亩产量比畦灌增产 40.65%，节水 24.48%，水分利用效率提高 86.23%，由此可见，温室秋季黄瓜覆膜滴灌有很好的节水和增产效果。

### （三）温室豆角耗水规律与节水灌溉模式

#### 1.秋油豆角耗水规律

①阶段需水模系数

表 3-27　秋油豆角阶段需水模系数

|  | 定植—开花 | 开花—结荚 | 结荚—首采 | 首采—末采 | 全生育期 |
|---|---|---|---|---|---|
| 生育天数（d） | 40 | 11 | 11 | 47 | 109 |
| 阶段需水量（mm） | 263.25 | 104 | 169.25 | 104.25 | 536.75 |
| 日需水量（mm/d） | 6.58 | 9.45 | 15.39 | 2.22 | 4.92 |
| 需水模系数（%） | 49.05 | 19.38 | 31.53 | 19.42 | 100 |

对秋油豆角的需水量资料分析得出（见表 3-27），秋油豆角生长期约 109d，需水量约 536.75mm。各生育阶段经历天数及需水模系数依次如下：定植—开花 40d，需水模系数约 49.05%；开花—结荚 11d，需水模系数约 19.38%；结荚—首采 11d，需水模系数约 31.53%；首采—末采 47d，需水模系数约 19.42%。定植—开花期需水模系数最大，开花—结荚期和首采—末采期需水模系数相当且较小，但日需水量最高的时期为结荚—首采期，采收期最低。

②需水量和日需水过程线

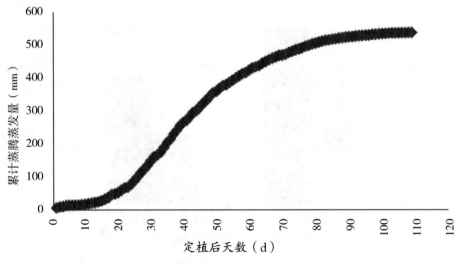

图 3-21　秋油豆角累计需水量过程线

由图 3-21 可见，秋油豆角在整个生育期内的累计需水量过程线呈"S"形增长，且在整个生育期的前半个生育阶段需水量快速增加，后半阶段需水量增加比较缓慢。

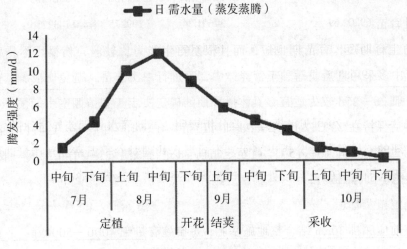

图 3-22　秋油豆角日需水过程线

图 3-22 是秋油豆角日需水量过程线图，由图中看出，秋油豆角的日需水量高峰出现在 8 月中旬，即油豆角开花之前。8 月中旬之前，日需水量呈逐渐增加趋势，且增加的速度比较快；8 月中旬之后，日需水量又呈逐渐下降趋势，但降低速度比较缓慢。

**2. 豆角节水灌溉制度**

①春豆角节水灌溉制度

表 3-28　春季油豆角产量

| 处理 | 产量（kg/亩） | 差异显著性（α=0.05） | 差异显著性（α=0.01） |
|---|---|---|---|
| 1 | 2072.3 | a | A |
| 2 | 1982.3 | a | A |
| 3 | 2022.3 | a | A |
| 4 | 3237.4 | c | CD |
| 5 | 3406.7 | d | D |
| 6 | 3636.6 | e | E |
| 7 | 3382.7 | d | D |
| 8 | 3054.3 | b | BC |
| 9 | 2962.6 | b | B |

注：小写字母表示在 0.05 水平上显著，大写字母表示在 0.01 水平上显著。

表3-29　方差分析表

| 差异源 | SS | df | MS | F | P-value | F crit |
|---|---|---|---|---|---|---|
| 处理间 | 28847926 | 8 | 3605991 | 229.1982 | 5.06E-15 | 2.591096 |
| 重复间 | 69202.69 | 2 | 34601.34 | 2.199275 | 0.143273 | 3.633723 |
| 误差 | 251729.1 | 16 | 15733.07 | | | |
| 总计 | 29168858 | 26 | | | | |

由表3-28、3-29可见，通过方差分析表明，不同灌水处理差异达到极显著水平，且不同处理的差异显著性分析也表明，不同灌水处理对春季温室豆角产量的影响差异显著，显著水平达0.01，且以处理6产量最高平均亩产达到3636.6kg。

表3-30　主因素效应的检验

| 源 | III 型平方和 | df | 均方 | F | Sig. |
|---|---|---|---|---|---|
| 校正模型 | 2.885E7 | 8 | 3605983.641 | 202.230 | .000 |
| 截距 | 6.149E8 | 1 | 6.149E8 | 34485.247 | .000 |
| A | 2.733E7 | 2 | 1.367E7 | 766.363 | .000 |
| B | 91539.879 | 2 | 45769.939 | 2.567 | .105 |
| C | 682148.236 | 2 | 341074.118 | 19.128 | .000 |
| D | 743939.716 | 2 | 371969.858 | 20.861 | .000 |
| 误差 | 320960.553 | 18 | 17831.142 | | |
| 总计 | 6.441E8 | 27 | | | |
| 校正的总计 | 9470043.834 | 26 | | | |

注：① a. R 方 = 0.989（调整 R 方 = 0.984）；② A 指定植期，B 指开花期，C 指结荚期，D 指采收期。

由主因素效应检验表3-30可见，方差分析检验结果表明，除开花期（B）外，定植期（A）、结荚期（C）和采收期（D）的不同灌水量水平对春季温室豆角产量有极显著影响，显著水平达0.01。

进一步进行各因素水平间的多重比较。

表3-31　各因素各水平平均数的多重比较结果表（Duncan法　α=0.05）

| 因素 | 平均数 | 显著性 | 因素 | 平均数 | 显著性 |
|---|---|---|---|---|---|
| A1 | 2025.7 | a | B1 | 2897.5 | a |
| A2 | 3426.9 | c | B2 | 2814.5 | a |
| A3 | 3133.2 | b | B3 | 2873.9 | a |
| 因素 | 平均数 | 显著性 | 因素 | 平均数 | 显著性 |
| C1 | 2921.1 | b | D1 | 2813.9 | a |
| C2 | 2727.4 | b | D2 | 3000.5 | b |
| C3 | 2937.2 | b | D3 | 2771.3 | a |

表3-31多重比较结果表明，各因素各水平平均产量差异显著，各因素的最优水平为A2、B1（2、3）、C3（1）、D2，而产量最高的处理6灌水方式为A2、B3、C1、D2为多重比较结果之一，与多重比较结果相吻合，可见通过春季温室豆角的试验结果，其处理6的灌水方式可获得最高产量，说明处理6的灌水方式为产量最佳的灌水处理，即从春季豆角定植缓苗结束开始至采收结束灌溉定额为120m³/亩，灌水次数为14次；定植期灌水定额为8 m³/亩，灌水次数为3次；开花期灌水定额为16m³/亩，灌水次数为2次；结荚期灌水定额为4m³/亩，灌水次数为2次；采收期灌水定额为8m³/亩，灌水次数为7次。

②秋豆角节水灌溉制度

表3-32　秋季油豆角产量（kg/亩）

| 试验处理 | 重复一 | 重复二 | 重复三 | 平均 | 差异显著性 |
|---|---|---|---|---|---|
| 1 | 1614.4 | 1589.1 | 1617.2 | 1606.9 | a A |
| 2 | 2017.7 | 1664.5 | 1546.5 | 1742.9 | ab AB |
| 3 | 1834.1 | 1698.8 | 1648.1 | 1727.0 | ab AB |
| 4 | 2197.7 | 2103.7 | 2056.0 | 2119.2 | c BC |
| 5 | 3017.8 | 2657.1 | 2394.4 | 2689.8 | d D |
| 6 | 2181.6 | 2041.9 | 1858.0 | 2027.2 | bc AB |
| 7 | 1899.4 | 2086.1 | 2052.4 | 2012.6 | bc AB |
| 8 | 2354.5 | 2488.9 | 2477.8 | 2440.4 | d CD |
| 9 | 1845.0 | 2240.0 | 1950.0 | 2011.7 | bc AB |

注：小写字母表示在0.05水平上显著，大写字母表示在0.01水平上显著。

表 3-33　方差分析表

| 差异源 | SS | df | MS | F | P-value | F crit |
|---|---|---|---|---|---|---|
| 处理间 | 2892964 | 8 | 361620.6 | 14.33444 | 5.9E-06 | 2.591096 |
| 重复间 | 109206.4 | 2 | 54603.21 | 2.164442 | 0.147249 | 3.633723 |
| 误差 | 403638.2 | 16 | 25227.39 | | | |
| 总计 | 3405809 | 26 | | | | |

由表 3-32、3-33 可见，通过方差分析表明，不同灌水处理差异达到极显著水平，且不同处理的差异显著性分析也表明，不同灌水处理对秋季温室豆角产量的影响差异显著，显著水平达 0.01，且以处理 5 产量最高平均亩产达到 2689.8kg。

表 3-34　主因素效应的检验

| 源 | III 型平方和 | df | 均方 | F | Sig. |
|---|---|---|---|---|---|
| 校正模型 | 8.044E6 | 8 | 1005506.313 | 12.692 | .000 |
| 截距 | 3.130E8 | 1 | 3.130E8 | 3951.322 | .000 |
| A | 4782089.421 | 2 | 2391044.710 | 30.182 | .000 |
| B | 2329793.249 | 2 | 1164896.624 | 14.704 | .000 |
| C | 440323.088 | 2 | 220161.544 | 2.779 | .089 |
| D | 491844.743 | 2 | 245922.371 | 3.104 | .069 |
| 误差 | 1425993.333 | 18 | 79221.852 | | |
| 总计 | 3.225E8 | 27 | | | |
| 校正的总计 | 9470043.834 | 26 | | | |

注：① a. R 方 = 0.849（调整 R 方 = 0.782）；② A 指定植期，B 指开花期，C 指结荚期，D 指采收期。

由主因素效应检验表 3-34 可见，方差分析检验结果表明，定植期（A）和开花期（B）的不同灌水量水平对秋季温室豆角产量有极显著影响，显著水平达 0.01，结荚期（C）和采收期（D）的不同灌水量水平对秋季温室豆角产量有较显著影响，显著水平达 0.1。

进一步进行各因素水平间的多重比较。

表 3-35　各因素各水平平均数的多重比较结果表（Duncan 法 α =0.05）

| 因素 | 平均数 | 显著性 | 因素 | 平均数 | 显著性 |
|------|--------|--------|------|--------|--------|
| A1 | 1692.3 | a | B1 | 1912.9 | a |
| A2 | 2278.7 | b | B2 | 2291.3 | b |
| A3 | 2154.9 | b | B3 | 1921.9 | a |
| 因素 | 平均数 | 显著性 | 因素 | 平均数 | 显著性 |
| C1 | 2024.8 | ab | D1 | 2102.8 | a |
| C2 | 1957.9 | a | D2 | 1927.6 | a |
| C3 | 2143.1 | b | D3 | 2095.5 | a |

表 3-35 多重比较结果表明，各因素各水平平均产量差异显著，各因素的最优水平为 A2、B2、C3、D1，恰为正交试验处理中的处理 5，与不同处理间多重比较结果相吻合，可见通过秋季温室豆角的试验结果，其处理 5 的灌水方式可获得最高产量，说明处理 5 的灌水方式为产量最佳的灌水处理，即从秋季豆角定植开始至采收结束灌溉定额为 160m³/ 亩，灌水次数为 10 次；定植期灌水定额为 16 m³/ 亩，灌水次数为 5 次；开花期灌水定额为 16m³/ 亩，灌水次数为 1 次；结荚期灌水定额为 24m³/ 亩，灌水次数为 2 次；采收期灌水定额为 8m³/ 亩，灌水次数为 2 次。

### 3. 豆角水分生产函数模型

① 春豆角灌水量与产量关系

通过回归分析建立不同生育期灌溉水量与温室春季豆角产量之间的函数关系，通过不同生育期灌水量预测春季豆角产量，其回归方程如下：

$y=2199.167+24.62235x_1-0.31052x_2+2.448413x_3-1.01899x_4$

式中：$y$——春豆角产量 kg/ 亩；

$x_1$——定植期灌水量 m³/ 亩；

$x_2$——开花期灌水量 m³/ 亩；

$x_3$——结荚期灌水量 m³/ 亩；

$x_4$——采收期灌水量 m³/ 亩；

表 3-36　灌水量与产量回归分析方差分析表

| 模型 | 平方和 | df | 均方 | F | Sig. |
|------|--------|-----|------|-----|------|
| 回归 | 4 | 3717226 | 929306.5 | 3.018534 | 0.039809 |
| 残差 | 22 | 6773070 | 307866.8 | | |
| 总计 | 26 | 10490296 | | | |

由表 3-36 可见，回归模型显著，其显著性水平为 0.05。

②秋豆角灌水量与产量关系

通过回归分析建立不同生育期灌溉水量与温室秋季豆角产量之间的函数关系，通过不同生育期灌水量预测秋季豆角产量，其回归方程如下：

$$y=1459.191+5.782919x_1+0.566207x_2+3.69766x_3-0.26672x_4$$

式中：$y$——秋豆角产量，kg/ 亩；

$x_1$——定植期灌水量，$m^3$/ 亩；

$x_2$——开花期灌水量，$m^3$/ 亩；

$x_3$——结荚期灌水量，$m^3$/ 亩；

$x_4$——采收期灌水量，$m^3$/ 亩；

表 3-37　灌水量与产量回归分析方差分析表

| 模型 | 平方和 | df | 均方 | F | Sig. |
|---|---|---|---|---|---|
| 回归 | 4 | 1026744 | 256686 | 2.373652 | 0.083396 |
| 残差 | 22 | 2379074 | 108139.7 | | |
| 总计 | 26 | 3405817 | | | |

由表 3-37 可见，回归模型显著，其显著性水平为 0.1。

**4. 不同茬口豆角茎粗比较**

春茬与秋茬豆角在不同灌水条件下，茎粗增长如图所示（见图 3-23）。豆角在整个生育期植株的茎粗在各生育期总是秋茬大于春茬，并且春茬豆角茎粗随着定植后天数的增加，以指数函数形式增长，秋茬豆角随着定植后天数的增加，茎粗以幂函数形式增长，前期增长快，后期增长慢。

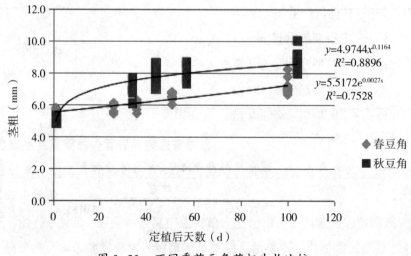

图 3-23　不同季节豆角茎粗生长比较

### 5.膜下滴灌豆角节水增产效果

①春豆角节水增产效果

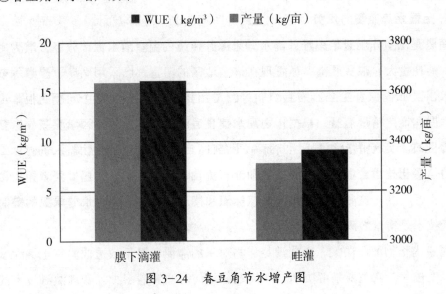

图 3-24　春豆角节水增产图

不同灌溉方式温室春豆角的产量和灌溉水利用效率情况见图 3-24。覆膜滴灌春豆角亩产量比畦灌增产 10.07%，比畦灌节水 38.21%，水分利用效率比畦灌高 78.13%，由此可见，温室春季豆角覆膜滴灌与畦灌相比有很好的节水和增产效果。

②秋豆角节水增产效果

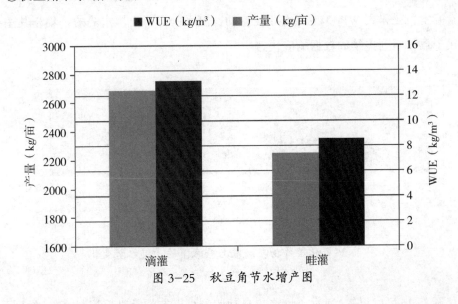

图 3-25　秋豆角节水增产图

不同灌溉方式温室秋豆角的产量和灌溉水利用效率情况见图 3-25。裸露滴灌秋豆角亩产量比畦灌增产 20.08%，比畦灌节水 54.22%，水分利用效率比畦灌高

22.14%，由此可见，温室秋季豆角滴灌与畦灌相比有很好的节水和增产效果。

### （四）土壤水势在灌溉决策中的作用

#### 1. 土壤水势监测的优势

灌溉是温室作物栽培中唯一的水分来源，传统的温室灌水大部分以漫灌为主。灌溉用水消耗量大，浪费严重，尽管现在许多地区的温室都已采用滴灌、渗灌等节水灌溉技术，但仍然不是通过作物需水信息实行控制灌水。而解决这个问题的根本出路是大力发展和推广精量灌溉，根据作物需水信息适时、适量地进行科学灌溉，达到节水增产的目的。实施精量灌溉必须具备 3 个条件：①掌握详细的作物需水资料；②运用先进的信息化技术，主要是遥感技术和计算机自动监控技术；③提供两者相衔接的大量技术指标，并将这些指标转化为遥感标识和模型。其中，作物水分状况的实时监测与诊断技术是精量灌溉的基础与保障。

温室内作物灌溉决策，既能满足作物对水的需要，又不致造成温室土壤含水量和空气湿度过大。它主要是解决两方面问题，即何时灌和灌多少。合理灌溉技术的关键是以适量的水进行适时灌溉。作物水分信息采集是实施灌溉决策和管理的重要基础，也是现代农业技术体系和精准灌溉工程系统的一个重要组成部分，而先进、可靠的作物水分信息采集技术和采集设备则是精准、快速、连续获取作物水分信息的基础保障。随着设施栽培的迅速发展，最近几年，对影响设施栽培的环境因素的研究在不断加强。

现代温室的数据采集系统是实现其生产自动化、高效化最关键、最重要的环节，本试验温室就是采用 WP-3 型温室环境自动监测系统进行土壤水势的采集，其主要优势就在于数据系列连续、数据响应快速。

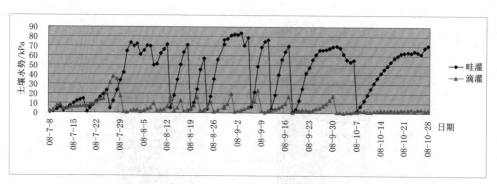

图 3-26　秋茬作物在滴灌与畦灌下的土壤水势变化

从图 3-26可以得知,通过土壤水势自动监测可以有效及时地控制灌水,做到及时、有效灌溉,免去传统的土钻取土要经过土样烘干和计算灌水量的过程。

当然，该自动信息采集系统也有它的局限性，如通信线路铺设烦琐、不灵活，重组困难，维护、维修不便利，但系统稳定性和抗干扰性要优于无线网络通信传输技术。

**2.土壤水势与土壤含水率的关系**

土壤水势和土壤含水量之间的关系用土壤水分特征曲线来表述。当吸力趋于0时，土壤接近饱和，水分状态以毛管重力水为主；吸力稍有增加，含水量急剧减少时，用负压水头表示的吸力值相当于支持毛管水的上升高度；吸力增加而含水量减少微弱时，以土壤中的毛管悬着水为主，含水量接近于田间持水量；饱和含水量和田间持水量间的差值，可反映土壤给水度等。

若用土壤水势指标来指导灌溉，就必须掌握相应土壤的土壤水势与土壤含水量之间的关系，即土壤水分特征曲线，如下图3-27所示，为本课题研究所用壤土在不同容重下的土壤水分特征曲线。

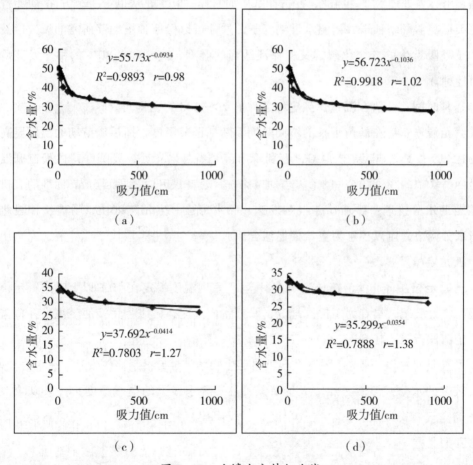

图 3-27　土壤水分特征曲线

### （五）蔬菜栽培管理与常见病虫害防治

**1. 番茄栽培管理与常见病害防治**

①春茬番茄栽培管理

一是品种选择

选择当地适应性、抗病性强的品种，一般有秀光系列、金鹏系列、中研系列番茄等。

二是育苗

温汤浸种消毒：种子表面常附着各种病原菌，如番茄叶霉病、早疫病、病毒病等，这些病原菌的孢子、菌丝体等在50℃高温下，均可被杀死，因此用50℃热水消毒，方法简便易行。操作方法：选用粒大饱满的种子先用15℃左右的凉水浸泡1—2h，然后在50—55℃热水中浸泡，搅拌15分钟，达到杀菌的目的，再换清水浸泡8～9h，然后用清水冲洗干净，用湿布袋装起来，放在28—30℃的条件下催芽。在催芽过程中每天早晚需翻动种子并用温水淋洗种子，这样可以保证种子发芽所需的氧气以及排除种子呼吸产生的二氧化碳，又能保证适当的湿度，当70%—80%的种子发芽后，即可播种。

播种时间：一般在温室达到定植条件前70—80d育苗即可。

育苗温度：应在幼苗生长的不同时期不断地调节温度，播后出苗期的温度要高，昼温在28—30℃，夜温在24℃，有利于出苗。当苗出齐后，要降温，白天苗床温度降至20—25℃，夜间15—18℃，当幼苗第一片真叶展开时，即可分苗。

苗期水分管理：番茄幼苗根系发达，吸水力强，生长速度快，易徒长，因此要注意水分调节，应以控水为主，控促结合。

三是定植及管理

适时定植：番茄秧苗在长到7—8片叶，室内温度稳定在10℃以上时进行定植，整地，施足底肥，早春为了提高地温，降低室内湿度，可以采用滴灌带浇水并覆盖地膜，定植株行距（40cm×40cm），选择整齐一致的壮苗定植。

番茄具有喜温、喜光、耐肥及半干旱的生物学特性，根系比较发达，吸水力较强，需要较多的水分，但不必经常大量灌溉，且不要求很大的空气湿度，一般以45%—50%的空气相对湿度为宜。空气湿度大不仅阻碍正常授粉，而且在高温高湿条件下病害发生严重。

温度、湿度控制：

主要通过放风和浇水调节温度、湿度。从定植到第一穗果实膨大，管理的重点是促进缓苗，防冻保苗。定植初期，外界气温低，以保温为重，不需要通风，室内温度维持在25—30℃左右，缓苗后白天温度控制在20—25℃，夜间13—15℃为宜。

进入 4 月份，中午室内若出现超过 30℃ 的高温时，应该开始放风，放风口要小，放风时间也不宜过长。开花期空气相对湿度控制在 50% 左右，花期防止出现 30℃ 以上的高温，否则花的质量会下降，产生落花、落蕾现象。

在果实膨大期，要加强温度管理，以加速果实膨大，使果实提早成熟。从第一穗果膨大开始，上午室内温度保持在 25—30℃，超过这一温度，开始放风，通过放风量来控制温度，下午 2 点减少放风，夜间室内温度在 13—15℃，室内夜温高于 15℃ 时，可以昼夜放风。

盛果期和成熟前期在光照充足的前提下，保持白天室内温度在 25—26℃，夜间在 15—17℃，如果这个时期温度超过 30℃，会影响果实着色。

灌水：春茬栽培温度较低，定植后 2—3d 浇一次缓苗水，直到第一穗果坐住时一般不浇水，当第一穗果坐住时浇催果水，当第一穗果实变白，第三穗果坐住时，可增加灌水，此时要保持土壤湿润，以地表"见湿、见干"为标准进行浇水，不能忽干忽湿，防止脐腐病发生。总之，整个生育期间水分管理十分重要，特别是中期土壤含水量过多，空气湿度大，容易引起病害，所以浇水不但要适时适量，而且应同放风等温湿管理相结合，尽量降低室内湿度，可以起到防病效果。

吊绳和打叉：定植缓苗后要及时吊绳绕蔓，发现侧枝及时打掉，以免浪费营养。但打杈一定要选择在晴天进行，否则容易传染病害。对于无限生长类型的番茄，在第四穗果坐住时留 2—3 片叶摘心，控制营养生长。

防止落花落果：生产上常用番茄灵或 2.4-D 处理。

番茄灵当第一花序上有 2—3 朵花已开放时，就可喷洒一次即可，常用浓度为 30—40ppm，药液中加入红色钢笔水，防止重复用药。

2.4-D 常用浓度为 10—20ppm，在番茄开放时，用毛笔把配置好浓度的 2.4-D 溶液抹在花柄上，药液中加入红色钢笔水，严防重抹，2.4-D 处理容易产生畸形果，所以不能抹到生长点上。

疏花疏果和打底叶：当每穗果实坐住后，果数多，养分分散，单果重低，影响商品质量，每穗花序一般留 4—5 个果，植株下部的叶片在果实膨大后已经衰老，应及时摘除老叶、黄叶，增加透光、通风。

四是采收

番茄从开花到果实成熟，所需天数因温度和品种而有区别。早熟品种需要 40—50 天，中晚熟品种需 50—60 天，果实成熟有四个时期：第一是绿熟期，不能采收；第二是转色期，果实表现白色，可以采收（长途运输贮藏）；第三是成熟期（市场出售）采收。第四是完熟期，体积不增加，蛋白质转化为氨基酸、淀粉转化为糖，消耗大量养分。

②秋茬番茄栽培管理

秋茬番茄生产，初期高温多雨、昼夜温差小对秧苗生长不利，强光容易引起病毒病，后期光照减弱，温度下降，对果实膨大和着色均有影响。

一是品种选择

选择高抗病毒病、果大、耐贮性强的品种。

二是育苗

秋茬育苗需要的时间比春茬要短，一般40—50d即可。

准备工作：育苗期正值高温、多雨季节，因此育苗床必须具备防雨防涝通风降温条件，一般选地势干燥、通风良好的地段，扣小拱棚，为了降低温度有条件可采用遮阳网覆盖，为了防止蚜虫、白粉虱等迁飞传播病毒病，可以采用纱网罩住育苗棚。

苗期管理：育苗时温度较高，幼苗期间避免干旱，要保持苗床见干见湿，用8cm×8cm营养钵分苗，苗龄达到3—4片真叶时即可定植。

三是定植后管理

定植后2—3d内，浇透定植水，室内温度不能超过28℃，降雨时关闭通风口。出现病毒株及时拔除，并用肥皂水洗手后补栽，现蕾时控制水分，防止徒长，浇水宜缓不宜急，植株达到一定高度时吊绳绕蔓打杈等正常管理。

四是结果期管理

整个生育期的温度由偏高到适温，再到偏低，光照逐渐缩短，强度逐渐减弱，当温度降到15℃以下时，改为白天放风，夜间不通风，当夜晚室内气温不能保持在10℃以上时，应该覆盖保温被，开始早晚揭盖，随着外界气温降低逐渐减少放风，最后密闭不通风。

五是采收

秋茬番茄，采收越晚，价格越高，因此尽量延迟采收。

③番茄常见病害防治

灰霉病：

症状级发生条件：叶片发病由叶缘向内"V"字形扩散，后期有灰色霉层，果实发病由花器侵入，近果蒂果柄先显症，水渍状软腐，发病斑密生灰色霉层。主要发生在果实和叶片，其中果实最为严重，也可侵染花及茎。低温高湿条件下易发病，尤其湿度大是发病的主要因素。

防治技术：

生态防治：变温管理，加强通风，晴天上午晚放风，使温度升高至33℃，开始放风,当室温降至20℃关闭通风口,夜间室温保持在15～17℃,阴天打开通风口换气,避免叶面结露。

加强管理:浇水应在上午,发病初期,控制浇水,及时摘除病叶、病果和病枝。

药剂防治:由于灰霉病易产生抗药性,应减少用药次数和用药量,最好混用或轮换使用。

早疫病:

症状及发病条件:多发于叶片,最初出现暗褐色水渍状的小斑点,逐步扩大为直径6—10mm的圆形或椭圆形病斑,病斑上出现同心轮纹。病斑的边缘部有黄色晕环。潮湿时,病斑上长出黑霉。病害严重时,叶片上形成许多病斑,下部叶片枯死。气温较高、干燥时易发病。脱肥亦可发病。

晚疫病

症状、发生条件及防治:

多发于叶片和果实,低温时在茎上也有发生。病斑一般由下部叶片发生,逐渐扩展到上部叶片。叶片上出现不规则的灰绿色小病斑,逐步扩大,形成暗褐色大型病斑。阴天湿度大时,在病斑的背面及病斑周围的灰绿色部位出现白色霜状霉层,严重时,整个叶片都被霉层覆盖,如同下了霜一样。如果天气持续晴好,湿度降低,病斑就会干燥褐变,脆而易破。

果实上出现轮廓不分明、具有褐色光泽的火烧状病斑。病斑扩大后,呈暗褐色,果实凹陷,最后腐烂。茎上出现水渍状暗褐色病斑,微有凹陷。湿度大时,生成白色霉层。

晚疫病在20℃左右的低温多湿条件下容易发生,在番茄或马铃薯栽培地及其附近易发病。同时使用过多的氮肥可导致植物体软化而发病。在发病前可以定期进行预防性药剂喷施,还可以利用地膜覆盖降低湿度防止病原菌滋生。

病毒病

a.花叶型病毒病

症状:最初,新叶明脉,沿叶脉部分逐渐呈带状褪色并在绿色部分出现浓淡不同的花叶。该症状一般在离生长点2—3片叶处最为明显,往下则减轻。

番茄植株一旦染毒,立即停止生长,植株矮化,由于其生长点停止生长,常出现丛生状态,而且着花不良,坐果数明显减少,果实小,造成减产。

该病以蚜虫为传播媒介,因此应严格控制蚜虫发生。

b.蕨叶型病毒病

症状:茎、叶、果实上出现略呈灰色的褐色病斑,与花叶型病毒病的最大区别是不靠蚜虫做传播媒介。

发生条件及对策：使用从病株采集的种子，或者在温室及大棚内连作，均可发生。因此要彻底进行种子、床土、催芽箱及育苗设施的消毒。在进行绕蔓打杈等正常田间管理时应先将手清洗干净，必须从健壮的植株开始操作，非正常植株应留在最后处理。早期发病，应发现一棵就拔除一棵。

### 2.黄瓜栽培管理与常见病害防治

①春茬黄瓜栽培管理

一是品种选择

黄瓜是喜温且不耐低温，早春选择耐低温、生长势强、发育快、早熟丰产、抗病品种，例如龙园绿春旱黄瓜、津研系列密刺黄瓜等。

二是育苗

催芽及播种：选用粒大饱满的种子在50—55℃水中消毒，不断搅拌15min，再换清水浸泡6—8h，然后用清水冲洗干净，放入湿布袋，用湿纱布盖好放于25—27℃发芽箱内催芽，24—36h幼根刚突破种皮即可播种，此时如果能在低温下（5—10℃）锻炼2—3d再播种更有利于培育壮苗。播种后覆土厚度在1cm左右，土壤保持湿润直到出苗，土温控制在22—25℃，气温控制在27—29℃。播种后6—8d真叶刚显露时分苗。

培育壮苗的技术措施：培育壮苗是温室早春黄瓜栽培的重要环节，是早熟丰产的基本条件。黄瓜生长发育比较迅速，特别是茎叶生长发育很快，在育苗和定植过程中技术要求较为严格，所以在黄瓜育苗时，首先，创造适宜幼苗生长发育条件，以促进茎叶生长和花芽的分化，其次，在一定时期又要控制一些生育条件，以适应不良的条件。严格掌握播种期，正确的播种期应根据早春温室的安全定植时间来决定，一般在安全定植期前30—40d播种。保护黄瓜根系，黄瓜根系浅，但易木质化，不适合多次移植，一般在苗龄10d内分苗，采用塑料营养钵保护根系的方法育苗。

温度调节：苗出齐到子叶展开至真叶出现，这时需较低温度，保持白天气温20—25℃，夜间15—18℃，地温日夜在20℃。气温昼夜稍低以控制秧苗徒长，促进花芽分化。但夜温过低于10℃以下时容易造成花打顶形成"小老苗"，严重影响黄瓜产量。第一片真叶展开后，这时白天气温应适当提高并保持在25—27℃，以利养分积累，地温日夜保持在15—20℃以利物质运转。定植前7—10d内，这时要降低温度，进行幼苗锻炼。白天气温保持在15—20℃，地温日夜保持在15℃左右。在定植前的3—5d内，夜间气温可降到5℃左右，以适应温度骤降危害，这样锻炼幼苗，可增强顶芽抵抗低温的能力。

光照的调节：黄瓜是短日照作物，在适宜温度下，播种后10d具有二子叶、一心叶时应进入发育阶段。以后的生长，就要求较长时数和较强的光照，但是在我国北方冬季日照时间短、光照弱的季节里，育苗温室温床不能满足需要，所以育苗时间过长，日照不足就是重要原因之一。在光照不足的环境下培养出的秧苗，往往是徒长苗，因此要培养壮苗除严格掌握温度外，也应合理调节光照，如果有条件可以对秧苗进行定时补光。

气体调节：气体调节主要是空气中的相对湿度和$CO_2$，以通风换气进行调节。一般育苗温室，由于保温防寒很少通风换气，特别是清晨湿度达到饱和程度，$CO_2$在日出后很快被植物吸收而呈现不足，这时提早通风换气，有利湿气的排出和$CO_2$的进入。

养分的调节：养分调节包括灌水和施肥。黄瓜植株幼苗期对水分和营养的需要量不是很大，但由于幼苗根系少，吸收能力弱，所以必须使用高质量的安全肥料。一般在播种时，只是施足基肥，灌透底水，就能满足苗期的需要，不必再进行养分的调节。

三是定植

定植前准备：由于早春地温特别低，在定植前进行深翻土壤20—30cm，同时施入腐熟有机肥，一般每亩施5000kg左右。如果采用滴灌带浇水，在整地后安装好滴灌带，为了提高地温可以覆盖地膜。黄瓜幼苗定植适宜苗龄为3—4片叶，苗龄不可过大，定植后缓苗快，定植时要浅栽，切不可深栽，否则阳光不易晒透土坨，地温低，不利于幼苗缓苗和根系伸长。定植株行距为30cm×40cm。

四是定植后的肥水管理

浇水：黄瓜定植后到拔秧，适时适量地浇水是温室栽培关键措施之一。灌水管理较为复杂，必须根据黄瓜生育阶段的不同而区别对待。营养生长期：从幼苗定植到根瓜开始膨大这段时间，要求黄瓜植株的地上部和地下部正常生长，并积累营养物质，为结瓜打下良好的基础。这时浇水量不宜过大，间隔时间不宜过短，否则容易造成植株徒长或沤根现象。定植后及时浇一次定植水，使营养土坨与周围土壤密切结合，以利于根系向四周伸展，3—4d后浇一次缓苗水，促进缓苗，之后定期除草，植株长到一定高度开始吊绳绕蔓等，每3—4d浇一次"小水"，直到黄瓜植株有6—7片叶，根瓜出现，浇一次"大水"促进根系生长。正常采收期：此时浇水的目的是要保证植株正常生长，还要注意催瓜，即所谓"催瓜水"。催瓜水的原则是每次浇水量要均匀，不可忽大忽小，一般每隔2—3d浇一次较大的催瓜水，直到大部分顶瓜采收完。

五是植株调整

整枝绕蔓，为了节省养分和避免植株乱长，在绕蔓的同时摘除雄花和卷须，每当主蔓长出2—3片真叶，绕蔓一次。

六是采收

黄瓜的瓜把深绿，瓜皮有光泽，瓜条达到商品要求大小即可采收。为了保证品质鲜嫩，减少养分消耗，应及时采收。

②秋茬黄瓜栽培管理

一是品种选择

选择适应夏秋气候特点，前期要耐热，抗湿，后期又要抗寒耐弱光的品种。

二是育苗

播种技术与春茬完全相同，但秋茬气温完全可以达到育苗要求，所以秋茬育苗所需时间较春茬黄瓜要短，一般在定植前20—25d左右，播种后要严格保证育苗盘土壤的湿度，条件允许可以采用遮阳网覆盖，幼苗出齐后撤下遮阳网。分苗后仍然采用遮阳网覆盖，缓苗后撤去。

三是定植及日常管理

秋茬黄瓜由于在生长后期光照逐渐减弱，所以定植密度要小，一般株行距为40cm×40cm，定植水一定要浇透，定植后2d浇缓苗水，这时因外界气温较高，每隔2—3d浇一次水，直至采收。当外界气温降到25℃以下时，浇水频率可适当降低，一般每隔3—5d浇一次，以后随着温度的降低，逐渐减少浇水次数。其他与春茬生产管理相同。

③黄瓜常见病虫害防治

霜霉病症状：主要危害叶片，清晨潮湿时叶背面产生水渍状黑色霉层，温度高湿度低时叶片正面为黄色或淡褐色斑块，受叶脉限制呈多角形，多连成一片，干燥易破裂，潮湿易霉烂。成株感病多在进入开花期结瓜后，由植株下部向上部发展。

细菌性角斑病症状：苗期至成株期均受害，病斑受叶脉限制呈多角形，灰褐色湿度大时叶背溢有乳白色浑浊水珠状菌脓，干后具有白痕，病部较脆易穿孔，低温高湿利于发病。

霜霉病和细菌性角斑病防治技术：选用当地抗病品种。加强管理，及时清理残叶，发病前期尤其是定植后结瓜前，控制浇水，喷施叶面肥，增强植株抵抗力。

生态防治：上午日出后，使室温迅速升到25—30℃，湿度降到75%左右，有条件早晨可排湿半小时，实现温湿双控，下午温度上升时可放风，使温度降到20—25℃，湿度降到70%左右。傍晚放风，当外界气温达到12℃时放夜风1h，达到13℃时，放风2h，14℃以上时可昼夜通风，总之使前半夜温度降到15—20℃，湿度控制在70%左右，后半夜由于不通风湿度上升到85%以上，但温度控制在12—13℃，低温对病害发生不利，对黄瓜也无影响。

药剂防治：烟雾法，通风口全部关闭，用45%百菌清烟剂200—250g，在温室内分放4—5处点燃，闷棚，次日早晨再通风。药剂喷施，霜霉病可用普力克水剂、百菌清、克露等叶面喷施；细菌性角斑病可用硫酸链霉素或72%农用链霉素叶面喷施。

枯萎病

主要发生在重茬的温室内，从开花期开始有症状，病初下部叶片及茎基表皮变黄，由下向上萎蔫晚上恢复，茎蔓部稍缢缩，根部褐色腐掉，茎基位纵裂。

防治技术：加强栽培管理，选择抗病品种，重病的植株配合药剂处理土壤，发病初期喷药防治等。避免连作，采用高畦栽培，控制浇水，提高地温促进根系发育，及时整枝绕蔓，发现病株及时拔除。

药剂防治：种子消毒，除热水烫种外，采用药剂浸种例如用15%多菌灵浸种1h后，捞出冲洗再浸到水中3h。土壤消毒，育苗土采用苗菌敌混拌。植株发病时可用多菌灵或敌克松灌根。

白粉病

危害与诊断：在叶表面形成白粉状物，逐渐变为灰色，并生成黑色小粒，严重时叶片枯萎。

发生条件及对策：随着气温升高，发病增多，应避免密植，加强透光和通风，一旦发病应及时喷施药剂。

蚜虫

危害特点：成虫及幼虫在叶背面或嫩茎上吸食汁液，秧苗嫩叶及生长点被害后叶片卷缩萎蔫，甚至枯死，缩短结瓜期，高温高湿不利于蚜虫生长发育。

防治方法：采用熏烟法或药剂叶面喷施。

白粉虱

危害特点：成虫和幼虫吸食植物汁液，叶片褪绿变黄，萎蔫，全株枯死并分泌蜜液，污染叶片和果实，引起污病。

防治方法：应以农业防治为主，加强蔬菜的栽培管理，将育苗温室和生产温室分开，清理杂草和残株，控制外来虫源。避免黄瓜、番茄、豆角混栽，温室附近避免栽植白粉虱发生严重的蔬菜。

物理防治：白粉虱对黄色敏感有强烈趋性，可用涂上黄色油漆的黏板诱杀。

药剂防治：由于白粉虱世代重叠，在同一时间同一作物上存在各种虫态，没有对各种虫态都有效的药，所以必须连续防治几次。

**3. 豆角栽培管理与常见病害防治**

①春茬豆角栽培管理

一是品种选择

根据市场需求选择品种，如哈尔滨地区主要有哈优 7 号、太空、将军豆、紫花油豆等。

二是育苗

豆角生育期短，育苗期也短，而且根系再生能力比较弱，伤根后不易发新根，所以生产中多采用直播或播种于营养钵中，不进行二次分苗，避免伤根，且苗龄不宜过长。一般 20—25d 较为适宜，具体播种期的确定决定于定植棚室小气候。

播种后保持在 25℃ 以上，2—3d 即可出苗，4—6d 子叶展平，这时白天温度应保持在 20—25℃，夜间 10—15℃，直至定植前 7d 进行低温锻炼，育苗期间一般不浇水，出 1—2 片真叶时定植。

三是定植及管理

定植前应深耕 30cm 结合整地施基肥，每亩施有机肥 4000—5000kg，平整做畦，安装滴灌设备后扣地膜。

定植时要求室内土壤温度稳定通过 10℃，选择"寒尾暖头"的晴天上午进行定植。定植株行距 30cm×40cm。

定植时，浇底水，不宜过大，以防地温过低不利缓苗，室内温度超过 28℃ 时开始通风，通风量由小到大，当夜温不低于 15℃ 可昼夜通风，缓苗 7d 左右进行补苗。从定植到结荚前要适当控制水分，防止茎蔓徒长而引起落蕾落花。浇过定植水和缓苗水后，直至甩蔓时，结合吊绳浇一次大水，以满足豆角开花结荚的需要。

②秋茬豆角栽培管理

一是适时播种

春茬结束后立即整地施肥进行直播，每穴 2—3 粒种子。如果前茬拔秧较晚，可提前将种子直播于营养钵中，待条件允许再定植。

二是管理

幼苗期处于高温季节，生长迅速，尽量控制水分防止徒长，待开花结荚后一般每周浇一次水。定植后缓苗期间，室内温度超过 30℃，必须采取措施进行降温，防止叶片受灼伤，不利缓苗。秋茬温室栽培光照越来越弱，为了增加通风透光，温室定植豆角缓苗后建议每穴保留单株，穴距在 35—40cm。

③豆角常见病虫害防治

细菌性角斑病

苗期至成株期均受害，病斑受叶脉限制呈多角形，灰褐色湿度大时叶背溢有乳白色浑浊水珠状菌脓，干后具有白痕，病部较脆易穿孔，低温高湿利于发病。可用硫酸链霉素或 72% 农用链霉素叶面喷施。

灰霉病

一般温室在低温高湿时容易发病，叶片发病由叶缘向内呈"V"字形扩散，后期有灰色霉层，果实发病由花器侵入，近果蒂、果柄表现水渍状软腐，发病斑密生灰色霉层。

生态防治：采取变温管理，加强通风，晴天上午和晚上放风。

红蜘蛛

成虫和幼虫集中在作物幼嫩部位刺吸造成危害，受害叶片背面呈灰褐色具油质光泽，叶片边缘向下卷曲，受害嫩茎、嫩枝变黄褐色扭曲畸形，严重者植株顶部干枯，花蕾受害，不能开花坐果，果实受害，果柄、叶片及果皮变为黄褐色，丧失光泽，最终导致龟裂。

防治方法：可采用吡虫啉、虫螨克等药剂防治。

潜叶蝇

幼虫潜在叶内取食叶肉仅留上下表皮，呈块状隧道，一般在叶端部内有 1—2 头蛆及虫粪。

防治方法：要使用充分腐熟的有机肥，避免未腐熟的粪肥进入室内带入虫源。

药剂防治：可采用生物有机类农药，例如潜克等，进行叶片喷施防治潜叶蝇，采用螨类药剂等防治红蜘蛛。

## 四、小结

### （一）主要技术成果

#### 1. 温室番茄耗水规律与节水灌溉模式

①温室春茬番茄从定植到采收期间生育期耗水为 506.55mm 左右，平均耗水强度为 4.52mm/d，其中约有 36.14% 用于土壤蒸发，即非生产性耗水。

②温室春茬番茄在坐果期需水模系数最高达到 58.03%，日耗水达 5.44mm/d；从月份上看 5 月份日耗水强度最大为 6.5mm/d。

③温室春茬番茄与秋茬番茄在采用膜下滴灌节水灌溉方式下，以产量最高、以土壤水分控制下限（占田间持水量百分比）为灌水控制指标的节水灌溉模式如表3-38所示：

表3-38 番茄节水灌溉模式（土壤水分控制下限）

| 番茄 | 定植期 | 开花期 | 坐果期 | 采收期 | 可达到的产量（kg/亩） | 备注 |
|------|--------|--------|--------|--------|------------------------|------|
| 春茬 | 80%（70%） | 70% | 80% | 90% | 7431.2 | |
| 秋茬 | 80% | 70% | 80%（70%） | 90% | 5173.7 | |

④温室春茬番茄与秋茬番茄在采用膜下滴灌节水灌溉方式下，以灌水量为自变量的水分生产函数模型如表3-39所示：

表3-39　番茄水分生产函数

| 番茄 | 函数模型 | 显著性 | 备注 |
|------|----------|--------|------|
| 春茬 | $y=5606.935-2.33719x_1-15.3306x_2-3.93125x_3+11.81599x_4$ | 0.01 | |
| 秋茬 | $y=6207.601+15.52428x_1-15.13061x_2-17.0199x_3-135.865x_4$ | 0.01 | |
| | $y=-0.22716x^2+180.9972x-31463.9$ | 0.01 | 以定植后总灌水为自变量 |

注：$y$——番茄产量，kg/亩；$x_1$——定植期灌水量，m³/亩；$x_2$——开花期灌水量，m³/亩；$x_3$——坐果期灌水量，m³/亩；$x_4$——采收期灌水量，m³/亩。$x$——总灌水量，m³/亩。

⑤温室春茬番茄其株高和茎粗均以指数函数形式增长，前期增长快，后期增长慢；秋茬番茄其株高和茎粗均以幂函数形式增长，前期增长快，后期增长慢。

⑥温室番茄采用膜下滴灌与畦灌相比有很好的节水增产效果，其节水增产效果如表3-40所示：

表3-40　番茄节水增产效果

| 番茄 | 灌水方式 | 产量（kg/亩） | 增产（%） | 水分利用效率（kg/m³） | 提高（%） | 灌水量（m³/亩） | 节水（%） | 备注 |
|------|----------|------|------|------|------|------|------|------|
| 春茬 | 膜下滴灌 | 7431.2 | 20.65 | 22.25 | 55.37 | 320 | 22.35 | |
| | 畦灌 | 6159.3 | | 14.97 | | 412 | | |
| 秋茬 | 膜下滴灌 | 5173.7 | 25.42 | 12.85 | 40.48 | 403 | 10.72 | |
| | 畦灌 | 4125.0 | | 9.15 | | 451 | | |

### 2. 温室黄瓜节水灌溉模式

①温室春茬黄瓜与秋茬黄瓜在采用膜下滴灌节水灌溉方式下，以产量最高、以土壤水分控制下限（占田间持水量百分比）为灌水控制指标的节水灌溉模式如表3-41所示：

表3-41　黄瓜节水灌溉模式（土壤水分控制下限）

| 黄瓜 | 定植期 | 开花期 | 坐果期 | 采收期 | 可达到的产量（kg/亩） | 备注 |
|------|--------|--------|--------|--------|------|------|
| 春茬 | 85% | 80% | 85% | 90% | 2938.3 | |
| 秋茬 | 85% | 90% | 80% | 85% | 3014.1 | |

②温室春茬黄瓜与秋茬黄瓜在采用膜下滴灌节水灌溉方式下，以定植至采收结束总灌水量为自变量的水分生产函数模型如表3-42所示：

表3-42　黄瓜水分生产函数

| 黄瓜 | 函数模型 | 显著性 | 备注 |
|---|---|---|---|
| 春茬 | $y=-0.3846x^2+174.38x-17110$ | 0.01 | |
| 秋茬 | $y=-0.0977x^2+80.602x-13980$ | 0.01 | |

注：$y$——番茄产量，kg/亩；$x$——总灌水量，$m^3$/亩。

③温室黄瓜最终株高和茎粗总是春茬大于秋茬，除春茬黄瓜株高是以线性形式增长外，春茬茎粗及秋茬株高、茎粗均以幂函数形式增长。

④温室黄瓜采用膜下滴灌与畦灌相比有很好的节水增产效果，其节水增产效果如表3-43所示：

表3-43　黄瓜节水增产效果

| 黄瓜 | 灌水方式 | 产量（kg/亩） | 增产（%） | 水分利用效率（kg/$m^3$） | 提高（%） | 灌水量（$m^3$/亩） | 节水（%） | 备注 |
|---|---|---|---|---|---|---|---|---|
| 春茬 | 膜下滴灌 | 2938.3 | 25.78 | 12.97 | 48.83 | 227 | 15.49 | |
| | 畦灌 | 2061.0 | | 7.66 | | 269 | | |
| 秋茬 | 膜下滴灌 | 3014.1 | 40.65 | 11.84 | 86.23 | 425 | 24.48 | |
| | 畦灌 | 2143.0 | | 6.36 | | 562 | | |

### 3. 温室豆角耗水规律与节水灌溉模式

①温室秋茬豆角从定植到采收期间生育期耗水为536.75mm左右，平均耗水强度为4.92mm/d。

②温室秋茬豆角在定植到开花期需水模系数最高达到49.05%，日耗水量最大也是出现在8月中旬，即豆角开花之前。

③温室春茬豆角与秋茬豆角在采用膜下滴灌节水灌溉方式下，产量最高的节水灌溉模式如表3-44所示：

表3-44　豆角节水灌溉制度

| 豆角 | 定植期灌水定额（m³/亩） | 开花期灌水定额（m³/亩） | 坐果期灌水定额（m³/亩） | 采收期灌水定额（m³/亩） | 可达到的产量（kg/亩） | 灌水周期 |
|---|---|---|---|---|---|---|
| 春茬 | 8 | 16 | 4 | 8 | 3636.6 | 1周 |
| 秋茬 | 16 | 16 | 24 | 8 | 2689.8 | 1周 |

④温室春茬豆角与秋茬豆角在采用膜下滴灌节水灌溉方式下，以灌水量为自变量的水分生产函数模型如表3-45所示：

表3-45　豆角水分生产函数

| 豆角 | 函数模型 | 显著性 | 备注 |
|---|---|---|---|
| 春茬 | $y=2199.167+24.62235x_1-0.31052x_2+2.448413x_3-1.01899x_4$ | 0.05 | |
| 秋茬 | $y=1459.191+5.782919x_1+0.566207x_2+3.69766x_3-0.22672x_4$ | 0.1 | |

注：$y$——豆角产量，kg/亩；$x_1$——定植期灌水量，m³/亩；$x_2$——开花期灌水量，m³/亩；$x_3$——坐果期灌水量，m³/亩；$x_4$——采收期灌水量，m³/亩。

⑤温室豆角茎粗在各生育期总是秋茬大于春茬，春茬豆角茎粗以指数函数形式增长，秋茬豆角茎粗以幂函数形式增长。

⑥温室豆角采用膜下滴灌与畦灌相比有很好的节水增产效果，其节水增产效果如表3-46所示：

表3-46　豆角节水增产效果

| 豆角 | 灌水方式 | 产量（kg/亩） | 增产（%） | 水分利用效率（kg/m³） | 提高（%） | 灌水量（m³/亩） | 节水（%） | 备注 |
|---|---|---|---|---|---|---|---|---|
| 春茬 | 膜下滴灌 | 3636.6 | 10.07 | 16.14 | 78.13 | 225.3 | 38.21 | |
| | 畦灌 | 3303.9 | | 9.06 | | 364.6 | | |
| 秋茬 | 膜下滴灌 | 2689.8 | 20.08 | 13.19 | 22.14 | 204 | 54.22 | |
| | 畦灌 | 2240.0 | | 8.55 | | 262 | | |

## 4. 温室主要蔬菜栽培管理与病虫害防治

①提出寒冷地区日光温室春茬与秋茬番茄、黄瓜、豆角从育苗、定植到采收结束的日常栽培管理。

②针对番茄、黄瓜、豆角的常见病虫害给出防治措施，如番茄的灰霉病、早疫病、晚疫病、病毒病；黄瓜的霜霉病、细菌性角斑病、枯萎病、白粉病、蚜虫、白粉虱；

豆角的细菌性角斑病、灰霉病、红蜘蛛、潜叶蝇。

## （二）创新性

1. 针对高寒地区设施农业日光温室的特点，研究了黄瓜、番茄、豆角春秋两季的需水规律，高效节水灌溉制度，高产栽培模式，有效解决了设施农业水资源高效利用的技术难题。

2. 提出的水分生产函数模型，揭示了蔬菜灌溉定额在全生育期内的优化分配规律，对指导高寒地区设施农业生产具有重要价值。

3. 在测试手段上，首次将环境自动监测系统和小型蒸渗仪用于设施农业研究，实现了土壤水分、地温，空气温度、湿度，光照度等环境因子的全程、连续、自动监测，为技术成果的科学性、可靠性提供保证。

# 第四章 节水型人工有机基质栽培技术

日光节能温室是北方地区最重要的蔬菜越冬生产设施，由于多年生产连作障碍，土壤表层积聚了很多盐分，导致土壤次生盐渍化，土传病害加重，蔬菜的品质和产量下降。

土壤中富集的盐分，可造成盐胁迫对作物造成伤害[98]。盐胁迫可造成植物叶绿素合成减少、降低光合速率[99-100]，最终导致作物生长受阻，甚至造成茎叶枯死[101-103]。此外，土壤中的硝酸盐、硫酸盐等在无氧状态下可以还原为 $NO_2$、$NO$、$H_2S$、$SO_2$ 等温室气体，加剧温室效应[104]。

目前，世界上已有 100 多个国家和地区应用无土栽培技术种植作物，发展无土栽培是为了节约用水、改造环境和充分利用土地资源[105]。世界各国的无土栽培主要应用于蔬菜、花卉和水果的生产。在欧盟国家温室蔬菜、水果和花卉生产中，已有 80%采用无土栽培方式[106]。

20 世纪 80 年代中期，由于改革开放的深入发展和人民生活水平的不断提高，针对中国国情的无土栽培技术研究与应用也取得了实质性发展，迅速从研究阶段进入生产阶段[107]。我国有机基质栽培技术采用价廉易得并可就地取材的有机物如农作物秸秆、菇渣等农业废弃物，畜禽粪便等经发酵或高温处理，使有机废弃物成为较好的有机基质原料[108]。

人工有机基质栽培技术利用作物秸秆、炉渣、草炭土等材料作为栽培基质，在生产过程中完全施用加工洁净的有机肥，不用土壤，自然可以避免由其所带来的诸多弊端。它既保持了无土栽培的防治病虫害及连作障碍等优点，又使得植株根系发达有利于抗病增产，便于实现栽培规模化、技术标准化，而且栽培系统的一次性投资低，操作简单，管理方便，产品品质好。它为解决日光温室栽培中的连作障碍和无害化生产问题提供了一条简便易行、经济环保、优质高效的新途径，为绿色蔬菜生产提供有力保障。

## 一、有机基质栽培简介

近年来，基质栽培在我国保护地蔬菜栽培中逐渐发展起来，在克服土传病虫害和连作障碍、减少农药用量、生产无公害绿色蔬菜、节约用水等方面，均较土壤栽培有无可比拟的优越性。但一般无土栽培是采用化肥配制成营养液来灌溉作物，不但成本高，而且配制和管理技术较难被一般生产者掌握，限制了它的推广和应用。

无土栽培主要形式有基质培和水培两种。基质培具有性能稳定、一次性投资少、管理容易、不易传染根系病害、效果良好等优点，因而被普遍接受。基质栽培又因其使用基质材料的不同，有两种不同的栽培方式，分别为基质—营养液、基质—固态肥[109]。在基质栽培中，固体基质是栽培的关键[110]。采用的基质也多种多样，主要有岩棉、蛭石、草炭、珍珠岩、火山灰、沙、锯木屑、稻壳、秸秆、有机废弃物等[111]。基质在栽培中主要起固定植株、保持水分、透气和缓冲的作用。固体基质的上述作用由其本身的物理性质和化学性质所决定。只有满足了作物对基质的要求，作物才能生长良好。因此基质选择时，需要考虑基质的理化性质是否稳定、取材是否方便、价格低廉、用后易处理[112]。因此，在选择基质的时候，应主要从以下三个方面考虑：一、适用性，二、经济性，三、环境要求。基质的选择是基质栽培必要的基础。在生产中要选择栽培效果好，成本低廉、对环境无污染、方便易得材料作为基质才便于推广[113]。

有机基质栽培技术是指不用天然土壤，而使用基质；不用传统的营养液灌溉植物根系，使用有机固态肥并直接用清水来灌溉作物的一种无土栽培技术。在"八五"期间，为了进一步降低无土栽培的成本，提高无土栽培作物产量，推动无土栽培在我国的进一步发展、普及，中国农科院蔬菜花卉研究所蒋卫杰、郑光华等人研制开发出符合国情、节省投资、节约肥料、管理简单，产品质量可达到绿色食品标准的有机生态型无土栽培技术（Technique of Ecological Sound Organic Soilless）。这种栽培技术打破了无土栽培离不开营养液的思想，用有机肥与无机肥取代了营养液，完全用清水灌溉。

## 二、有机生态型无土栽培技术特点

有机生态型无土栽培技术具有一般无土栽培的特点，如提高作物产量与品质，减少农药用量，产品洁净卫生，节水节肥省工，利用非耕地生产蔬菜等。此外还具有如下特点：

### （一）用有机固态肥取代传统的营养液

传统无土栽培是以各种无机化肥配置成一定浓度的营养液，以供作物吸收利用。有机生态型无土栽培则是以各种有机肥或无机肥的固体形态直接混施于基质中，作为供应栽培作物所需营养的基础，在作物的整个生长期中可隔几天分若干次将固态肥直接追施于基质表面上，以保持养分的供应强度。

### （二）操作方便，管理简单

传统无土栽培的营养液需要维持各种营养元素的一定浓度及各种元素间的平衡，

尤其是要注意微量元素的有效性，其技术条件要求高、难度大，需要专门的测试仪器，而有机生态型无土栽培因采用基质栽培及施用有机肥，不仅各种营养元素齐全，其中微量元素更是供应有余，因此在管理上主要考虑氮、磷、钾三要素的供应总量及其平衡状况，大大地简化了操作管理过程。

### （三）材料来源广泛，成本低

有机生态型无土栽培所需基质材料来源十分广泛，主要使用各种工农业废弃物和有机肥，与传统的无土栽培相比，其肥料成本降低60%，基质可连续使用三年左右，从而大大节省了无土栽培的成本，同时还可节约耕地，建棚不受耕地条件的影响。

### （四）对环境无污染

在无土栽培的条件下，灌溉过程中20%左右的水或营养液排到系统外是正常现象，但排出液中盐浓度过高则会污染环境。有机无土栽培系统排出液中硝酸盐的含量1—4mg/L，对环境无污染，而岩棉栽培系统排出液中硝酸盐的含量高达212 mg/L，对地下水有严重污染。由此可见，应用有机生态型无土栽培方法生产蔬菜不但产品洁净卫生，而且对环境无污染。

### （五）可达"绿色食品"的施肥标准

从栽培基质到所施用的肥料，均以有机物质为主，所用有机肥经过一定加工处理（如利用高温或嫌氧发酵等）后，在其分解释放养分过程中，不会出现过多的有害无机盐。使用的少量无机化肥，包括硝态氮肥，在栽培过程中也没有其他有害化学物质的污染，从而可使产品达到"绿色食品"标准。

综上所述，有机基质栽培具有投资省、成本低、用工少、易操作和产品高产优质的显著特点。它把有机农业导入无土栽培，是一种有机与无机农业相结合的高效低成本的简易无土栽培技术，非常适合我国目前的国情。自从该技术推出以来，深受广大生产者的青睐，目前已在北京、河北、河南、湖南、湖北、山东、天津、新疆、甘肃、广东、海南等地获得较大面积的应用，起到了良好的示范作用，获得较好的经济和社会效益。

## 三、栽培基质研究现状与发展趋势

### （一）国内无土栽培基质研究现状

由于无土栽培技术具备诸多优点，发展前景十分看好，我国对无土栽培基质的研究非常重视，众多学者对无土栽培基质育苗进行了大量的研究和实践。例如李谦盛等[114]对以芦苇末为主要成分的10个基质配比的基本理化性状进行测定，考察基质在甜椒穴盘育苗上的应用效果，取得了甜椒穴盘育苗技术上的配比数据和结果，为甜椒穴盘育苗技术的推广提供了理论依据和实践指导；徐刚等[115]以中药渣、蛭石、泥炭、珍珠岩为材料，对中药渣有机质进行复配改良，研究了各基质的理化性质，获得了最佳配比数据及各种不同的配方效果。

国内大量的研究和实践表明，混合基质比有机型基质更具优势，在实际应用中也较多。因为有机型基质的有机成分在设施滴灌条件下的释放、吸收和代谢机理不明。另外，在现代温室栽培条件下有机型基质的使用不利于植物营养的精准调控和营养液的回收再利用；而混合基质则不同，它是由不同的原料混合而成，因此在温度、水、空气、肥的协调方面要比单一基质强很多。当然，混合基质中各基质的不同配比对植物的生长发育、品质和产量产生不同的影响。

我国对育苗基质的研究工作始于20世纪80年代中期，并且在研究基质的理化性质、营养液条件和基质不同的配比等对育苗的具体影响程度上有诸多案例可查。比如于艳辉等[116]研究表明，由于不同的基质理化性质不同，不同基质不仅可以导致不同的出苗率，而且对苗高、茎粗的影响也存在较大差异，因此，基质的理化性质不同，育苗时产生的结果也不同；常江等[117]研究表明，在不同营养液栽培下，辣椒的维生素C含量存在较大差异，并对辣椒前期与后期产量都存在较大影响和差异；徐刚等[115]则以中药渣、泥炭、蛭石、珍珠岩为材料，通过采用不同的配比来研究其差异性，结果表明，不同基质的配比导致辣椒的光合特性、生长特性、品质和果实产量都存在明显差异。掌握此特点有助于人们利用最佳配比来培育出最佳品质和产量的辣椒，并作为培育其他植物的参考。

一般的土壤栽培，施肥的种类和数量直接影响幼苗素质，育苗基质施肥也一样，能够对幼苗素质产生直接影响。比如我国很多学者对茄果类、瓜类蔬菜育苗基质施肥进行了详细研究。研究表明，加入适量复合肥对提高秧苗素质有显著的效果；无土穴盘育苗施用复合肥的配方对培育优良穴盘辣椒苗十分有效，比用单一的马粪效果更佳，并且分别指出施用磷肥、钾肥及复合肥对壮苗指数产生的显著影响——适量的磷肥配方可以使幼苗植株根茎粗大，适量的复合肥配方可以使幼苗植株生长最高，适量的钾肥配方可以使壮苗指数较大。对这些育苗基质施肥影响育苗素质的研究结果，可以有效地指导人们在基质育苗中的生产操作，提高了我国基质栽培的水平。

正是无土基质栽培具备如此多的优点，使我国在基质栽培上的研究和实践不断推进，这也是国内外植物栽培的大趋势。而且无土栽培在节水方面也非常可观，研究和实践表明，无土栽培比土壤栽培节水50%—70%，比土壤滴灌栽培节水20%—25%；无土栽培还可以降低成本，提高蔬菜的产量和品质。而我们传统的土壤栽培，则存在较多缺陷，比如病虫害难以预防、生产劳作繁重、土壤次生盐渍化等。这就使我国的基质栽培研究和应用更加具有现实意义。综合我国学者多年的研究和实践表明，混合基质以及与之相适应的营养液配套措施是基质发展的大趋势。我们应该大力提倡和鼓励更多的人参与到无土基质栽培的研究和实践中，使我国的无土基质栽培技术更加成熟。

## （二）有机基质栽培存在的问题

有机基质栽培的一些关键技术达不到发展的要求，其中包括废弃物的资源化利用技术、病虫害综合防治技术、环境污染控制技术等。选育专门适用于有机基质栽培的蔬菜品种，现如今迫切需要抗根系病害、耐低温、优质、丰产的无土栽培专用品种。有机栽培基质的消毒技术、基质的重复利用等研究的欠缺，使成本居高不下，且有可能造成二次污染。

## （三）有机基质栽培发展趋势

### 1.向成本低廉、取材和加工方便的有机废弃物方向发展

随着研究的深入，可用于基质栽培的材料种类繁多，但仍存在各种缺陷和不足，如价格昂贵、运输不便等。材料来源广泛、制造工艺简单、成本低、价格便宜的基质是今后的发展趋势。

### 2.向快捷、无害、方便的基质消毒方向发展

由于基质的结构在灌溉和植物根系作用下会有所改变，通过基质消毒，可减少或杜绝基质发生病虫害。同时随着基质用量的激增，基质的重复利用和无害化处理是发展的必然趋势，基质的消毒、灭菌处理是基质重复利用的重要措施。

### 3.向多功能的基质方向发展

没有任何一种基质可以适应所有作物，那么，基质的发展趋势应该是以适应不同设施档次、不同地域、不同园艺植物的多种并存，以成本低、效果好、管理方便为标准，开发上应该基质和营养液管理配套，联合推广[118]。继续根据不同地区的气候条件、经济基础，发展不同档次和形式的设施蔬菜栽培。

## 四、试验区概况

试验于 2009 年 01 月—2010 年 12 月在黑龙江省水利科学研究院水利科技试验研究中心设施农业试验区 3 号日光温室中进行（见图 4-1）。温室长 50m、宽 6m，种植区 5m×48 m（240m²）。温室东西走向，坐北朝南，与其他温室间隔 8m，互不遮阴。覆盖高压聚乙烯薄膜，外层覆盖保温被。

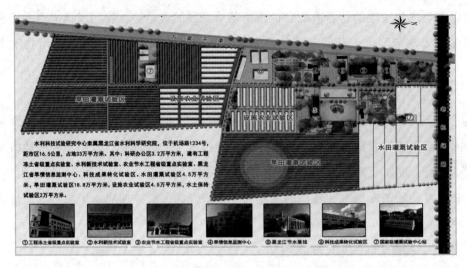

图 4-1　水利科技试验研究中心索引图

本试验采用滴灌条件下有机基质栽培技术与绿色蔬菜生产技术相结合的试验方法，针对北方棚室主栽品种黄瓜、番茄进行试验研究。

## 五、试验材料与方法

### 1.试验设计

试验共分三个处理，每个处理三次重复，每个重复 1 个栽培槽，完全随机实施各处理的重复。试验处理分别为：

处理 1：草炭土（A）：炉渣（B）=6：4；

处理 2：草炭土（A）：稻壳（C）：粗沙（E）=5：4：1；

处理 3：草炭土（A）：珍珠岩（D）：粗沙（E）=5：4：1；

对照：田园土。

各处理分别以 AB、ACE、ADE 和 CK 表示，有机肥采取基质总量的 5% 配入，以上均为体积比。

栽培槽规格：采用红砖砌成，经混凝土抹平，栽培槽内侧 50cm × 550cm（见图 4-2、图 4-3、图 4-4）。

试验品种：春茬：龙园绿春旱黄瓜；秋茬：中研 988 番茄（见图 4-5）。

图 4-2　砌制基质槽　　　　　　　　图 4-3　栽培基质配置

图 4-4　填充基质　　　　　　　　图 4-5　培育幼苗

### 2. 试验指标选取与测定方法

为准确反映试验研究结果，本试验选择 3 大类指标：

一是作物生长发育的环境指标，包括基质容重、基质温度变化，试验区环境因子（温度、湿度、光照等），灌水量和施肥量等；

二是作物生长发育状况即各项生态指标调查，如株高、茎粗、植株地上地下鲜重和干重等；

三是产量指标。

在定植缓苗后每个处理选定 3 个植株，在进入每个生育期后进行株高和茎粗的测量。基质容重采用环刀法测定，温度变化采用温度计测定，株高和茎粗用缝纫线进行测定，株高采用随弯就弯，茎粗采用在地上 1cm 处缠绕 2 圈的测定方法，之后用尺量取其长度。生产结束时，将每个处理选定的 3 株，对地上植株贴茎基收获后称量鲜重，然后烘干测定单株干质量。并将每一单株的 30cm 内的植株根系连同附带的土块人工用手分拣出来，装在孔径 2mm 的尼龙网袋内，用水浸泡 1h 后冲洗干净，根系表面水分自然蒸发后称量鲜重，然后烘干测定干重。对选定的3株植株，自商品性特征出现后开始采摘称重，一直持续到拉秧，累计产量，计算单果重，产量用电子天平测定（见图4-6、图4-7、图4-8、图4-9）。

图4-6　定植黄瓜前准备　　　　图4-7　黄瓜开花结果期

图4-8　番茄试验区　　　　图4-9　番茄采收

## 六、结果分析

### （一）不同基质配方主要物理特性差异

由图4-10可以看出，基质干容重从小到大的顺序为处理AB、处理ACE、处理ADE、CK。

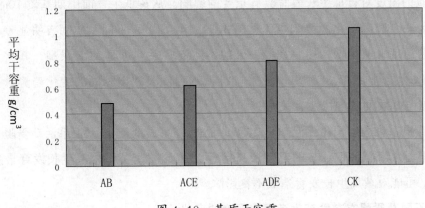

图 4-10 基质干容重

作物在容重 0.1—0.8g/m³ 的基质上均能正常生长[113]，但在 0.2—0.5g/m³ 范围内生长最佳。由测定结果可以看出，各处理容重均符合作物生长范围，但处理 AB 更加适合作物生长。

## （二）不同基质配方温度变化

### 1. 不同基质配方在黄瓜生育期内温度的变化

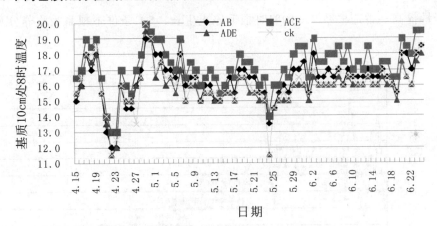

图 4-11 黄瓜生育期内 10cm 处 8 时温度

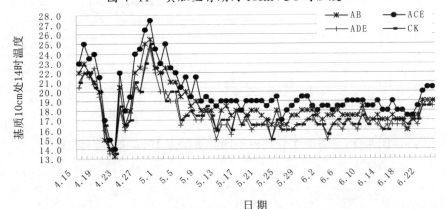

图 4-12 黄瓜生育期内 10cm 处 14 时温度

　　基质的温度对黄瓜生长发育具有重要的影响。从黄瓜生育前中期基质 10cm 处温度在每天两个时刻变化趋势来看（见图 4-11、4-12），不同基质间有明显差异。早上 8 时的温度普遍偏低，但是在同一天的不同基质中，处理 ACE 最高，其次为处理 AB，再次为处理 ADE，CK 表现最差。14 时的温度表现出相同的变化趋势。温度的变化可能与基质的基本特性有关。

　　黄瓜根系最适生长在土温 20—25℃，最低 15℃，低于 10℃根系活动受阻，生长缓慢，但是 14 时处理 ACE 的温度最高接近 28℃，超出黄瓜根系生长发育最适温度的范围，可能对黄瓜生长发育造成不良影响。

**2. 不同基质配方在番茄生育期内温度的变化**

　　基质的温度对番茄生长发育具有重要的影响。从番茄生育前中期基质 10cm 处温度在每天两个时刻变化趋势来看（图 4-13、图 4-14），不同基质间有明显差异。8 时和 14 时的温度表现出相同的变化趋势。在同一天的不同基质中，处理 ACE 最高，其次为处理 AB，再次为处理 ADE，CK 表现最差。番茄根系生长最适土温为 20—22℃，提高土温不仅能促进根系发育，同时土壤中硝态氮含量显著增加，生长发育加速，产量提高。番茄根系 9—10℃时根毛停止生长，5℃条件下根系吸收养分及水分受阻。

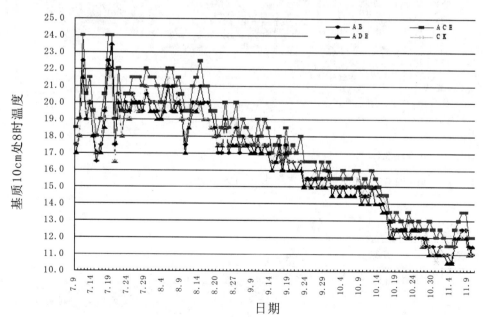

图 4-13　番茄生育期内不同基质配方 10cm 处 8 时温度

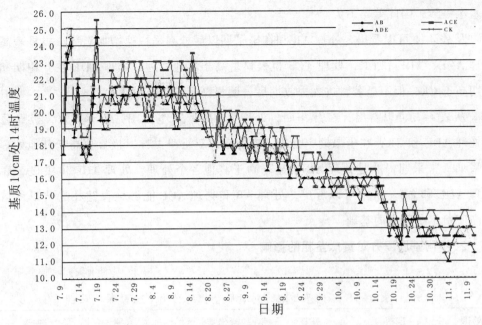

图 4-14 番茄生育期内不同基质配方 10cm 处 14 时温度

## （三）不同基质配方对黄瓜生长发育的影响

### 1. 不同基质配方对黄瓜株高的影响

表 4-1 不同基质配方对黄瓜株高的影响（2009 年）

| 处理 | 开花 | 坐果 | 首采 | 末采 |
|---|---|---|---|---|
| AB | 60.17 ± 5.20（Aa） | 99.17 ± 2.47（Aa） | 144.43 ± 1.21（Aa） | 215.1 ± 5.09（Aa） |
| ACE | 57.30 ± 4.32（Aa） | 88.00 ± 4.27（Bb） | 124.83 ± 2.02（Bb） | 194.00 ± 1.00（Bb） |
| ADE | 46.50 ± 3.12（Bb） | 76.00 ± 2.18（Cc） | 107.67 ± 1.53（Cc） | 172.83 ± 1.26（Cc） |
| CK | 46.17 ± 0.76（Bb） | 74.43 ± 1.21（Cc） | 98.50 ± 2.78d（Dd） | 161.33 ± 2.84（Dd） |

表 4-2 不同基质配方对黄瓜株高的影响（2010 年）

| 处理 | 开花 | 坐果 | 首采 | 末采 |
|---|---|---|---|---|
| AB | 60.00 ± 4.82（Aa） | 81.17 ± 2.57（Aa） | 124.33 ± 1.53（Aa） | 206.83 ± 3.82（Aa） |
| ACE | 54.27 ± 4.20（Aa） | 74.33 ± 3.33（Ab） | 114.50 ± 1.50（Bb） | 185.67 ± 4.73（Bb） |
| ADE | 48.17 ± 3.75（Bc） | 67.83 ± 2.75（Cc） | 107.33 ± 2.02（Cc） | 175.17 ± 2.47（Cc） |
| CK | 46.17 ± 2.57（Bc） | 64.73 ± 2.05（Cc） | 103.17 ± 1.61（Cd） | 170.67 ± 1.76（Cc） |

不同基质配方在不同生育期对黄瓜株高有着明显的影响。在定植期，因选择秧

苗基本一致，因此差异不大。

从表 4-1 可以看出，处理 AB 和在坐果期以后株高呈快速增加态势，极显著高于处理 ACE、ADE 和 CK，处理 ACE 也极显著高于其他处理，处理 ADE 在开花期和坐果期高于 CK，但不显著，进入采收期后，明显高于 CK。

从表 4-2 可以看出，在开花期，处理 AB 高于处理 ACE，但不显著，极显著高于处理 ADE 和 CK；在坐果期，处理 AB 显著高于处理 ACE，极显著高于其他处理；首采期、末采期仍然是处理 AB 极显著高于其他各个处理，处理 ACE 也极显著高于处理 ADE 和 CK。从中可以看出，处理 AB 和处理 ACE 能够培育健壮的黄瓜秧苗，为高产奠定了坚实的基础。

**2. 不同基质配方对黄瓜茎粗的影响**

表 4-3　不同基质配方对黄瓜茎粗的影响（2009 年）

| 处理 | 定植 | 开花 | 坐果 | 首采 | 末采 |
|---|---|---|---|---|---|
| AB | 3.03 ± 0.15（Aa） | 3.67 ± 0.12（Aa） | 4.17 ± 0.15（Aa） | 4.55 ± 0.15（Aa） | 6.73 ± 0.21（Aa） |
| ACE | 3.10 ± 0.10（Aa） | 3.57 ± 0.12（Aa） | 4.00 ± 0.10（Aa） | 4.35 ± 0.05（Ab） | 6.33 ± 0.12（Ab） |
| ADE | 3.20 ± 0.10（Aa） | 3.62 ± 0.13（Aa） | 4.12 ± 0.13（Aa） | 4.30 ± 0.10（Ab） | 6.00 ± 0.10（Cc） |
| CK | 3.03 ± 0.15（Aa） | 3.40 ± 0.10（Ab） | 3.75 ± 0.05（Bb） | 4.03 ± 0.06（Bc） | 5.68 ± 0.16（Cd） |

表 4-4　不同基质配方对黄瓜茎粗的影响（2010 年）

| 处理 | 定植 | 开花 | 坐果 | 首采 | 末采 |
|---|---|---|---|---|---|
| AB | 3.00 ± 0.20（Aa） | 3.57 ± 0.25（Aa） | 3.85 ± 0.22（Aa） | 4.38 ± 0.16（Aa） | 6.77 ± 0.15（Aa） |
| ACE | 2.93 ± 0.25（Aa） | 3.40 ± 0.20（Aa） | 3.60 ± 0.10（Aa） | 3.93 ± 0.21（Ab） | 6.07 ± 0.21（Bb） |
| ADE | 3.03 ± 0.15（Aa） | 3.40 ± 0.17（Aa） | 3.55 ± 0.13（Aa） | 3.82 ± 0.12（Ab） | 5.75 ± 0.23（Bb） |
| CK | 2.83 ± 0.21（Aa） | 3.15 ± 0.25（Aa） | 3.27 ± 0.25（Bb） | 3.50 ± 0.28（Bc） | 5.23 ± 0.25（Cc） |

从表 4-3 看出，不同基质配方对不同生育期黄瓜茎粗也有明显的影响。在定植和开花期，各个处理差异不大。进入采收期后，处理 AB 显著高于处理 ACE 和 ADE，三者均极显著高于 CK；采收末期，处理 AB 显著高于 ACE，二者均极显著高于处理 ADE 和 CK。

从表 4-4 可以看出，在坐果期各个处理茎粗显著高于 CK；在首采期，处理 AB 显著高于处理 ACE 和 ADE，均极显著高于 CK；在末采期不同基质配方的表现差异更为明显，处理 AB 极显著高于其他各个处理，处理 ACE 高于处理 ADE，但不显著，但二者均极显著高于 CK。从茎粗同样可以看出，处理 AB 能够为黄瓜健壮株的形成提供更为适宜的环境条件，利于黄瓜健壮植株的培养，为高产奠定基础。

### 3. 不同基质配方对黄瓜植株干鲜重的影响

不同基质配方对黄瓜植株干鲜重的影响很明显。从表 4-5 看出，处理 AB 株鲜重显著高于处理 ACE，极显著高于其他处理；处理 AB 株干重极显著高于处理 ACE、ADE 和 CK；无论是地上部还是地下部，处理 ACE 均高于处理 ADE 和 CK，处理 ADE 也高于 CK，但都不显著。由此可以看出，处理 AB 无论是地上部还是地下部均明显高于其他各个处理。

因此，可以看出，处理 AB 能够较显著提高植株生物量，利于产量的增加，是较 CK 而言理想的栽培基质；处理 ACE 和 ADE 尽管地上部干鲜重和地下部显著较 CK 高，但地下部干重较 CK 低，黄瓜植株整体质量与 CK 差异不大，增产潜力不明显。

表 4-5 不同基质配方对黄瓜植株干鲜重的影响

| 处理 | 株鲜重 | 株干重 | 根鲜重 | 根干重 |
|------|--------|--------|--------|--------|
| AB | 0.637 ± 0.045（Aa） | 0.064 ± 0.005（Aa） | 11.613 ± 1.694（Aa） | 1.437 ± 0.265（Aa） |
| ACE | 0.520 ± 0.066（ABb） | 0.052 ± 0.003（Bb） | 10.770 ± 0.416（Aa） | 1.157 ± 0.067（Ab） |
| ADE | 0.455 ± 0.025（Bb） | 0.049 ± 0.002（Bb） | 10.047 ± 0.786（Aa） | 1.133 ± 0.051（Ab） |
| CK | 0.447 ± 0.030（Bb） | 0.047 ± 0.004（Bb） | 9.730 ± 0.416（Aa） | 1.023 ± 0.097（Ab） |

### 4. 不同基质配方对黄瓜产量的影响

不同基质配方对黄瓜生育期内结果的影响：从表 4-6 对 24 株黄瓜结果期及结果数可以看出，在结果前期，处理 AB 的结果数最多，其次为处理 ACE、ADE，最少的是 CK；在结果中期，处理 ADE 与 ACE 的结果数最多，其次为处理 AB，最少的是 CK；在结果后期，CK 的最多，其次为处理 ADE、再次为 ACE，处理 AB 的最少。

从结果总个数来看，处理 AB 的最多，达到 354 个，其次为处理 ACE、ADE，分别为 348 和 345 个，CK 的最少，为 326 个。

从采收时长来看，处理 ACE 的最长，达到 80 天，其次为处理 ADE，为 75 天，处理 AB 和 CK 的最短，为 70 天左右。

从上述分析可知，处理 AB 结果前期结果数多，结果期短，使黄瓜有效生育期缩短，对于设施内下茬作物的栽培赢得了时间，利于农业设施提高生产效率；处理 ACE 虽然结果数较 CK 多，但是结果期长，对提高农业设施生产效率不利；处理 ADE 与处理 ACE 相近，但结果期仍较处理 AB 和 CK 稍长，且其结果前期结果数较少，中后期偏多，不利于设施的高效利用；CK 虽然结果期较短，但结果数明显后延，不利于设施高效利用。

表 4-6　黄瓜结果期及结果数

| 采收日期 | | 4.30 | 5.2 | 5.4 | 5.6 | 5.8 | 5.10 | 5.13 | 5.16 | 5.19 | 5.22 | 5.25 | 5.28 | 5.31 | 月结果数 |
|---|---|---|---|---|---|---|---|---|---|---|---|---|---|---|---|
| 处理 | AB | 6 | 8 | 12 | 14 | 11 | 15 | 16 | 14 | 13 | 18 | 19 | 23 | 17 | 186 |
| | ACE | 5 | 7 | 10 | 11 | 10 | 14 | 15 | 14 | 13 | 15 | 18 | 22 | 16 | 170 |
| | ADE | 4 | 6 | 10 | 12 | 9 | 14 | 14 | 12 | 12 | 16 | 18 | 19 | 18 | 164 |
| | CK | 4 | 5 | 9 | 10 | 10 | 13 | 13 | 10 | 12 | 14 | 16 | 21 | 14 | 151 |

| 采收日期 | | 6.2 | 6.5 | 6.8 | 6.11 | 6.14 | 6.17 | 6.20 | 6.23 | 6.26 | 6.29 | | | | 月结果数 |
|---|---|---|---|---|---|---|---|---|---|---|---|---|---|---|---|
| 处理 | AB | 11 | 25 | 30 | 17 | 20 | 20 | 6 | 3 | 11 | | | | | 143 |
| | ACE | 13 | 23 | 24 | 15 | 18 | 21 | 18 | 5 | | 9 | | | | 146 |
| | ADE | 12 | 19 | 23 | 18 | 17 | 19 | 9 | 8 | 12 | 13 | | | | 150 |
| | CK | 9 | 14 | 19 | 12 | 14 | 19 | 20 | 8 | | 15 | | | | 130 |

| 采收日期 | | 7.1 | 7.5 | 7.8 | 7.11 | 7.15 | 7.20 | | | | | | | | 月结果数 |
|---|---|---|---|---|---|---|---|---|---|---|---|---|---|---|---|
| 处理 | AB | 5 | 6 | 8 | 6 | | | | | | | | | | 25 |
| | ACE | 7 | 5 | 6 | | 8 | 6 | | | | | | | | 32 |
| | ADE | 4 | 10 | 5 | | 12 | | | | | | | | | 31 |
| | CK | 3 | 13 | 13 | 16 | | | | | | | | | | 45 |

不同基质配方对黄瓜总产量的影响：在有效结果期内，不同基质栽培下黄瓜产量有较大差异，其中处理 AB 总产量最高，达到 46.25kg，平均株产量为 1.93kg，其次为处理 ACE，为 40.96kg，平均株产量为 1.71kg，再次为处理 ADE，为 38.40kg，平均株产量为 1.60kg，CK 最低，为 35.25kg，平均株产量为 1.47kg。与 CK 相比较，处理 AB 对黄瓜产量影响最为明显，能够显著提高黄瓜单产和总产量，其株均单产和总产量比 CK 高 31.2%；处理 ACE 对黄瓜产量影响比较明显，能够有效提高黄瓜单产和总产量，其株均单产和总产量比 CK 高 16.2%；处理 ADE 黄瓜单产和总产虽然较 CK 高，其株均单产和总产量比 CK 高 8.94%，但差异不明显。因此，从产量来看，处理 AB 仍然是比较理想的栽培基质，其次为处理 ACE，再次为处理 ADE。

不同基质配方对黄瓜平均单果重的影响：不同配方基质对黄瓜单果重的影响为，处理 AB 最大，达到 0.131kg，其次为处理 ACE 为 0.118kg，再次为处理 ADE 为 0.111kg，CK 最低为 0.108kg，除处理 AB 和 ACE 显著高于 CK 外，处理 ADE 与 CK 之间差异不明显。因此，处理 AB 仍然表现最好，其次为处理 ACE，再次为处理 ADE。

综上可以看出，处理 AB 结果期集中，比 CK 明显增产，且单果重高，果实商品性好，其次为处理 ACE，再次为处理 ADE。

## 5. 不同基质配方对黄瓜病情指数的影响

表 4-7　不同基质配方对黄瓜病情指数的影响

| 处理 | 黄瓜霜霉病 | 黄瓜角斑病 |
|------|-----------|-----------|
| CK | 30.99 ± 1.01（Aa） | 20.93 ± 2.07（Aa） |
| ADE | 27.37 ± 0.55（Bb） | 15.30 ± 2.49（ABb） |
| ACE | 24.42 ± 1.67（Cc） | 12.30 ± 3.02（Bb） |
| AB | 23.44 ± 0.71（Cc） | 11.25 ± 0.27（Bb） |

注：大写字母表示 0.01 的水平；小写字母表示 0.05 的水平。

从表 4-7 可以看出，不同基质配方对黄瓜霜霉病和角斑病的病情指数产生了明显影响，处理 AB 霜霉病病情指数低于处理 ACE，但不显著，但极显著低于处理 ADE 和 CK。处理 AB 角斑病的病情指数低于处理 ACE 和 ADE，但不显著，极显著低于 CK。处理 ADE 角斑病病情指数显著低于 CK。由此可见，基质栽培可显著降低黄瓜病害的发生。

### （四）不同基质配方对番茄的影响

## 1. 不同基质配方对番茄株高的影响

表 4-8　不同基质配方对番茄株高的影响（2009 年）

| 处理 | 开花期 | 坐果期 | 首采期 |
|------|--------|--------|--------|
| AB | 56.67 ± 1.76（Aa） | 81.03 ± 1.55（Aa） | 156.43 ± 1.29（Aa） |
| ACE | 53.17 ± 3.33（Aa） | 72.23 ± 2.62（Bb） | 144.27 ± 4.61（Bb） |
| ADE | 52.43 ± 1.80（Aa） | 67.40 ± 1.51（Bc） | 135.17 ± 3.4（Cc） |
| 对照 CK | 48.27 ± 1.30（Bb） | 64.10 ± 2.05（Cc） | 133.13 ± 1.27（Cc） |

由表 4-8 可以看出，不同基质配方对番茄株高有着较大影响，因定植时选用株高基本一致的秧苗，故定植期的株高差异不大。在开花期，各处理与 CK 有极显著差异；在坐果期，处理 AB 与其他处理均有极显著差异，处理 ACE 株高显著高于处理 ADE，处理 ADE 株高极显著高于 CK；在首采期，处理 AB 与其他处理均有极显著差异，处理 ACE 与 CK 和处理 ADE 有极显著差异，但处理 ADE 与 CK 差异不显著。

表4-9 不同基质配方对番茄株高的影响（2010年）

| 处理 | 开花期 | 坐果期 | 首采期 |
| --- | --- | --- | --- |
| AB | 57.43 ± 2.29（Aa） | 79.50 ± 1.80（Aa） | 156.17 ± 3.01（Aa） |
| ACE | 52.50 ± 1.32（Bb） | 71.50 ± 1.80（Bb） | 142.93 ± 2.80（Bb） |
| ADE | 47.27 ± 1.10（Cc） | 63.83 ± 1.61（Bc） | 132.17 ± 1.76（Cc） |
| CK | 41.73 ± 1.37（Dd） | 57.33 ± 4.73（Cd） | 127.17 ± 4.37（Cc） |

由表4-9可以看出，在开花期和坐果期，株高已经比较明显地显示出差异，从高到低的顺序为处理AB、处理ACE、处理ADE和CK。处理AB在以上三个生育期与其他各个处理均有极显著差异；处理ACE在开花期和首采期与各处理间均有极显著差异；处理ADE在开花期和坐果期与对照有极显著差异，在首采期，处理ADE较CK高，但二者间无显著差异。

因此，综合两年的数据变化可以看出，在株高方面，处理AB是最为理想的番茄栽培基质，其次为处理ACE，而处理ADE还需要进一步研究论证。

### 2. 不同基质配方对番茄植株茎粗的影响

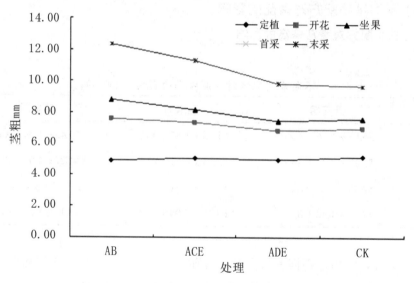

图4-15 不同基质配方对番茄茎粗的影响（2009年）

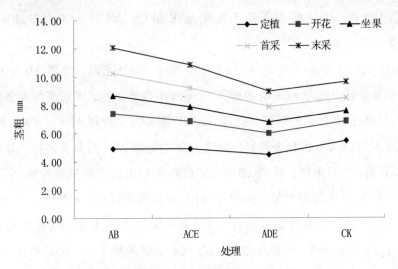

图 4-16 不同基质配方对番茄茎粗的影响（2010 年）

表 4-10 不同基质配方对番茄茎粗的影响（2009 年）

| 处理 | 开花期 | 坐果期 | 首采期 | 末采期 |
|------|--------|--------|--------|--------|
| AB | 4.77 ± 0.15（Aa） | 5.53 ± 0.35（Aa） | 6.58 ± 0.50（Aa） | 7.73 ± 0.32（Aa） |
| ACE | 4.60 ± 0.10（Aa） | 5.12 ± 0.18（Aab） | 6.02 ± 0.13（Aa） | 7.08 ± 0.23（Ab） |
| ADE | 4.38 ± 0.25（Ab） | 4.77 ± 0.23（Bbc） | 5.38 ± 0.08（Bb） | 6.17 ± 0.18（Bc） |
| CK | 4.30 ± 0.20（Ab） | 4.65 ± 0.18（Bc） | 5.37 ± 0.32（Bb） | 6.07 ± 0.25（Bc） |

表 4-11 不同基质配方对番茄茎粗的影响（2010 年）

| 处理 | 开花期 | 坐果期 | 首采期 | 末采期 |
|------|--------|--------|--------|--------|
| AB | 4.63 ± 0.08（Aa） | 5.45 ± 0.13（Aa） | 6.43 ± 0.23（Aa） | 7.57 ± 0.21（Aa） |
| ACE | 4.32 ± 0.29（ABa） | 4.95 ± 0.48（ABab） | 5.80 ± 0.26（ABb） | 6.82 ± 0.20（Bb） |
| ADE | 4.28 ± 0.34（ABa） | 4.75 ± 0.35（ABbc） | 5.33 ± 0.31（BCc） | 6.03 ± 0.21（Cd） |
| CK | 3.77 ± 0.15b（Bb） | 4.25 ± 0.18（Bc） | 4.95 ± 0.05（Cc） | 5.63 ± 0.15（Cc） |

由 2009 年数据（图 4-15、表 4-10）可以看出，在定植以后的生长发育过程中，在开花期，茎粗从大到小的顺序依次是处理 AB、处理 ACE，处理 ADE 和 CK 接近。处理 AB 和 ACE 与处理 ADE 和 CK 均有显著差异，处理 AB 和处理 ACE、处理 ADE 和 CK 差异不显著；在坐果期，处理 AB 高于处理 ACE，但不显著，与处理 ADE 和 CK 均有极显著差异，处理 ACE 极显著高于处理 ADE；在首采期，处理 AB 和 ACE 与处理 ADE 和 CK 均有极显著差异，处理 ADE 高于对照但不显著；在末采期，处理

AB 显著高于处理 ACE，极显著高于处理 ADE 和 CK，处理 ACE 与处理 ADE 和 CK 均有极显著差异。

由 2010 数据（图 4-16、表 4-11）可以看出，在开花期，处理 AB 与 CK 之间的茎粗有极显著差异，处理 ACE 与处理 ADE 差异不显著，但二者株高均显著高于 CK；在坐果期，茎粗从大到小的顺序是处理 AB、处理 ACE、处理 ADE 、CK，处理 AB 最大，且处理 AB 与 CK 有极显著差异，处理 ACE 与处理 ADE 有显著差异，处理 ADE 与 CK 差异不显著；在首采期，处理 AB 与 CK 和处理 ADE 间有极显著差异（p < 0.01），处理 ACE 与 CK 有极显著差异，与处理 ADE 有显著差异（p < 0.05）；在末采期，处理 AB 与其他处理间有极显著差异（p < 0.01），处理 ACE 与 CK 和处理 ADE 有极显著差异（p < 0.01），CK 与处理 ADE 间有显著差异（p < 0.05）。

因此，从两年的数据可以看出，从茎粗的变化来看，处理 ADE 表现最差，与 CK 差异不明显，处理 AB 和处理 ACE 与 CK 中间差异非常明显，而且处理 AB 也显著高于处理 ACE，因此处理 AB 茎粗表现优于其他各个处理。

在番茄生长发育过程中，因基质为植株生长发育创造了比 CK 更为适宜的环境条件，故其表现好。

### 3. 不同基质配方对番茄植株干鲜重的影响

表 4-12　植株干鲜重（2009 年）

| 处理 | 株鲜重 | 株干重 | 根鲜重 | 根干重 |
|---|---|---|---|---|
| AB | 0.78 ± 0.10（Aa） | 0.116 ± 0.007（Aa） | 28.58 ± 0.69（Aa） | 5.21 ± 0.06（Aa） |
| ACE | 0.68 ± 0.03（Ab） | 0.105 ± 0.010（Aa） | 26.80 ± 0.89（Ab） | 5.15 ± 0.16（Aa） |
| ADE | 0.62 ± 0.02（Bb） | 0.095 ± 0.010（Ab） | 25.50 ± 0.99（Bb） | 5.06 ± 0.14（Aa） |
| CK | 0.60 ± 0.03（Bb） | 0.092 ± 0.004（Bb） | 25.24 ± 0.78（Bb） | 4.93 ± 0.16（Ab） |

表 4-13　植株干鲜重（2010 年）

| 处理 | 株鲜重 | 株干重 | 根鲜重 | 根干重 |
|---|---|---|---|---|
| AB | 0.792 ± 0.024（Aa） | 0.101 ± 0.008（Aa） | 24.87 ± 2.25（Aa） | 4.64 ± 0.31（Aa） |
| ACE | 0.678 ± 0.025（Bb） | 0.090 ± 0.008（ABab） | 24.16 ± 0.40（Aab） | 3.94 ± 0.14（ABb） |
| ADE | 0.611 ± 0.034（BCc） | 0.079 ± 0.008（ABbc） | 22.51 ± 0.98（Aab） | 3.49 ± 0.35（Bbc） |
| CK | 0.563 ± 0.019（Cc） | 0.074 ± 0.010（Bc） | 22.18 ± 0.42（Ab） | 3.35 ± 0.23（Bc） |

由表 4-12 可以看出，株鲜重从高到低的顺序为处理 AB、处理 ACE、处理

ADE、CK，且处理 AB、ACE 与处理 ADE 和 CK 差异极显著，处理 AB 显著高于处理 ACE；处理 AB 地上部干重极显著高于 CK，但与处理 ACE 差异不显著，显著高于处理 ADE；地下部鲜重从高到低同地上部鲜重，且处理 AB 极显著高于处理 ADE 和 CK，处理 AB 显著高于处理 ACE，处理 ACE 极显著高于处理 ADE 和 CK；地下部干重处理 AB、ACE 和 ADE 三个处理间差异不显著，但三者均显著高于 CK。

由表 4-13 可以看出，地上部鲜重从高到低的顺序为处理 AB、处理 ACE、处理 ADE、CK，且处理 AB 极显著高于其他各个处理，处理 ACE 极显著高于处理 ADE 和 CK，但处理 ADE 和 CK 差异不显著；地上部干重与地上部鲜重有着相同的变化趋势，处理 AB 显著高于处理 ADE，极显著高于 CK，处理 ADE 与 CK 之间仍然差异不显著；处理 AB 的地下部鲜重显著高于 CK，但与其他处理之间差异不显著；处理 AB 的地下部干重极显著高于处理 ADE 和 CK，显著高于处理 ACE。处理 ACE 与处理 ADE、处理 ADE 与 CK 差异均不显著。

综合两年的地上部和地下部干鲜重可以看出，处理 AB 最有利于植株干物质积累，是最理想的栽培基质，其次为处理 ACE，处理 ADE 与 CK 相比较优势不明显。

**4. 不同基质配方对番茄结果状况的影响**

表 4-14　番茄结果状况（2009 年）

| 处理 | 株均重量（kg） | 株均数量（个） | 单果重（g） | 结果时长 |
|---|---|---|---|---|
| AB | 2.16 | 10.67 | 202.85 | 9.12–11.9 |
| ACE | 2.07 | 10.42 | 198.60 | 9.12–11.9 |
| ADE | 1.97 | 10.08 | 195.45 | 9.12–11.5 |
| CK | 1.70 | 8.79 | 192.89 | 9.12–11.5 |

表 4-15　番茄结果状况（2010 年）

| 处理 | 株均重量（kg） | 株均数量（个） | 单果重（g） | 结果时长 |
|---|---|---|---|---|
| AB | 2.27 | 10.54 | 215.06 | 9.14–11.14 |
| ACE | 2.04 | 10.22 | 199.61 | 9.14–11.15 |
| ADE | 1.91 | 9.65 | 197.93 | 9.14–11.10 |
| CK | 1.74 | 8.96 | 194.74 | 9.14–11.10 |

表 4-14 可以看出，不同基质配方对番茄结果状况有着明显的影响。株均产量从高到低的顺序为处理 AB、处理 ACE、处理 ADE、CK；株均结果数和单果重与株均

产量有相同的变化趋势；结果时长处理 AB 和处理 ACE 比处理 ADE 和 CK 稍长。

由表 4-15 可以看出，总体上 2010 年试验的结果表现基本同 2009 年。

从 2009—2010 年产量表中可以看出，株均产量处理 AB 比 CK 增加 27.06%—30.46%，处理 ACE 比 CK 的增加 17.24%—21.76%，处理 ADE 比 CK 的增加 9.77%—15.88%；单果重处理 AB 比 CK 增加 5.16%—10.43%，处理 ACE 比 CK 的增加 2.5%—2.96%，处理 ADE 比 CK 的增加 1.33%—1.6%。

因此，从产量状况来看，处理 AB 是理想的番茄栽培基质，其次为处理 ACE，而处理 ADE 效果不是很明显。

有机基质是个稳定的、缓冲性较强的、具有良好根系生长环境的系统，在番茄生长特性、产量等方面，均取得了较好的效果[119]。

**5. 不同基质配方对番茄病情指数的影响**

表 4-16  不同基质配方对番茄病情指数的影响

| 处理 | 番茄叶霉病 | 番茄早疫病 |
| --- | --- | --- |
| CK | 22.07 ± 1.33（Aa） | 26.00 ± 2.00（Aa） |
| ADE | 19.13 ± 1.87（ABab） | 22.67 ± 1.53（ABab） |
| ACE | 15.22 ± 1.69（BCc） | 19.00 ± 3.00（Bbc） |
| AB | 14.80 ± 0.50（Cc） | 17.82 ± 0.34（Bc） |

注：大写字母表示 0.01 的水平；小写字母表示 0.05 的水平。

从表 4-16 表可以看出，不同基质配方对番茄病情指数产生了很大影响，处理 AB 叶霉病病情指数极显著低于处理 ADE 和 CK；处理 ACE 叶霉病病情指数显著低于处理 ADE，极显著低于 CK；处理 AB 叶霉病和早疫病病情指数均低于处理 ACE，但不显著。处理 AB 早疫病病情指数显著低于处理 ADE，极显著低于 CK；处理 ACE 早疫病病情指数低于处理 ADE，处理 ADE 也低于 CK，但不显著。由此可以看出，处理 AB 可有效降低秋茬番茄叶霉病和早疫病的发生。

### （五）不同基质配方对樱桃番茄生长的影响

**1. 不同基质配方对樱桃番茄株高的影响**

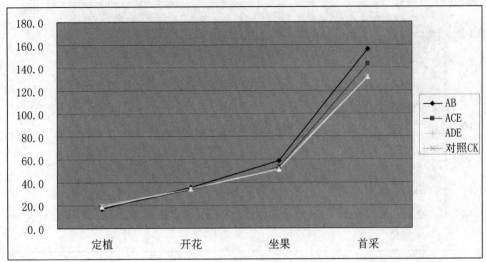

图 4-17　不同基质配方对樱桃番茄株高的影响　（单位：cm）

表 4-17　不同基质配方对樱桃番茄株高的影响　（单位：cm）

| 处理 | 坐果期 | 首采期 |
| --- | --- | --- |
| AB | 58.63 ± 1.18（Aa） | 157.43 ± 1.96（Aa） |
| ACE | 52.93 ± 2.00（Bb） | 144.97 ± 2.80（Bb） |
| ADE | 52.67 ± 2.36（Bb） | 133.2 ± 1.80（Cc） |
| CK | 51.40 ± 1.44（Bb） | 131.37 ± 0.71（Cc） |

从图 4-17 和表 4-17 可以看出，在定植时秧苗高度选择基本一致的前提下，在坐果期和首采期不同基质配方对樱桃番茄的株高产生了很大的影响，处理 AB 的樱桃番茄株高在坐果期和采收后已经极显著高于其他处理；坐果期处理 ACE 的植株高度优于处理 ADE 和 CK，但不显著；采收以后处理 ACE 的株高极显著高于处理 ADE 和CK。

### 2.不同基质配方对樱桃番茄茎粗的影响

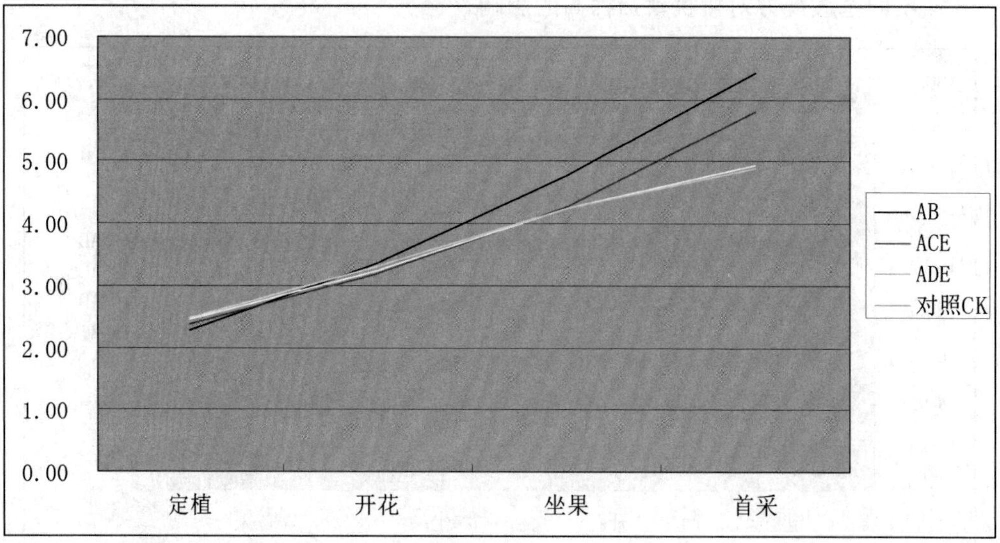

图 4-18　不同基质配方对樱桃番茄茎粗的影响　（单位：mm）

表 4-18　不同基质配方对樱桃番茄茎粗的影响　（单位：mm）

| 处理 | 坐果期 | 首采期 | 末采期 |
|---|---|---|---|
| AB | 4.77 ± 0.21（Aa） | 6.43 ± 0.23（Aa） | 7.37 ± 0.15（Aa） |
| ACE | 4.27 ± 0.25（Aab） | 5.80 ± 0.26（Bb） | 6.78 ± 0.16（Bb） |
| ADE | 4.25 ± 0.18（Ab） | 4.95 ± 0.05（Cc） | 5.62 ± 0.13（Cc） |
| CK | 4.23 ± 0.25（Ab） | 4.90 ± 0.26（Cc） | 5.42 ± 0.13（Cc） |

　　不同基质配方对樱桃番茄茎粗的影响也比较明显（图 4-18、表 4-18），进入坐果期，处理 AB 的茎粗高于处理 ACE，但不显著，显著高于处理 ADE 和 CK；进入采收期以后，处理 AB 的茎粗极显著高于其他各个处理，处理 ACE 也极显著高于处理 ADE 和 CK，但处理 ADE 和 CK 差异不显著。

　　以上可以看出，不同基质配方对于樱桃番茄植株生长产生了明显的影响，其中处理 AB 能够为樱桃番茄健壮株的形成提供更为适宜的环境条件，利于樱桃番茄健壮株的培养。

### 3. 不同基质栽培对樱桃番茄地上、地下部分的影响

表 4-19 不同基质配方对樱桃番茄干重和鲜重的影响

| 处理 | 株鲜重（kg） | 株干重（kg） | 根鲜重（g） | 根干重（g） |
|------|------------|-------------|------------|-----------|
| AB | 0.82 ± 0.03（Aa） | 0.115 ± 0.015（Aa） | 25.28 ± 2.58（Aa） | 4.70 ± 0.33（Aa） |
| ACE | 0.76 ± 0.01（Aa） | 0.106 ± 0.009（Aa） | 24.22 ± 0.44（Aa） | 4.06 ± 0.13（Bb） |
| ADE | 0.66 ± 0.05（Bb） | 0.086 ± 0.008（Ac） | 22.66 ± 1.02（Aa） | 3.66 ± 0.23（Cc） |
| CK | 0.58 ± 0.03（Bc） | 0.084 ± 0.011（Ac） | 22.31 ± 0.44（Ab） | 3.40 ± 0.32（Cc） |

如上表，处理 AB 的株鲜重极显著高于处理 ADE 和 CK，但与处理 ACE 差异不显著；处理 AB 的株干重显著高于处理 ADE 和 CK，与处理 ACE 差异仍然不显著；处理 AB 的根鲜重显著高于 CK，与处理 ACE 和 ADE 差异不显著；处理 AB 的根干重极显著高于其他各个处理，处理 ACE 也极显著高于处理 ADE 和 CK，但处理 ADE 和 CK 之间差异不显著。

由此可以看出，处理 AB 有利于植株营养生长，更有利于植株干物质的积累。为产量的形成奠定了基础。

### 4. 不同基质配方对樱桃番茄产量的影响

表 4-20 不同基质配方对樱桃番茄产量的影响 （单位：kg）

| 处理 | 前期产量<br>（5.25—6.14） | 中期产量<br>（6.16—6.25） | 后期产量<br>（6.27—7.9） | 总产量<br>（5.28—7.9） |
|------|----------------------|----------------------|---------------------|--------------------|
| AB | 10.45 ± 0.36（Aa） | 15.58 ± 0.28（Aa） | 12.40 ± 2.45（Aa） | 35.88 ± 0.94（Aa） |
| ACE | 9.11 ± 1.03（Aa） | 12.59 ± 1.01（Bb） | 10.19 ± 0.32（Aa） | 30.44 ± 3.28（Bb） |
| ADE | 8.05 ± 1.05（Ab） | 11.18 ± 1.25（Bc） | 9.36 ± 1.06（Ab） | 27.84 ± 2.56（Bc） |
| CK | 7.06 ± 1.23（Ab） | 11.65 ± 3.13（Bc） | 8.74 ± 1.84（Ab） | 26.43 ± 2.17（Bc） |

注 1：大写字母表示 0.01 的水平；小写字母表示 0.05 的水平。
注 2：产量为小区产量。

不同基质配方对樱桃番茄产量方差分析结果如表 4-20 所示：前期产量，AB 处理最高，显著高于处理 ADE 和 CK，但处理 AB 的前期产量与处理 ACE 差异不显著。处理 AB 中期产量极显著高于其他各个处理，处理 ACE 显著高于处理 ADE 和 CK，但处理 ADE 和 CK 差异不显著；后期产量处理 AB 显著高于处理 ADE 和对照，与处理 ACE 差异不显著；总产量处理 AB 极显著高于其他各个处理，处理 ACE 显著高于

处理 ADE 和 CK，处理 ADE 和 CK 差异仍然不显著。

由此可知处理 AB 可以有效提高樱桃番茄的产量，增产 35.8%，其次为处理 ACE，增产 15.2%，处理 ADE 和 CK 差异不显著。

基质栽培与土壤栽培相比，在番茄形态指标、产量方面，前者明显优于后者。这可能是由于基质具有良好的理化性状，孔隙度增加，基质保持疏松状态，通气状况好，保水透水能力强。这说明基质栽培具有良好的理化性质，更有利于根系的生长和伸展，为植株生长创造良好条件，大大增强了番茄的增产潜力。

处理 AB 即草炭土（A）：炉渣（B）=6：4，在番茄形态指标、产量、病害防治等方面表现优于其他处理和对照，说明处理 AB 更适合樱桃番茄生长。

### （六）基质栽培与常规栽培灌水量对比

表 4-21　灌水量对比

| 处理 | | 灌水量（m³/亩） | | 灌水总量（m³/亩） |
|---|---|---|---|---|
| | | 定植—首采 | 首采—末采 | |
| 黄瓜 | 沟灌 | 41.239 | 201.344 | 242.583 |
| | 滴灌 | 23.51 | 114.76 | 138.27 |
| 番茄 | 沟灌 | 149.85 | 99.9 | 249.75 |
| | 滴灌 | 79.42 | 52.95 | 132.37 |

从上表可以看出，黄瓜全生育期滴灌灌水量为 138.27 m³/亩，沟灌灌水量 242.583 m³/亩，滴灌较沟灌节水 43%；番茄全生育期滴灌灌水量为 132.37m³/亩，沟灌灌水量 249.75 m³/亩，滴灌较沟灌节水 47%。由此可看出，保护地栽培滴灌较沟灌节水达到 40% 以上。

黄瓜是一种抗旱性较差的蔬菜，其需水量大且对水分敏感，在开花期以前以营养生长为主，对水分的需求明显低于结果期，当进入结果期后，主要以生殖生长为主，黄瓜连续结果，所以对水分需求量大大提高[120]。日光温室秋茬番茄的需水规律表现为"前期小""中期大""后期小"的变化规律，需水高峰同样出现在结果盛期[121]，与本试验结果相一致。

## （七）基质栽培与常规栽培施肥量对比

详见表 4-22。

表 4-22　施肥量对比

| 处理 | | 施肥量（kg/亩） | | 备注 |
|---|---|---|---|---|
| | | 底肥 | 追肥 | |
| 黄瓜 | 基质栽培 | 200（600元）（专用有机肥） | 50（150元）（专用有机肥） | 节约投入 31.8%。 |
| | 常规栽培 | 4000（900元）（普通有机肥） | 100（200元）（化肥） | |
| 番茄 | 基质栽培 | 250（750元）（专用有机肥） | | 节约投入 37.5%。 |
| | 常规栽培 | 5000（1200元）（普通有机肥） | | |

## 七、小结

### （一）不同基质配方对黄瓜生长发育的影响

试验结果表明，与 CK 相比较，处理 AB 能够为黄瓜生长发育创造更为适宜的环境条件，其黄瓜植株平均茎粗、株高表现最好，为高产奠定了一定基础；其次为处理 ACE、再次为处理 ADE；与 CK 相比较，在地上部植株平均鲜、干重，地下部根系平均鲜干重仍然是处理 AB 表现最好，其次为处理 ACE、再次为处理 ADE。

### （二）不同基质配方对黄瓜产量的影响

试验结果表明，与 CK 相比较，总体上处理 AB 结果前期结果数多，结果期短。结果数多，结果期集中，使黄瓜有效生育期缩短，为设施内下茬作物的栽培赢得了时间，利于农业设施提高生产效率；处理 ACE 虽然结果数较 CK 多，但是结果期长，对提高农业设施生产效率不利；处理 ADE 与处理 ACE 相近，但结果期仍较处理 AB 和 CK 稍长，且其结果前期结果数较少，中后期偏多，不利于设施的高效利用；CK 虽然结果期较短，但结果数明显后延，不利于设施高效利用。而且处理 AB 单株平均结果个数多，单果重大，总产量高，能够显著提高黄瓜单产和总产量，其株均单产和总产量比 CK 高 31.2%。

综合生长发育各指标及产量指标，可以认为，处理 AB 即草炭土（A）：炉渣（B）=6：4 能够为黄瓜生长发育创造比常规田园土栽培更为适宜的环境，利于其壮苗的形成，为提高黄瓜产量奠定了基础，是优异的节水型有机栽培基质；其次为处理 ACE 即草炭土（A）：稻壳（C）：粗沙（E）=5：4：1；再次为 ADE 即草炭土（A）：珍珠岩（D）：粗沙（E）=5：4：1。

### （三）不同基质配方对番茄生长发育的影响

从不同生长发育期番茄株高、茎粗的变化趋势来看，处理 AB 即配方草炭土（A）：炉渣（B）=6：4 能够为番茄创造更为适宜的生长发育环境，其次为处理 ACE 即配方草炭土（A）：稻壳（C）：粗沙（E）=5：4：1，处理 ADE 即配方草炭土（A）：珍珠岩（D）：粗沙（E）=5：4：1 表现不尽理想，与 CK 即常规田园土栽培差异不大。从地上地下部干鲜重的变化来看，仍然是处理 AB 表现最好，其次是处理 ACE，处理 ADE 与 CK 差异不大。

因此，从番茄生长发育状况来看，配方 AB（草炭土（A）：炉渣（B）=6：4 是比较理想的番茄节水型有机栽培基质，其次为配方 ACE（草炭土（A）：稻壳（C）：粗沙（E）=5：4：1。

### （四）不同基质配方对番茄产量的影响

从 2009—2010 年产量表中可以看出，株均产量处理 AB 比 CK 增加 27.06%—30.46%，处理 ACE 比 CK 的增加 17.24%—21.76%，处理 ADE 比 CK 的增加 9.77%—15.88%；单果重处理 AB 比 CK 增加 5.16%—10.43%，处理 ACE 比 CK 的增加 2.5%—2.96%，处理 ADE 比 CK 的增加 1.33%—1.6%。

因此，从产量状况来看，处理 AB 是理想的番茄栽培基质，其次为处理 ACE，而处理 ADE 效果不是很明显。

### （五）不同基质配方对樱桃番茄生长及产量的影响

不同基质配方对樱桃番茄的生长影响很明显。坐果期，处理 AB 的茎粗高于处理 ACE，但不显著，显著高于处理 ADE 和 CK；采收期以后处理 AB 株高和茎粗均极显著高于其他处理；坐果期处理 ACE 的植株高度优于处理 ADE 和 CK，但不显著；采收以后处理 ACE 的株高和茎粗均极显著高于处理 ADE 和 CK。采收期，处理 ADE 的株高和茎粗与 CK 差异均不显著。

处理 AB 的株鲜重极显著高于处理 ADE 和 CK，但与处理 ACE 差异不显著；处理 AB 的株干重显著高于处理 ADE 和 CK，与处理 ACE 差异仍然不显著；处理 AB 的根鲜重显著高于 CK，与处理 ACE 和 ADE 差异不显著；处理 AB 的根干重极显著高于其他各个处理，处理 ACE 也极显著高于处理 ADE 和 CK，但处理 ADE 和 CK 之间差异不显著。

以上可以看出，不同基质配方对于樱桃番茄植株生长产生了明显的影响，在营养生长时期，处理 AB 和处理 ACE 差异不显著，但进入生殖生长阶段，处理 AB 表现出明显的优势。处理 ADE 和 CK 差异仍然不显著。因此处理 AB 能够为樱桃番茄健壮株的形成提供更为适宜的环境条件，利于樱桃番茄健壮株的生长，更有利于植株干物质的积累，为产量的形成奠定了基础。

前期产量，AB 处理最高，显著高于处理 ADE 和 CK，但处理 AB 的前期产量与处理 ACE 差异不显著。处理 AB 中期产量极显著高于其他各个处理，处理 ACE 显著高于处理 ADE 和 CK，但处理 ADE 和 CK 差异不显著；后期产量处理 AB 显著高于处理 ADE 和 CK，与处理 ACE 差异不显著；总产量处理 AB 极显著高于其他各个处理，处理 ACE 显著高于处理 ADE 和 CK，处理 ADE 和 CK 差异仍然不显著。

由此可知，处理 AB 可以有效提高樱桃番茄的产量，增产 35.8%，其次为处理 ACE，增产 15.2%，处理 ADE 和 CK 差异不显著。

### （六）滴灌条件下不同基质栽培对作物病情指数的影响

由本试验结果也可以看出，滴灌条件下不同基质栽培对作物的病情指数影响十分显著。不同基质栽培均能降低黄瓜和番茄的病情指数，处理 AB 降低更为显著。王俊霞[92]认为滴灌技术避免了输水地面流失和深层渗漏，减少了水分蒸发，提高水分利用率，最大限度地控制了棚内湿度。通过对使用滴灌农户棚内空气湿度的测量，发现使用滴灌的大棚空气湿度比用传统浇灌的棚内空气湿度下降 15%—25%。黄瓜霜霉病、灰霉病等病虫害发病率很低。一方面，滴灌处理不仅可以降低黄瓜和番茄的病情指数，在滴灌条件下，水分的利用率特别高，提高根系活力，植株生长良好；另一方面，滴灌在不同程度上降低了温室内的空气湿度。有关研究证明，黄瓜霜霉病孢子形成与空气湿度关系非常密切，当空气湿度达到 89% 以上，霜霉病发病率显著提高。毛学森认为[94]当空气湿度达到 96% 时，霜霉病发病率最为严重。这与本试验的结果相一致。

### （七）基质栽培与常规栽培灌水量和施肥量对比

通过本试验得知，基质栽培条件下黄瓜全生育期滴灌较沟灌节水 43%；番茄全生育期滴灌较沟灌节水 47%。由此可看出，保护地果菜栽培滴灌较沟灌节水可达到 40% 以上。

基质栽培黄瓜较普通模式栽培黄瓜施肥节约投入 31.8%，基质栽培番茄较普通模式栽培番茄施肥节约投入 37.5%。

# 第五章　保护地"绿色"番茄种植集成技术研究

中国作为世界上最大的蔬菜生产国和消费国，蔬菜年产量和产值超过粮食作物[122]。

黑龙江省拥有发展蔬菜产业的优越自然条件。这里日照时间长、生产季节昼夜温差大、土壤肥沃、有机质含量高，是全国最大的绿色食品生产基地[123]。由于黑龙江省具有独特的自然优势和区位优势，夏季温和的气候可生产出南方夏季不能生产或产量很低的优质蔬菜作物，如7—9月生产的大白菜、菜豆、茄子、辣椒、番茄、洋葱、华南型黄瓜（旱黄瓜）成为全国有优势的寒地蔬菜种类[124]，销往广州、上海、北京等地，黑龙江省已经成为我国重要的"北菜南运"和"绿色蔬菜"生产基地。

黑龙江省是我国三大冷凉蔬菜生产基地之一。近些年，这里的蔬菜生产面积、产量、产能更是突飞猛进。独具特色的黑龙江冷凉蔬菜，具有绿色、天然、无污染、口感好、品质佳等突出特点。随着黑龙江省农业结构的不断优化调整和品牌战略的深入实施，蔬菜产业大市场、大流通格局初步形成，价格和档期优势为黑龙江省蔬菜"北菜南运"提供了有利契机。

黑龙江省蔬菜本地供应季节性明显。以菜豆、番茄、茄子、黄瓜为例，黑龙江省除6—10月能够本地供应外，其他月份均需外地供应[125]；黑龙江省夏秋旺季蔬菜自给率80%，冬春淡季地产鲜菜自给率不足15%，设施蔬菜发展较快的哈尔滨市冬季地产鲜菜供应尚不足5%[126]。全国蔬菜播种面积和占农作物播种面积比例稳定升高，而黑龙江省近年蔬菜播种面积，占农作物播种面积比例有所下降，蔬菜和粮食种植规范程度和种植效益远低于全国平均水平，具有较大发展空间[127]。

随着我国经济发展不断优化，人们生活质量不断提高，对环境保护意识的增强，对直接影响身心健康的食品要求更为严格，尤其是日常生活不可缺少的蔬菜，要求更为迫切，已经由注重数量向注重质量转变。随着黑龙江省蔬菜种植面积逐渐扩大，蔬菜产业的发展趋势是向规模化、标准化、集约化发展[128]，蔬菜产业结构也将进一步优化和调整。

绿色蔬菜是指按照特定生产方式生产，经专门机构认定，许可使用绿色食品标志的安全、优质、营养类食品，是"绿色食品"的重要组成部分。绿色蔬菜避免了在传统蔬菜生产中因化学农药、化学肥料大量使用及加工、运输、贮藏、销售过程中对环境所造成的污染，提高了产品档次，增加了营养价值，满足了人们的饮食需要，加快了农业科学技术转化为经济效益的速度，带动和扩大了我国出口创汇蔬菜的发展，使生态效益、经济效益和社会效益有机地结合在一起。因而，发展绿色蔬菜是保障人民身心健康、造福子孙后代、增强人们对环境保护意识的一件大事。

番茄又名西红柿，既是广大市民餐桌上的一种重要的蔬菜，又可当作水果食用，具有适应范围广、产量高、营养丰富（富含维生素 A、B、C 以及糖类）等优点，用途广泛，栽培方式多样。近年来，无论在国内还是国外，其栽培面积都在不断扩大，因此，本课题以北方高寒地区保护地生产的主栽品种番茄作为研究对象，开展绿色种植集成技术研究。

本试验于 2012 年 1 月—2014 年 8 月在黑龙江省水利科学研究院试验研究基地进行（见图 5-1），建有高标准日光节能温室 21 栋，塑料大棚 28 栋，大田喷灌、微灌面积 10hm²，水田试验区 4.5hm²，可供试验研究使用。

试验地点：1 号节能日光温室，长 50m，宽 6.5m。温室东西走向，坐北朝南，与其他温室间隔 8m，互不遮阴。覆盖无滴耐老化聚乙烯薄膜，外层覆盖保温被。

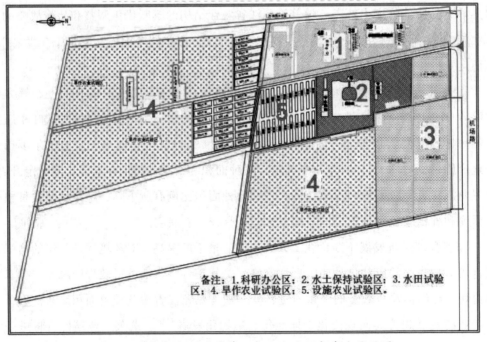

备注：1.科研办公区；2.水土保持试验区；3.水田试验区；4.旱作农业试验区；5.设施农业试验区。

图 5-1 黑龙江省水利科学研究院试验研究基地平面图

# 第一节　番茄品种筛选试验

番茄是保护地栽培的主要蔬菜种类。全国温室大棚栽培面积已达 20 万 $hm^2$。农民期望有上市早、产量高、抗病强、品质优的番茄品种，以获得好的收益。然而，国内适合保护地栽培的优良品种并不多见，农民多采用棚室露地栽培兼用品种，其耐低温弱光性能、抗病性能、畸形果率等多不理想。为实现番茄品种的更新换代、合理布局及番茄生产的可持续发展，本项目搜集了国内市场常见的栽培品种进行品种比较研究，以期筛选出综合性状突出、适合北方高寒地区设施农业栽培的优良番茄品种。

## 一、试验材料与方法

2012 年 1 月在黑龙江省水利科技试验研究中心 1 号温室内进行，共引进 8 个品种，每个品种三次重复，共 24 个小区，采用随机排列设计，株行距 40 cm×40 cm，每小区 24 株，每小区面积 5m²（见图 5-2）。膜下滴灌给水，在定植前进行铺设滴灌带和覆膜作业，滴灌带铺在栽植行边上，滴灌带上的滴头间距 40cm，植株定植穴始终与滴头保持 5cm 范围距离。病虫害防治及其他栽培管理采用常规方法。采用营养钵育苗，幼苗长至七叶一心时定植。每个品种统一留 4 穗果实，每穗果实留 4 个果，无限生长类型 4 穗果后掐尖。本试验对引进的 8 个番茄品种：从品种的生育进程、第一花序节位、花序之间间隔叶片数、畸形果、果肉薄厚、果实性状、产量及抗病性等方面进行比较试验。

引进的 8 个品种为：

1. 山东省青州市华远农业良种示范基地的"秀光 306"。

2. 北京中研益农种苗科技有限公司提供的"中研 988"。

3. 黑龙江省哈尔滨刘元凯种业有限公司提供的"金鹏 586"。

4. 北京中蔬园艺良种研究开发中心提供的"中杂 101"。

5. 辽宁省沈阳谷雨种业有限公司提供的"天瑞一号"。

6. 北京井田种苗有限公司提供的"红粉无限"。

7. 陕西省西安秦皇种苗有限公司提供的"保冠 1 号"。

8. 山东省寿光市富华生态农业开发有限公司提供的"欧顿"番茄。

图 5-2 品种引进试验区

## 二、试验数据测定

### 1. 物候期观察

试验过程中，定点跟踪观测记录各品种的播种期、出苗期、定植期、采收初期和采收末期等物候期。

### 2. 品质测定

同时取各品种第 3 穗果实 [129] 进行可溶性糖、可溶性固形物、维生素 C、糖酸比等的含量测定。番茄果实中可溶性糖含量采用蒽酮比色法测定 [130]，维生素 C 的含量采用钼蓝比色法测定。可溶性固形物含量测定采用 0.5% 手持测糖仪，每份样品测定 3 次；有机酸（指可滴定总酸，下同）含量测定采用微量碱式滴定测定。

### 3. 病情指数调查

在植株生长过程中参照胡晓辉 [84] 方法（2003）调查早疫病和叶霉病病情指数，参照《农药田间药效试验准则（一）杀菌剂防治蔬菜灰霉病》（GB/T17980.28—2000）调查灰霉病病情指数。病害分级标准见表 5-1。病情指数 =[（∑各级发病数 × 相应级严重度平均值）/ 调查总数 ] × 100 [85]。

表 5-1　番茄的病害分级标准

| 病级 | 早疫病 | 叶霉病 | 灰霉病 |
| --- | --- | --- | --- |
| 0 级 | 无病 | 无病 | 无病斑 |
| 1 级 | 病叶数占全株总叶数的 1/4 以下 | 病叶数占全株总叶数的 1/4 以下 | 5% 以下花、果发病或 1/4 以下叶片发病 |
| 2 级 | 病叶数占全株总叶数的 1/4—1/2 | 病叶数占全株总叶数的 1/4—1/2 | 5%—10% 花、果发病或 1/4—1/2 叶片发病 |

| 病级 | 早疫病 | 叶霉病 | 灰霉病 |
|---|---|---|---|
| 3 级 | 病叶数占全株总叶数的 1/2—3/4 | 病叶数占全株总叶数的 1/2—3/4 | 10%—20% 花、果发病或 1/2—3/4 叶片发病 |
| 4 级 | 几乎全株叶片都有病斑 | 几乎全株叶片都有病斑 | 20% 以上花、果发病或部分植株枯死 |
| 5 级 | 全株叶片霉烂或枯死，几乎无绿色组织 | 全株叶片霉烂或枯死，几乎无绿色组织 | 全株叶片霉烂或枯死，几乎无绿色组织 |

### 4. 产量测定

果实成熟时开始收获，每 2—3 天测产一次，每个小区分别测产，累计每次采收重量，统计小区总产，三次重复计算平均值为小区产量，从始收期开始计算 30 天采收总产量计为前期产量。其中单果重由测量 10 个果实的平均重量得出。

### 5. 数据处理

采用 Excel 和 SPSS 软件对数据进行分析处理，采用 Duncan 法进行多重比较分析。

## 三、结果与分析

### 1. 不同番茄品种生育期比较

2012 年 1 月 4 日统一时间播种，3 月 20 日统一定植。

由表 5-2 可知，番茄为 1 月 4 日播种，3 月 20 日定植，日历苗龄 75 d，中研 988 和秀光 306 的始收期最早，中杂 101、保冠 1 号和金鹏 586 次之，天瑞一号、红粉无限和欧顿采收期最晚，因此中研 988 和秀光 306 较其余 6 个品种明显早熟，说明早熟性较好。8 个品种的播种至始收需要 130—137 d，采收期为 48—58 d，始收期最晚的是红粉无限，比最早采收的品种推迟一周时间。

表 5-2  不同番茄品种生育期及生长特性比较

| 品种 | 播种期（月/日） | 定植期（月/日） | 采收始期（月/日） | 采收末期（月/日） | 播种至始收（d） | 采收天数（d） | 生育期（d） |
|---|---|---|---|---|---|---|---|
| 中杂 101 | 01/04 | 03/20 | 05/15 | 07/05 | 131 | 51 | 182 |
| 天瑞一号 | 01/04 | 03/20 | 05/19 | 07/15 | 135 | 57 | 192 |
| 金鹏 586 | 01/04 | 03/20 | 05/16 | 07/03 | 132 | 48 | 180 |
| 中研 988 | 01/04 | 03/20 | 05/14 | 07/07 | 130 | 54 | 184 |
| 红粉无限 | 01/04 | 03/20 | 05/21 | 07/18 | 137 | 58 | 195 |
| 保冠 1 号 | 01/04 | 03/20 | 05/16 | 07/10 | 132 | 55 | 187 |
| 欧顿 | 01/04 | 03/20 | 05/18 | 07/15 | 134 | 58 | 192 |
| 秀光 306 | 01/04 | 03/20 | 05/14 | 07/03 | 130 | 50 | 180 |

### 2.不同番茄品种品质比较

由表 5-3 可知，各品种之间品质具有一定的差异。

可溶性固形物含量最高的品种是中研 988 和欧盾，达到 4.6%，极显著高于其他品种，金鹏 586、天瑞一号、保冠 1 号极显著高于中杂 101、红粉无限，含量最低的是中杂 101，为 3.8%；

维生素 C 含量最高为中杂 101，达到 8.22 mg/100g，保冠 1 号维生素 C 含量极显著低于其他各个品种，含量为 7.42 mg/100g。

各品种之间可溶性糖含量，最低的品种是欧盾，为 2.28%，中研 988 显著高于金鹏 586，极显著高于其他品种，达到 4.02%；

有机酸含量，金鹏 586 和中杂 101 极显著高于其他品种；

各品种的糖酸比，中研 988 显著高于秀光 306，极显著高于其他品种，欧顿、保冠 1 号、天瑞一号极显著低于其他品种。

从各品种的整体品质可得出，中研 988 的可溶性固形物含量、维生素 C 和可溶性糖含量都属于中上水平，秀光 306 和金鹏 586 次之，其品质好于其他品种。

综合以上，中研 988、秀光 306、金鹏 586、中杂 101 果实品质方面优于其他品种。

表 5-3    不同番茄品种果实品质比较

| 品种 | 可溶性固形物含量 /% | 维生素 C/mg·（100g）$^{-1}$ | 可溶性糖 /% | 有机酸 /% | 糖酸比 |
|---|---|---|---|---|---|
| 中杂 101 | 3.8 ± 0.15Aa | 8.22 ± 0.15Bb | 3.6 ± 0.12Dd | 0.37 ± 0.030DEde | 9.73 ± 0.50 Bb |
| 天瑞一号 | 4.13 ± 0.10BCbc | 8.15 ± 0.13Bb | 2.96 ± 0.10BCb | 0.36 ± 0.045Dd | 8.22 ± 0.23 Aa |
| 金鹏 586 | 4.23 ± 0.15Ccd | 8.17 ± 0.21Bb | 3.9 ± 0.15EFf | 0.38 ± 0.028Ee | 10.26 ± 0.32Cc |
| 中研 988 | 4.6 ± 0.10De | 8.2 ± 0.16 Bb | 4.02 ± 0.10 Fg | 0.33 ± 0.028BCbc | 12.18 ± 0.20De |
| 红粉无限 | 4.0 ± 0.10ABb | 8.14 ± 0.23 Bb | 3.1 ± 0.16Cc | 0.32 ± 0.018Bb | 9.69 ± 0.23Bb |
| 保冠 1 号 | 4.1 ± 0.15BCbc | 7.42 ± 0.21 Aa | 2.86 ± 0.10 Bb | 0.34 ± 0.017 Cc | 8.41 ± 0.35 Aa |
| 欧顿 | 4.6 ± 0.12 De | 8.18 ± 0.23Bb | 2.28 ± 0.13Aa | 0.28 ± 0.028 Aa | 8.14 ± 0.15 Aa |
| 秀光 306 | 4.3 ± 0.13Cd | 8.02 ± 0.17 Bb | 3.75 ± 0.12DEe | 0.32 ± 0.038 Bb | 11.72 ± 0.20Dd |

注：同一列内，小写字母不同表示在 5% 水平上差异显著，大写字母不同表示在 1% 水平上差异显著。

### 3.番茄早熟性及果实外观比较

大多数资料表明，第一花序着生节位的高低和花序之间间隔叶片数的多少，可以反映番茄品种熟性的早晚。

从表5-4试验结果看，如果根据第一花序着生节位，可以表明所有品种都属于早熟系列，如果从两花序之间间隔的叶片数来看，中研988、金鹏586、中杂101和秀光306属于早熟品种，天瑞一号、红粉无限、保冠1号和欧顿属于中早熟品种。

从畸形果方面看，中研988、保冠1号、秀光306畸形果率较低，金鹏586次之，欧顿、中杂101、天瑞一号、红粉无限畸形果率较高，这可能与不耐低温有关。

中杂101、天瑞一号、中研988、秀光306果肉较薄，相对来说，不耐贮，但口感好，金鹏586、红粉无限、保冠1号、欧顿果肉较厚，耐贮耐运，适宜长途运输。

所以从果实早熟性、畸形率、耐贮方面综合考虑，中研988、秀光306、金鹏586好于其他几个品种。

表5-4　番茄始花节位及果实外观性状比较

| 品种 | 始花节位（节） | 始花节位（节） | 畸形果（%） | 果肉薄厚（cm） |
|---|---|---|---|---|
| 中杂101 | 3.5 | 2 | 9.2 | 0.6 |
| 天瑞一号 | 4.5 | 3 | 8.3 | 0.6 |
| 金鹏586 | 4.5 | 2 | 3.2 | 0.8 |
| 中研988 | 3.5 | 1 | 2.4 | 0.7 |
| 红粉无限 | 3.5 | 3 | 9.3 | 0.8 |
| 保冠1号 | 4.5 | 3 | 2.3 | 0.9 |
| 欧顿 | 3.5 | 3 | 7.3 | 0.8 |
| 秀光306 | 4.5 | 2 | 2.5 | 0.7 |

#### 4. 不同品种抗病性调查

在保护地番茄生产中，针对容易发生的早疫病、叶霉病和灰霉病的病情指数进行了调查，从表5-5可以看出：

早疫病：天瑞一号和红粉无限早疫病病情指数极显著高于其他品种；欧顿极显著高于其他5个试验品种。金鹏586对早疫病抗性相对较弱。中研988和秀光306抗早疫病能力强于其他品种。

叶霉病：红粉无限叶霉病病情指数最高，极显著高于其他试验品种。保冠一号极显著高于其他6个品种。天瑞一号和欧顿极显著高于中杂101、金鹏586、中研988和秀光306，说明红粉无限、保冠一号、天瑞一号和欧顿对番茄叶霉病抗性较弱。

灰霉病：红粉无限灰霉病病情指数极显著高于其他品种，说明红粉无限对灰霉病抗性也较弱。保冠1号显著高于欧顿，极显著高于金鹏586、秀光306和中研988。

中杂101和天瑞一号极显著高于金鹏586、保冠1号、欧顿、秀光306和中研988，说明中杂101和天瑞一号抗灰霉病也很弱。中研988灰霉病病情指数最低。中研988抗性最强，欧顿、秀光306和金鹏586对灰霉病也有较强抗性。

通过三种病害病情指数方差分析可以看出：

红粉无限和天瑞一号对早疫病、叶霉病和灰霉病的抗病能力最差；

欧顿对番茄早疫病和叶霉病抗性较弱，对灰霉病抗性较强；

保冠一号对叶霉病和灰霉病抗性较弱，对早疫病抗性中等；

中杂101对灰霉病抗性较弱，对早疫病抗性中等，对叶霉病抗性较强；

金鹏586对番茄早疫病抗性中等，对叶霉病和灰霉病抗性较强；

秀光306和中研988对早疫病、叶霉病和灰霉病抗性强。

表5-5　不同品种病情指数调查

| 品种 | 病情指数 | | |
| --- | --- | --- | --- |
| | 早疫病 | 叶霉病 | 灰霉病 |
| 红粉无限 | 14.88 ± 0.50Fg | 19.11 ± 1.53 Ff | 18.83 ± 1.32 Ee |
| 天瑞一号 | 14.66 ± 0.50 Fg | 10.25 ± 0.34Dd | 17.79 ± 1.50Dd |
| 欧顿 | 12.73 ± 0.24Ef | 10.18 ± 0.45Dd | 12.94 ± 0.72 BCb |
| 金鹏586 | 11.94 ± 0.26De | 8.83 ± 0.14 Cc | 12.64 ± 0.34Bb |
| 中杂101 | 10.87 ± 0.34 Cd | 9.06 ± 0.13 Cc | 18.17 ± 1.69 Dd |
| 保冠1号 | 10.17 ± 0.13Bc | 16.04 ± 1.34Ee | 13.64 ± 1.52 Cc |
| 秀光306 | 8.38 ± 0.21 Ab | 7.74 ± 0.35 Bb | 12.80 ± 1.25Bb |
| 中研988 | 7.96 ± 0.32A a | 6.41 ± 0.15Aa | 11.86 ± 0.45Aa |

注：同一列内，小写字母不同表示在5%水平上差异显著，大写字母不同表示在1%水平上差异显著。

### 5. 产量比较

前期产量

表5-6可知，中研988前期产量最高，极显著高于其他品种，秀光306次之；

欧顿前期产量高于中杂101但差异不显著，二者均极显著高于保冠一号、红粉无限、天瑞一号和金鹏586。

单果重

中研988单果最重，金鹏586次之；

天瑞一号单果重大于保冠1号但差异不显著，二者均极显著大于红粉无限、中杂 101、秀光 306 和欧顿；

秀光 306 单果重显著大于欧顿，极显著大于红粉无限和中杂 101。

小区产量及亩产量

如图 5-3 和表 5-6：

欧顿总产量最高，中研 988 次之，保冠一号和秀光 306 均低于中研 988，但均不显著；

红粉无限总产量最低，天瑞一号总产量高于中杂 101 但差异不显著；

金鹏 586 高于天瑞一号但不显著，显著高于中杂 101，极显著高于红粉无限。

表 5-6　不同品种产量比较

| 品种 | 单果重（g） | 前期产量<br>（kg/ 5m²） | 小区产量<br>（kg/ 5m²） | 单产<br>（kg/ 亩） | 位次 |
|---|---|---|---|---|---|
| 红粉无限 | 177 ± 8.52A a | 18.5 ± 3.63Aa | 45.8 ± 3.78Aa | 6106.97 | 8 |
| 中杂 101 | 181 ± 5.51ABa | 29.5 ± 3.65Dd | 48.6 ± 3.76ABb | 6480.32 | 7 |
| 天瑞一号 | 213 ± 4.62Dd | 19.3 ± 3.17 Aa | 49.5 ± 3.65 ABbc | 6600.33 | 6 |
| 金鹏 586 | 257 ± 6.23Ee | 27.5 ± 2.60 Cc | 51.5 ± 2.58BCcd | 6867.01 | 5 |
| 保冠 1 号 | 209 ± 4.61Dd | 25.1 ± 2.95 Bb | 52.5 ± 3.24 BCde | 7000.35 | 4 |
| 秀光 306 | 197 ± 4.55Cc | 32.2 ± 2.61 Ee | 53.5 ± 2.76 CDe | 7133.69 | 3 |
| 中研 988 | 270 ± 5.70Ff | 34.6 ± 2.53Ff | 54.8 ± 2.87Ce | 7307.03 | 2 |
| 欧顿 | 189 ± 3.45BCb | 29.8 ± 2.83Dd | 55.2 ± 3.35Ce | 7360.37 | 1 |

注：同一列内，小写字母不同表示在 5% 水平上差异显著，大写字母不同表示在 1% 水平上差异显著。

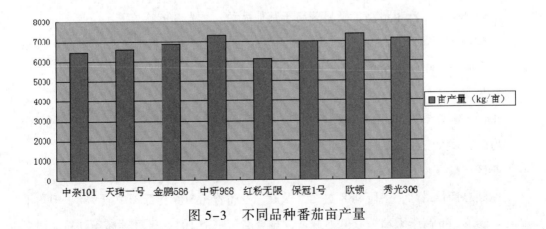

图 5-3　不同品种番茄亩产量

## 四、小结

从品种引进筛选试验结果可以看出：

### 1. 果实早熟性

中研 988 和秀光 306 早熟性较好，中杂 101 和金鹏 586 次之，这四个品种属于早熟品种，始收期最晚的是红粉无限，比最早采收的品种推迟一周时间。

### 2. 果实品质方面

中研 988、秀光 306、金鹏 586、中杂 101 果实品质方面优于其他品种；

中杂 101、天瑞一号、中研 988、秀光 306 果肉较薄，相对来说，不耐贮，但口感好，金鹏 586、红粉无限、保冠 1 号、欧顿果肉较厚，耐贮耐运，适宜长途运输。

### 3. 畸形果

从畸形果方面看，中研 988、保冠 1 号、秀光 306 畸形果率较低，金鹏 586 次之，欧顿、中杂 101、天瑞一号、红粉无限畸形果率较高。所以从果实早熟性、畸形果率、耐贮方面综合考虑，中研 988、秀光 306、金鹏 586 好于其他几个品种。

### 4. 抗病性

通过三种病害病情指数方差分析可以看出：

红粉无限、天瑞一号、欧顿和保冠一号对早疫病、叶霉病和灰霉病的抗病能力较弱；

中杂 101 对灰霉病抗性较弱，对早疫病抗性中等，对叶霉病抗性较强；

金鹏 586 对番茄早疫病抗性中等，对叶霉病和灰霉病抗性较强；

秀光 306 和中研 988 对早疫病、叶霉病和灰霉病抗性强。

### 5. 产量方面

前期产量

中研 988 前期产量最高，极显著高于其他品种，秀光 306 次之；

欧顿前期产量高于中杂 101 但差异不显著，二者均极显著高于保冠一号、红粉无限、天瑞一号和金鹏 586。

单果重

中研 988 单果最重，金鹏 586 次之；天瑞一号单果重大于保冠 1 号但差异不显著，二者均极显著大于红粉无限、中杂 101、秀光 306 和欧顿。

小区产量

欧顿总产量最高，中研 988 次之，保冠一号和秀光 306 均低于中研 988，但均不显著。金鹏 586 高于天瑞一号但不显著，显著高于中杂 101，极显著高于红粉无限。天瑞一号总产量高于中杂 101 但差异不显著，红粉无限总产量最低。

综上，中研 988 和秀光 306 早熟性、品质、畸形果、抗病性、前期产量等方面明显优于其他品种，是适合北方地区保护地春季栽培的优良品种。金鹏 586 和中杂 101 早熟性、品质、抗病性方面较好，但中杂 101 产量稍低。欧顿总产量高，但畸形果较多，抗病性稍差，适合大棚春季栽培。保冠一号、红粉无限和天瑞一号抗病性较差。

# 第二节　补光试验

在我国北方高寒地区，栽培设施和栽培技术有了很大进展，冬季温室生产面积在不断扩大，然而温室覆盖材料老化，棚室骨架结构遮阴，以及受深秋、冬季和早春季节性不良气候条件的影响，经常会造成光照时间短，光照强度弱，使喜强光照的蔬菜长期生长在弱光下，导致植株营养体生长不健壮，落花落果现象严重，果实发育缓慢，含糖量大大降低，产量下降，品质变劣，表现为弱光胁迫[131]。北方高寒地区日光温室要达到安全高效生产，关键要克服冬季低温寡照的不良环境条件带来的影响。因此在冬季温室生产中，采取人工补光的方式来改善光照条件、增加光照，是促进日光温室蔬菜生产高产、高效的一项重要举措。

本试验在北方早春番茄育苗过程中，研究了补光对番茄幼苗各项指标的影响，以期为高寒地区保护地番茄补光提供一定理论依据。

## 一、试验材料与试验方法

### （一）试验材料

供试番茄品种为秀光 306、中研 988 及金鹏 586，以当地常规栽培品种为对照（CK）（见图 5-4）。

### （二）试验方法

试验于 2013 年在黑龙江省水科院水利科技试验研究中心温室内进行，1 月 20 日播种，2 月 9 日第 2 片真叶展开分苗，试验番茄与 CK 按照同样方法浸种催芽，在播种出苗后开始用补光灯照射，照射高度距离土壤表面 50 cm，照射时间为每天日落后 4 h。以采取太阳光正常照射为对照（CK）。

### （三）茎粗、株高及壮苗指数的测定

分苗缓苗后，从 2013 年 2 月 20 日开始，每 10d 测定 1 次，连续测 4 次，2013 年 3 月 22 日结束。选取有代表性的幼苗 3 株测量茎粗、株高、地上植株及地下根系干质量，取平均值，计算幼苗壮苗指数。壮苗指数 = 茎粗 / 株高 × 植株干重[132]。使用游标卡尺测定幼苗茎基部的茎粗，使用直尺测定幼苗株高，地上植株及地下根系干质量采用烘干法测定（如图 5-5）。

### （四）补光对番茄开花时间的影响

选取有代表性的幼苗 5 株进行观察。当有 4 株（含 4 株）以上开花时记录开花时间[133]。

### （五）病情指数

在植株生长过程中调查早疫病、叶霉病、灰霉病病情指数及计算方法同第一节番茄品种筛选试验中的计算方法。

图 5-4　补光试验区

图 5-5　壮苗指数测定

## 二、结果与分析

### （一）补光对番茄幼苗茎粗的影响

从表 5-7 可以看出，补光对幼苗茎粗有很大影响，2 月 20 日中研 988 高于秀光 306、金鹏 586 但不显著，而显著高于 CK；秀光 306 高于金鹏 586 和 CK 但不显著。3 月 2 日 中研 988 极显著高于 CK，高于秀光 306 但不显著，显著高于金鹏 586；秀光 306 显著高于 CK，高于金鹏 586 但不显著。3 月 12 日 中研 988、秀光 306 和金鹏 586 均极显著高于 CK，中研 988 和秀光 306 显著高于金鹏 586；3 月 22 日 3 个试验品种的茎粗均极显著高于 CK。综上，补光在幼苗生长前期由于作用时间短，效果不明显，随着光照的延长，对茎粗影响很大，促进了壮苗的形成。

表 5-7　补光对番茄幼苗茎粗的影响　　　　（cm）

| 品种 | 测定日期 / 月 . 日 | | | |
| --- | --- | --- | --- | --- |
| | 2.20 | 3.2 | 3.12 | 3.22 |
| 秀光 306 | 0.172 ± 0.006Aab | 0.219 ± 0.004ABab | 0.327 ± 0.007Aa | 0.528 ± 0.006Aa |
| 中研 988 | 0.175 ± 0.002Aa | 0.224 ± 0.003Aa | 0.328 ± 0.003Aa | 0.533 ± 0.005Aa |

续表 5-7

| 品种 | 测定日期 / 月 . 日 | | | |
| --- | --- | --- | --- | --- |
| | 2.20 | 3.2 | 3.12 | 3.22 |
| 金鹏 586 | 0.170 ± 0.003Aab | 0.208 ± 0.01ABbc | 0.316 ± 0.004Ab | 0.523 ± 0.007Aa |
| CK | 0.166 ± 0.002Ab | 0.202 ± 0.006Bc | 0.301 ± 0.003Bc | 0.493 ± 0.017Bb |

注：同一列内，小写字母不同表示在 5% 水平上差异显著，大写字母不同表示在 1% 水平上差异显著。

### （二）补光对番茄幼苗株高的影响

从表 5-8 可以看出，2 月 20 日和 3 月 2 日中研 988 和秀光 306 株高极显著高于CK。3 月 12 日中研 988 的株高极显著高于CK，秀光 306 和金鹏 586 高于CK但不显著。3 月 22 日 3 个供试品种均极显著高于CK；且中研 988 极显著高于金鹏 586，显著高于秀光 306。综上，补光灯照射大大促进了番茄幼苗株高的生长。

表 5-8　补光对番茄幼苗株高的影响　　　　（cm）

| 品种 | 测定日期 / 月 . 日 | | | |
| --- | --- | --- | --- | --- |
| | 2.20 | 3.2 | 3.12 | 3.22 |
| 秀光 306 | 5.05 ± 0.14ABb | 7.09 ± 0.17ABa | 9.59 ± 0.11ABab | 14.36 ± 0.36ABb |
| 中研 988 | 5.28 ± 0.10Aa | 7.35 ± 0.16Aa | 10.68 ± 1.15Aa | 15.14 ± 0.42Aa |
| 金鹏 586 | 4.73 ± 0.10BCc | 6.68 ± 0.16BCb | 9.25 ± 0.15ABb | 13.85 ± 0.35Bb |
| CK | 4.62 ± 0.08Cc | 6.51 ± 0.11Cb | 8.54 ± 0.11Bb | 12.90 ± 0.08Cc |

注：同一列内，小写字母不同表示在 5% 水平上差异显著，大写字母不同表示在 1% 水平上差异显著。

### （三）补光对番茄幼苗壮苗指数的影响

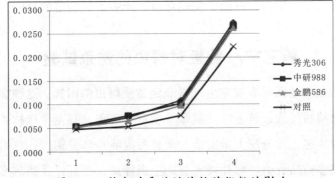

图 5-6　补光对番茄幼苗壮苗指数的影响

从图 5-6 可以看出，三个品种的壮苗指数在试验处理前期略高于 CK，随着补光时间的延长，壮苗指数明显高于 CK，因此补光能显著提高早春番茄幼苗壮苗指标。

### （四）补光对番茄开花时间的影响

补光处理三个品种番茄从播种到开花平均时间为 66d，CK 番茄从播种到开花时间为 75 d，说明补光可以有效促进番茄开花，有利于番茄的提早上市，特别是对北方早春温室生产番茄有着很重要的影响。

### （五）补光对番茄病情指数的影响

从表 5-9 可知，补光处理的番茄病情指数均极显著低于 CK，表明补光处理大大提高了早春温室番茄的抗病能力，为生产绿色蔬菜提供了强有力保障。

表 5-9　补光对番茄病情指数的影响

| 品种 | 病情指数 | | |
|---|---|---|---|
| | 早疫病 | 灰霉病 | 叶霉病 |
| 秀光 306 | 12.90 ± 0.32Bb | 15.24 ± 0.11Bb | 17.79 ± 0.13Bc |
| 中研 988 | 12.86 ± 0.06Bb | 15.16 ± 0.08Bb | 17.70 ± 0.05Bc |
| 金鹏 586 | 12.94 ± 0.04Bb | 15.62 ± 0.13Bb | 18.17 ± 0.20Bb |
| CK | 13.64 ± 0.39Aa | 17.11 ± 0.75Aa | 18.83 ± 0.25Aa |

注：同一列内，小写字母不同表示在 5% 水平上差异显著，大写字母不同表示在 1% 水平上差异显著。

### 三、小结

育苗是保护地春季番茄生产中的关键环节。幼苗品质直接关系到幼苗定植后的生长状况[134]。在育苗生产过程中常用的是控温、控水、防病等手段，从而实现植株地上部器官和地下部根系的协调生长，从而促进幼苗定植初期快速适应新的生长环境。该试验结果表明，番茄苗期补光能够明显促进协调植物器官的生长，具有提高植株壮苗指数、提高抗病性的作用，有助于实现育苗生产中培育壮苗的目的。

## 第三节　黄板对蚜虫的诱杀试验

近几年，哈尔滨地区早春温室生产番茄经常受蚜虫的困扰。这种害虫虫体微小，成虫和若虫吸食植物汁液，被害叶片褪绿、变黄、萎蔫，甚至全株枯死。由于其种群数量庞大，群聚为害，并分泌大量蜜液，严重污染叶片和果实，往往引起煤污病的大发生，使蔬菜失去商品价值。叶片被害处产生退绿斑，而且经常招致霉菌发生。此外由于繁殖力强，繁殖速度快，世代重叠、易产生抗药性等特点。常规化学防治一般用药量大、施药频繁，单纯依靠化学防治难以控制种群数量，而且常造成害虫抗药性增加、果实农药残留偏高等问题。此虫对黄色具有强烈的正趋性，黄板诱杀是一种有效的物理防治措施。

## 一、试验材料与方法

本试验采用正交试验设计方法，研究了不同悬挂高度和不同摆放位置的黄板对蚜虫的诱杀效果，以期为生产中利用黄板防治温室蚜虫提供有效方法。

### （一）试验材料

供试黄板购自北京利得农业科技有限公司，规格为40cm×25cm。供试番茄品种为秀光306，2013年1月20日播种，2月9日分苗，3月22日定植，每畦定植2行，共计24株，行距40cm，株距40cm。

### （二）试验方法

试验采用L9（$3^4$）正交设计，悬挂高度（A）、距出口距离（B）和距北墙距离（C）三个因素进行研究，每个因素设3个水平，因素和水平列于表5-10，试验共有9个处理，3次重复，随机区组排列，共27个小区，正交设计见表5-11。

表5-10　正交试验因素及水平

| 水平 | 悬挂高度（A）/m | 距出口距离（B）/m | 距北墙距离（C）/m |
| --- | --- | --- | --- |
| 1 | 同植株高度 | 15 | 1.5 |
| 2 | 高出植株0.2 | 30 | 3.0 |
| 3 | 高出植株0.4 | 45 | 4.5 |

表5-11 正交设计表

| 试验号/因素 | 悬挂高度（A） | 距出口距离（B） | 距北墙距离（C） |
| --- | --- | --- | --- |
| 1 | A1 | B1 | C1 |
| 2 | A1 | B2 | C2 |
| 3 | A1 | B3 | C3 |
| 4 | A2 | B1 | C2 |
| 5 | A2 | B2 | C3 |
| 6 | A2 | B3 | C1 |
| 7 | A3 | B1 | C3 |
| 8 | A3 | B2 | C1 |
| 9 | A3 | B3 | C2 |

### （三）数据调查和分析

如图 5-7，放置黄板后每 7 d 调查 1 次每片黄板诱杀的害虫数量，连续调查 21 d。用 SPSS11.0 for Windows 进行统计分析。

图 5-7　黄板诱杀蚜虫试验区

## 二、结果与分析

### （一）黄板对蚜虫的诱杀试验

正交试验黄板诱杀害虫数量调查结果列于表 5-12。

表 5-12　黄板诱杀害虫 L9（$3^4$）正交试验设计与结果

| 编号 | 组合 | 7 d 诱杀虫量 / 头 | 14 d 诱杀虫量 / 头 | 21 d 诱杀虫量 / 头 |
|:---:|:---:|:---:|:---:|:---:|
| 1 | A1 B1 C1 | 27 | 34.3 | 55.3 |
| 2 | A1 B2 C2 | 32.7 | 48 | 86.7 |
| 3 | A1 B3 C3 | 38.7 | 42.3 | 66 |
| 4 | A2 B1 C2 | 40.7 | 56.7 | 90.3 |
| 5 | A2 B2 C3 | 50.3 | 62.3 | 109 |
| 6 | A2 B3 C1 | 65 | 86 | 122.7 |
| 7 | A3 B1 C3 | 18.3 | 15 | 33 |
| 8 | A3 B2 C1 | 35.3 | 45.3 | 60.7 |
| 9 | A3 B3 C2 | 30 | 45 | 79.3 |

1）表中诱杀虫量是 3 次重复的平均值。2）A、B、C 分别代表黄板悬挂高度、黄板距出口距离、黄板距北墙距离三个因素；1、2、3 分别代表各因素的三个水平。

### 1. 对第 7 天诱杀蚜虫数量进行分析

表 5-13　主因素效应的检验

| 源 | Ⅲ型平方和 | df | Mean Square | F | Sig. |
|---|---|---|---|---|---|
| 校正模型 | 1480.080（a） | 6 | 246.680 | 33.603 | .029 |
| 截距 | 12693.778 | 1 | 12693.778 | 1729.136 | .001 |
| A | 975.396 | 2 | 487.698 | 66.434 | .015 |
| B | 395.082 | 2 | 197.541 | 26.909 | .036 |
| C | 109.602 | 2 | 54.801 | 7.465 | .118 |
| 误差 | 14.682 | 2 | 7.341 | | |
| 总计 | 14188.540 | 9 | | | |
| 校正的总计 | 1494.762 | 8 | | | |

注：① a .R 方 = 0.990（调整 R 方 =0 .961）；② A 代表悬挂高度，B 代表距出口距离，C 代表距北墙距离。

由主因素效应检验表 5-13 可见，方差分析检验结果表明，各因素对诱杀蚜虫数量的影响作用的大小顺序依次为 A>B>C，即悬挂高度 > 黄板距出口距离 > 黄板距北墙距离，且黄板悬挂高度和距出口距离影响程度达到 0.05 显著水平，黄板距北墙的距离对诱杀蚜虫数量影响效果不显著。

进一步进行各因素各水平多重比较。

表 5-14　各因素各水平平均数的多重比较　（Duncan 法 a=0.05）

| 因素 | 平均数 | 显著性 | 因素 | 平均数 | 显著性 | 因素 | 平均数 | 显著性 |
|---|---|---|---|---|---|---|---|---|
| A1 | 32.8000 | a | B1 | 28.6667 | a | C1 | 42.4333 | a |
| A2 | 52.0000 | b | B2 | 39.4333 | b | C2 | 34.4667 | a |
| A3 | 27.8667 | a | B3 | 44.5667 | b | C3 | 35.7667 | a |

由表 5-14 多重比较结果表明，黄板悬挂高出番茄生长点 0.2m 诱杀蚜虫数量要显著多于黄板悬挂同植株一样高度和高出番茄生长点 0.4m；黄板距出口 30m 和 45m 诱杀蚜虫的数量显著高于距出口 15m；黄板距北墙 1.5m 诱杀蚜虫数量高于距北墙 3m 和 4.5m，但不显著。

### 2. 对第 14 天诱杀蚜虫数量进行分析

表 5-15　主因素效应的检验

| 源 | III型平方和 | df | 均方 | F | Sig. |
|---|---|---|---|---|---|
| 校正模型 | 3039.367（a） | 6 | 506.561 | 108.368 | .009 |
| 截距 | 21015.334 | 1 | 21015.334 | 4495.793 | .000 |
| A | 1864.082 | 2 | 932.041 | 199.391 | .005 |
| B | 811.416 | 2 | 405.708 | 86.793 | .011 |
| C | 363.869 | 2 | 181.934 | 38.921 | .025 |
| 误差 | 9.349 | 2 | 4.674 | | |
| 总计 | 24064.050 | 9 | | | |
| 校正的总计 | 3048.716 | 8 | | | |

注：① a .R 方 = 0.997（调整 R 方 =0 .988）；② A 代表悬挂高度，B 代表距出口距离，C 代表距北墙距离。

　　由主因素效应检验表 5-15 可见，方差分析检验结果表明，各因素对诱杀蚜虫数量的影响作用的大小顺序依次为 A>B>C，即悬挂高度 > 黄板距出口距离 > 黄板距北墙距离，且黄板悬挂高度对诱杀蚜虫数量影响达到极显著水平，黄板距北墙距离和距出口距离影响程度达到 0.05 显著水平。

　　进一步进行各因素各水平多重比较。

表 5-16　各因素各水平平均数的多重比较 （Duncan 法 a=0.05）

| 因素 | 平均数 | 显著性 | 因素 | 平均数 | 显著性 | 因素 | 平均数 | 显著性 |
|---|---|---|---|---|---|---|---|---|
| A1 | 41.5333 | a | B1 | 35.3333 | a | C1 | 55.2000 | b |
| A2 | 68.3333 | b | B2 | 51.8667 | b | C2 | 49.9000 | b |
| A3 | 35.1000 | | B3 | 57.7667 | b | C3 | 39.8667 | a |

　　由表 5-16 多重比较结果表明，黄板悬挂高出番茄生长点 0.2m 诱杀蚜虫数量要显著多于黄板悬挂同植株一样高度和高出番茄生长点 0.4m；黄板距出口 30m 和 45m 诱杀蚜虫的数量显著高于距出口 15m；黄板距北墙 1.5m 和 3m 诱杀蚜虫数量显著高于距北墙 4.5m，这与第七天观察的结果一致。

### 3. 对第 21 天诱杀蚜虫数量进行分析

表 5-17　主因素效应的检验

| 源 | Ⅲ型平方和 | df | 均方 | F | Sig. |
|---|---|---|---|---|---|
| 校正模型 | 6020.767（a） | 6 | 1003.461 | 13.338 | .071 |
| 截距 | 54912.111 | 1 | 54912.111 | 729.912 | .001 |
| A | 4046.889 | 2 | 2023.444 | 26.896 | .036 |
| B | 1575.529 | 2 | 787.764 | 10.471 | .087 |
| C | 398.349 | 2 | 199.174 | 2.648 | .274 |
| 误差 | 150.462 | 2 | 75.231 | | |
| 总计 | 61083.340 | 9 | | | |
| 校正的总计 | 6171.229 | 8 | | | |

注：① a .R 方 = 0.976（调整 R 方 =0 .902）；② A 代表悬挂高度，B 代表距出口距离，C 代表距北墙距离。

通过对第 21 天诱杀蚜虫数量主因素效应检验表 5-17 可见，方差分析检验结果表明，各因素对诱杀蚜虫数量的影响作用的大小顺序依次为悬挂高度＞黄板距出口距离＞黄板距北墙距离，黄板悬挂高度对诱杀蚜虫数量影响达到显著水平，黄板距北墙距离和距出口距离影响程度不显著，这可能是因为温室番茄生长后期，由于室外温度的升高，温室需要揭开前沿棚膜进行降温影响了蚜虫诱杀的数量。

进一步进行各因素各水平多重比较。

表 5-18　各因素各水平平均数的多重比较 （Duncan 法 a=0.05）

| 因素 | 平均数 | 显著性 | 因素 | 平均数 | 显著性 | 因素 | 平均数 | 显著性 |
|---|---|---|---|---|---|---|---|---|
| A1 | 69.3333 | a | B1 | 59.5333 | a | C1 | 79.5667 | a |
| A2 | 107.3333 | b | B2 | 85.4667 | ab | C2 | 85.4333 | a |
| A3 | 57.6667 | a | B3 | 89.3333 | b | C3 | 69.3333 | a |

由表 5-18 多重比较结果表明，黄板悬挂高出番茄生长点 0.2m（A2）诱杀蚜虫数量显著高于黄板悬挂同植株一样高（A1）和高出番茄 0.4m（A3）；黄板距出口距离 B3＞B2＞B1，说明距离出口越远诱杀蚜虫数量越多；黄板距北墙距离各水平之间差异不显著。

### 三、小结

研究结果表明，黄板对温室番茄的主要害虫蚜虫有诱杀作用，可以作为温室蚜虫的防治措施。同时，黄板放置高度、距出口的距离和距北墙的距离等因素对诱杀害虫的数量有重要影响。

本试验通过对悬挂黄板后第 7 天、第 14 天和第 21 天诱杀蚜虫数量的分析，黄板悬挂高度对诱杀蚜虫数量影响极显著，悬挂高于番茄植株生长点 0.2m 效果最好；黄板距出口距离对诱杀蚜虫数量有显著影响，距出口距离越远诱杀蚜虫数量越多，距北墙距离越近诱杀效果较好，有助于提高防治效果，这与侯茂林等的研究结果一致[135]。

对于诱杀虫量没有显著影响的因素，可以取其任意水平；而对于有显著影响的因素，则最好取最佳水平。通过综合比较分析，试验得出黄板诱杀蚜虫的三因素最佳组合为 A2B3C1，即：黄板悬挂高于番茄植株生长点 0.2m，距出口距离 45m，距北墙距离 1.5m，诱虫数量最大，与本试验正交设计处理 6 相吻合。

据此提出，生产中利用黄板防治温室蚜虫，在温室内高于植株生长点 0.2m 左右悬挂，并且在温室内侧距出口较远处和温室北侧增加放置密度，将有助于提高防治效果。

试验结果显示黄板在温室内侧距出口较远处诱杀蚜虫数量多于距出口较近处，表明温室里面发生数量较多。原因可能是温室内侧的温湿度等环境条件更适宜害虫的生长和繁殖。尽管温室内侧虫量多于靠近出口处，也应在靠近出口处放置黄板，以防止外部虫源经出口进入温室内部。

## 第四节　集成技术试验

### 一、试验设计

2013 年 12 月 10 日播种，12 月 15 日开始出苗，2014 年 1 月 4 日第 2 片真叶展开分苗，2014 年 2 月 25 日生理苗龄 7 叶 1 心定植。

试验采用 L9（3⁴）正交设计，品种（A）、栽培基质（B）和补光时间（C）三因素三水平试验（表 5-19）。共 9 个处理，3 次重复，随机区组排列，共 27 个小区。每小区面积 5m²，定植 2 行，共计 24 株，行距 40cm，株距 40cm，采用膜下滴灌给水，滴灌带铺在栽植行边上，滴灌带上的滴头间距 40 cm，植株定植穴始终与滴头保持 5cm 距离。

番茄品种：通过品种引进试验，优选出三个品种，分别为金鹏 586（A1）、秀光 306（A2）和中研 988（A3）。

栽培基质共设三个处理，分别为：

处理 $B_1$：草炭土：炉渣 =6：4；

处理 $B_2$：草炭土：稻壳：粗沙 =5：4：1；

处理 $B_3$：草炭土：珍珠：粗沙 =5：4：1。

有机肥采取基质总量的 5% 配入，以上均为体积比。栽培槽采用红砖砌成，经混凝土抹平，栽培槽内侧宽 75cm、长 550cm，高 40cm。

补光试验：由于番茄苗龄期较长，番茄育苗又恰好在北方寒冷地区每年光照时间最短、光照强度最弱、最寒冷的季节，育苗温室为了保温，通常早晨很晚揭开棉被，下午很早盖上棉被，这样就大大缩短了秧苗光照时间。据统计，番茄育苗期间，可接受自然光照平均 7 小时 / 天，因此在番茄苗期进行补光试验，在育苗温室棉被盖上后分别设置补光时间为 2 小时（C1）、4 小时（C2）和 6 小时（C3）三个处理。（见表 5-19）

表 5-19　正交设计表

| 试验号 / 因素 | 品种（A） | 基质（B） | 补光时间（C） |
| --- | --- | --- | --- |
| 1 | A1 | B1 | C1 |
| 2 | A1 | B2 | C2 |
| 3 | A1 | B3 | C3 |
| 4 | A2 | B1 | C2 |
| 5 | A2 | B2 | C3 |
| 6 | A2 | B3 | C1 |
| 7 | A3 | B1 | C3 |
| 8 | A3 | B2 | C1 |
| 9 | A3 | B3 | C2 |

## 二、试验数据采集及处理

温室小气候观测包括室内空气温度、湿度、土壤温度、温室内光照强度等，均采用温室环境自动监测系统进行自动监测。

株高和茎粗、植株地上部分和地下部分干重、补光对番茄开花时间的影响、病情指数调查等测定方法参照第二节补光试验。

产量：从开始采收到结束，每个处理小区单独测产，每 2—3 天测一次。一直持续到拉秧，累计产量。

图 5-8　试验温室

图 5-9　测定室内光强

图 5-10　测定室外光强

图 5-11　补光不同处理

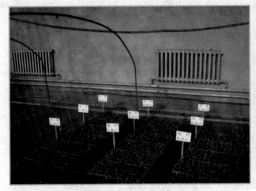

图 5-12    番茄育苗期

图 5-13    番茄定植前

图 5-14    田间试验区

图 5-15    采收期

## 三、结果与分析

### （一）不同栽培模式对秧苗株高的影响

表 5-20    主因素效应的检验

| 源 | Ⅲ型平方和 | df | 均方 | F | Sig. |
|---|---|---|---|---|---|
| 校正模型 | 24.267（a） | 6 | 4.044 | 70.000 | .014 |
| 截距 | 2679.788 | 1 | 2679.788 | 46380.942 | .000 |
| A | 5.662 | 2 | 2.831 | 49.000 | .020 |
| B | .669 | 2 | .334 | 5.788 | .147 |
| C | 17.936 | 2 | 8.968 | 155.212 | .006 |
| 误差 | .116 | 2 | .058 | | |
| 总计 | 2704.170 | 9 | | | |
| 校正的总计 | 24.382 | 8 | | | |

注：①a .R 方 = 0.995（调整 R 方 =0.981）；②A 指品种，B 指基质，C 指补光时间。

由主因素效应检验表 5-20 可见，方差分析检验结果表明，品种和补光时间对番茄的株高有显著的影响，且补光时间显著水平达到 0.01，品种显著水平达到 0.05。说明在番茄育苗期间，在选择适宜栽培品种的前提下，幼苗对光照的要求更为严格，基质对株高影响相对较小。

进一步进行各因素各水平多重比较。

表 5-21　各因素各水平平均数的多重比较　（Duncan 法 a=0.05）

| 因素 | 平均数 | 显著性 | 因素 | 平均数 | 显著性 | 因素 | 平均数 | 显著性 |
|------|--------|--------|------|--------|--------|------|--------|--------|
| A1 | 18.0333 | b | B1 | 17.0000 | a | C1 | 19.1667 | c |
| A2 | 17.5667 | b | B2 | 17.6333 | a | C2 | 16.8000 | b |
| A3 | 16.1667 | a | B3 | 17.1333 | a | C3 | 15.8000 | a |

由表 5-21 多重比较结果表明，基质三个水平之间差异不显著，但 B1 更有利于培育壮苗；三个品种差异显著，A1 和 A2 均显著高于 A3；补光时间的三个水平之间差异显著，补光时间越长，秧苗株高越矮。

## （二）不同栽培模式对秧苗茎粗的影响

表 5-22　主因素效应的检验

| 源 | III 型平方和 | df | 均方 | F | Sig. |
|------|--------------|-----|----------|------------|------|
| 校正模型 | .007（a） | 6 | .001 | 33.667 | .029 |
| 截距 | 3.686 | 1 | 3.686 | 110592.000 | .000 |
| A | .001 | 2 | .001 | 19.000 | .050 |
| B | .000 | 2 | .000 | 3.000 | .250 |
| C | .005 | 2 | .003 | 79.000 | .013 |
| 误差 | 6.67E-005 | 2 | 3.33E-005 | | |
| 总计 | 3.693 | 9 | | | |
| 校正的总计 | .007 | 8 | | | |

注：① a .R 方 =0 .990（调整 R 方 =0.961）；② A 指品种，B 指基质，C 指补光时间。

主因素效应的检验表 5-22 说明，品种对番茄幼苗茎粗的影响达到 0.05 显著水平，补光时间对茎粗影响达到 0.01 极显著水平，基质对幼苗茎粗的影响较小。

表 5-23　各因素各水平平均数的多重比较　（Duncan 法 a=0.05）

| 因素 | 平均数 | 显著性 | 因素 | 平均数 | 显著性 | 因素 | 平均数 | 显著性 |
|------|--------|--------|------|--------|--------|------|--------|--------|
| A1 | 0.6233 | a | B1 | 0.6433 | a | C1 | 0.6067 | a |
| A2 | 0.6467 | b | B2 | 0.6333 | a | C2 | 0.6500 | b |
| A3 | 0.6500 | b | B3 | 0.6433 | a | C3 | 0.6633 | b |

由表 5-23 多重比较结果说明，品种和补光不同水平间对番茄幼苗茎粗的影响差异显著，A2 和 A3 的茎粗显著大于 A1，C2 和 C3 对茎粗的影响显著大于 C1，说明补光时间 4 小时或 6 小时有利于促进幼苗茎粗的生长，更有利于壮苗的形成。基质的不同水平之间差异不显著。

## （三）不同栽培模式对秧苗壮苗指数的影响

表 5-24　主因素效应的检验

| 源 | Ⅲ型平方和 | df | 均方 | F | Sig. |
|------|-----------|-----|---------|------------|------|
| 校正模型 | 5.15E-006（a） | 6 | 8.59E-007 | 110.429 | .009 |
| 截距 | .006 | 1 | .006 | 819432.143 | .000 |
| A | 1.13E-006 | 2 | 5.64E-007 | 72.571 | .014 |
| B | 4.22E-008 | 2 | 2.11E-008 | 2.714 | .269 |
| C | 3.98E-006 | 2 | 1.99E-006 | 256.000 | .004 |
| 误差 | 1.56E-008 | 2 | 7.78E-009 | | |
| 总计 | .006 | 9 | | | |
| 校正的总计 | 5.17E-006 | 8 | | | |

注：① a . R 方 =0 .997 （调整 R 方 =0.988）；② A 指品种，B 指基质，C 指补光时间。

由主因素效应检验表 5-24 可见，方差分析检验结果表明，补光时间和番茄品种对秧苗的壮苗指数有显著的影响，且补光时间显著水平达到 0.01，品种显著水平达到 0.05，说明补充光照和番茄品种的选择对培育壮苗尤为重要。

进一步进行各因素水平间的多重比较。

表 5-25　各因素各水平平均数的多重比较　（Duncan 法 a=0.05）

| 因素 | 平均数 | 显著性 | 因素 | 平均数 | 显著性 | 因素 | 平均数 | 显著性 |
|------|--------|--------|------|--------|--------|------|--------|--------|
| A1 | 0.2617 | a | B1 | 0.2670 | a | C1 | 0.2590 | a |
| A2 | 0.2663 | b | B2 | 0.2653 | a | C2 | 0.2643 | b |
| A3 | 0.2703 | c | B3 | 0.2660 | a | C3 | 0.2750 | c |

从各因素各水平多重比较结果表 5-25 可以看出，三个不同的品种和三种不同的补光时间对于壮苗指数的影响显著，三种不同基质对壮苗指数影响较小。

通过以上对番茄秧苗株高、茎粗和壮苗指数的分析可知，温室早春栽培番茄最优组合为 A3B1C3，即：品种为中研 988，基质为草炭和炉渣，采用 6 小时的补光时间，这与处理 7 相吻合。在保护地早春培育番茄育苗过程中，选择适宜的优良品种对培育壮苗非常重要，同时由于北方高寒地区早春温度低，为了保温通常采取加盖棉被及棚内多层覆盖等防寒设施，在保温的同时也缩短了植株接受自然光照的时间，所以采取合理的补光时间对培育壮苗尤为重要。

### （四）影响番茄抗病性因素分析

#### 1. 影响番茄叶霉病抗病性因素的分析

表 5-26　各处理叶霉病病情指数分析

| 处理 | 叶霉病病情指数 | 差异显著性（a=0.05） | 差异显著性（a=0.01） |
|---|---|---|---|
| 1 | 18.32 | d | C |
| 2 | 17.37 | bc | B |
| 3 | 16.35 | a | A |
| 4 | 17.46 | bc | B |
| 5 | 16.25 | a | A |
| 6 | 17.92 | cd | BC |
| 7 | 16.0 | a | A |
| 8 | 17.75 | bc | BC |
| 9 | 17.22 | b | B |

表 5-27　方差分析

| 差异源 | SS | df | MS | F | P-value | F crit |
|---|---|---|---|---|---|---|
| 行 | 15.92656 | 8 | 1.99082 | 20.552859 | 4.93463E-07 | 2.591096 |
| 列 | 0.249919 | 2 | 0.124959 | 1.2900562 | 0.302394007 | 3.633723 |
| 误差 | 1.549815 | 16 | 0.096863 | | | |
| 总计 | 17.7263 | 26 | | | | |

如表 5-26、表 5-27 通过方差分析可以看出，试验设计的 9 个不同处理叶霉病病情指数差异达到极显著水平，三个重复间差异不显著，且处理 7 的叶霉病病情指数最低，但与处理 3 和处理 5 差异不显著；处理 1 的病情指数最高，说明对于叶霉病抗病性较弱。

表5-28 主因素效应的检验

| 源 | Ⅲ型平方和 | df | 均方 | F | Sig. |
|---|---|---|---|---|---|
| 校正模型 | 5.160（a） | 6 | .860 | 37.997 | .026 |
| 截距 | 2656.372 | 1 | 2656.372 | 117365.461 | .000 |
| A | .193 | 2 | .097 | 4.270 | .190 |
| B | .030 | 2 | .015 | .673 | .598 |
| C | 4.936 | 2 | 2.468 | 109.047 | .009 |
| 误差 | .045 | 2 | .023 | | |
| 总计 | 2661.577 | 9 | | | |
| 校正的总计 | 5.205 | 8 | | | |

注：①a．R方=0.991（调整R方=0.965）；②A指品种，B指基质，C指补光时间。

由主因素效应检验表5-28可见，方差分析检验结果表明，品种和基质对番茄叶霉病病情指数的影响不显著，补光时间的影响显著达到0.01水平，说明番茄苗期补光对叶霉病的抗性强弱影响很大。

进一步进行各因素水平间的多重比较。

表5-29 各因素各水平平均数的多重比较（Duncan法 a=0.05）

| 因素 | 平均数 | 显著性 | 因素 | 平均数 | 显著性 | 因素 | 平均数 | 显著性 |
|---|---|---|---|---|---|---|---|---|
| A1 | 17.3467 | a | B1 | 17.2600 | a | C1 | 17.9900 | c |
| A2 | 17.2033 | a | B2 | 17.1233 | a | C2 | 17.3500 | b |
| A3 | 16.9900 | a | B3 | 17.1567 | a | C3 | 16.2000 | a |

由表5-29各因素各水平多重比较结果表明，品种的三个水平病情指数为A1>A2>A3，差异不显著；基质各水平病情指数差异也不显著；补光时间三个水平的病情指数差异显著且C1>C2>C3，说明补光时间为6小时更有利于提高番茄幼苗对叶霉病的抗病能力。

## 2.影响番茄灰霉病抗病性因素分析

表5-30 灰霉病病情指数分析

| 处理 | 灰霉病病情指数 | 差异显著性（a=0.05） | 差异显著性（a=0.01） |
|---|---|---|---|
| 1 | 15.74 | c | C |
| 2 | 15.65 | c | BC |
| 3 | 14.78 | b | AB |
| 4 | 15.26 | bc | BC |
| 5 | 14.12 | a | A |

续表 5-30

| 处理 | 灰霉病病情指数 | 差异显著性（a=0.05） | 差异显著性（a=0.01） |
|---|---|---|---|
| 6 | 15.34 | bc | BC |
| 7 | 14.10 | a | A |
| 8 | 15.25 | bc | BC |
| 9 | 15.13 | bc | BC |

表 5-31    方差分析

| 差异源 | SS | df | MS | F | P-value | F crit |
|---|---|---|---|---|---|---|
| 组间 | 8.547496 | 8 | 1.068437 | 17.738302 | 4.63534E-07 | 2.510158 |
| 组内 | 1.0842 | 18 | 0.060233 | | | |
| 总计 | 9.631696 | 26 | | | | |

如表 5-30、表 5-31，通过方差分析可以看出，试验的 9 个不同处理对番茄灰霉病的抗性差异达到极显著水平，尤其处理 5 和处理 7 对番茄灰霉病的抗性最强，处理 1 和处理 2 抗性最弱。

表 5-32    主因素效应的检验

| 源 | Ⅲ型平方和 | df | 均方 | F | Sig. |
|---|---|---|---|---|---|
| 校正模型 | 2.835（a） | 6 | .472 | 60.744 | .016 |
| 截距 | 2036.115 | 1 | 2036.115 | 261786.241 | .000 |
| A | .557 | 2 | .279 | 35.830 | .027 |
| B | .009 | 2 | .005 | .584 | .631 |
| C | 2.268 | 2 | 1.134 | 145.819 | .007 |
| 误差 | .016 | 2 | .008 | | |
| 总计 | 2038.966 | 9 | | | |
| 校正的总计 | 2.850 | 8 | | | |

注：① a . R 方 =0.995（调整 R 方 = 0.978）；② A 指品种，B 指基质，C 指补光时间。

通过主因素效应的检验表 5-32，方差分析结果表明，对于番茄灰霉病病情指数的影响品种和补光时间都起到了决定性作用，且补光时间影响达到 0.01 水平，品种的影响达到 0.05 水平，基质的影响程度为不显著。

进一步进行各因素水平间的多重比较。

表 5-33　　各因素各水平平均数的多重比较（Duncan 法 a=0.05）

| 因素 | 平均数 | 显著性 | 因素 | 平均数 | 显著性 | 因素 | 平均数 | 显著性 |
|------|--------|--------|------|--------|--------|------|--------|--------|
| A1 | 15.3900 | b | B1 | 15.0333 | a | C1 | 15.4433 | b |
| A2 | 14.9067 | a | B2 | 15.0067 | a | C2 | 15.3467 | b |
| A3 | 14.8267 | a | B3 | 15.0833 | a | C3 | 14.3333 | a |

由表 5-33 各因素各水平多重比较结果表明，品种的三个水平病情指数分别为 A1> A2 >A3，且 A1 与 A2、A3 差异显著，A2 和 A3 差异不显著；基质各水平灰霉病病情指数为 B3>B1> B2，差异不显著；补光时间三个水平的病情指数差异显著，且 C1>C2>C3，说明补光时间为 6 小时对于提高番茄幼苗灰霉病抗性能力也非常有利。

### 3. 影响番茄早疫病抗性因素的分析

表 5-34　　番茄早疫病病情指数分析

| 处理 | 早疫病病情指数 | 差异显著性（a=0.05） | 差异显著性（a=0.01） |
|------|----------------|---------------------|---------------------|
| 1 | 19.99 | e | D |
| 2 | 18.53 | d | C |
| 3 | 17.31 | c | C |
| 4 | 12.84 | b | B |
| 5 | 10.62 | a | A |
| 6 | 13.25 | b | B |
| 7 | 12.80 | b | B |
| 8 | 12.92 | b | B |
| 9 | 12.85 | b | B |

表 5-35　　方差分析

| 差异源 | SS | df | MS | F | P-value | F crit |
|--------|-----|-----|-----|-----|---------|--------|
| 组间 | 245.231 | 8 | 30.65388 | 103.44778 | 1.86326E-13 | 2.510158 |
| 组内 | 5.3338 | 18 | 0.296322 | | | |
| 总计 | 250.5648 | 26 | | | | |

由表 5-34、表 5-35 通过对试验 9 个处理早疫病病情指数进行的方差分析可以看出，各个处理达到极显著水平，且以处理 1 的早疫病病情指数最高，极显著高于其他各个处理，处理 2 和处理 3 次之，处理 5 的早疫病病情指数极显著低于试验的其他各个处理。

表 5-36　主因素效应的检验

| 源 | Ⅲ型平方和 | df | 均方 | F | Sig. |
|---|---|---|---|---|---|
| 校正模型 | 81.308（a） | 6 | 13.551 | 66.165 | .015 |
| 截距 | 1909.981 | 1 | 1909.981 | 9325.575 | .000 |
| A | 74.105 | 2 | 37.052 | 180.910 | .005 |
| B | 2.155 | 2 | 1.078 | 5.262 | .160 |
| C | 5.048 | 2 | 2.524 | 12.323 | .075 |
| 误差 | .410 | 2 | .205 | | |
| 总计 | 1991.699 | 9 | | | |
| 校正的总计 | 81.717 | 8 | | | |

注：①a.R方=0.995（调整R方 = 0.980）；②A指品种，B指基质，C指补光时间。

通过主因素效应的检验表 5-36 方差分析结果表明，对于番茄早疫病病情指数的影响品种起到了决定性作用，三个品种的早疫病病情指数平均值为 A1（18.6100）> A3（12.8567）> A2（12.2367），且 A1 与 A2、A3 差异显著，A2 和 A3 差异不显著，品种的影响程度达到 0.01 水平，基质和补光时间影响程度不显著。

通过以上对番茄三种常见病害叶霉病、灰霉病和早疫病病情指数的分析可以看出，品种和补光时间对番茄抗病性的影响非常显著。早春温室由于温度低、光照弱，导致秧苗极容易发生病害，通过选择抗病性强的番茄品种及适宜的补光时间可以大大降低病害的发生，更有利于保证番茄生产的安全性，提高绿色品质。

## （五）影响番茄开花时间的因素分析

表 5-37 主因素效应的检验

| 源 | Ⅲ型平方和 | df | 均方 | F | Sig. |
|---|---|---|---|---|---|
| 校正模型 | 27.333（a） | 6 | 4.556 | 13.667 | .070 |
| 截距 | 51076.000 | 1 | 51076.000 | 153228.000 | .000 |
| A | 4.667 | 2 | 2.333 | 7.000 | .125 |
| B | 2.000 | 2 | 1.000 | 3.000 | .250 |
| C | 20.667 | 2 | 10.333 | 31.000 | .031 |
| 误差 | .667 | 2 | .333 | | |
| 总计 | 51104.000 | 9 | | | |
| 校正的总计 | 28.000 | 8 | | | |

注：①a.R方=0.976（调整R方 = 0.905）；②A指品种，B指基质，C指补光时间。

通过表 5-37 对番茄开花时间影响因素的分析看出，补光时间对番茄开花时间影响显著，品种和基质影响较弱。

进一步进行各因素水平间的多重比较。

表 5-38 各因素各水平平均数的多重比较（Duncan 法 a=0.05）

| 因素 | 平均数 | 显著性 | 因素 | 平均数 | 显著性 | 因素 | 平均数 | 显著性 |
|------|--------|--------|------|--------|--------|------|--------|--------|
| A1 | 76.3333 | a | B1 | 75.6667 | a | C1 | 77.3333 | b |
| A2 | 75.0000 | a | B2 | 75.6667 | a | C2 | 75.0000 | a |
| A3 | 74.6667 | a | B3 | 74.6667 | a | C3 | 73.6667 | a |

由表 5-38 从多重比较结果表明，补光时间的各个不同水平之间差异显著，说明补光时间不同对开花时间有着很大的影响，对番茄幼苗进行 6 小时的补光有利于促进番茄开花结果，促进番茄提早上市，品种和基质影响较小。

## （六）番茄植株干重影响因素分析

### 1. 地上部分干重

表 5-39　主因素效应的检验

| 源 | Ⅲ型平方和 | df | 均方 | F | Sig. |
|----|-----------|----|----|-----|------|
| 校正模型 | 1604.833（a） | 6 | 267.472 | 29.446 | .033 |
| 截距 | 126380.250 | 1 | 126380.250 | 13913.422 | .000 |
| A | 641.167 | 2 | 320.583 | 35.294 | .028 |
| B | 955.500 | 2 | 477.750 | 52.596 | .019 |
| C | 8.167 | 2 | 4.083 | .450 | .690 |
| 误差 | 18.167 | 2 | 9.083 | | |
| 总计 | 128003.250 | 9 | | | |
| 校正的总计 | 1623.000 | 8 | | | |

注：①a．R 方 =0.989（调整 R 方 = 0.955）；②A 指品种，B 指基质，C 指补光时间。

### 2. 地下部分干重

表 5-40　主因素效应的检验

| 源 | Ⅲ型平方和 | df | 均方 | F | Sig. |
|----|-----------|----|----|-----|------|
| 校正模型 | 11.722（a） | 6 | 1.954 | 109.079 | .009 |
| 截距 | 515.139 | 1 | 515.139 | 28760.844 | .000 |
| A | 4.269 | 2 | 2.135 | 119.185 | .008 |
| B | 7.299 | 2 | 3.649 | 203.749 | .005 |
| C | .154 | 2 | .077 | 4.303 | .189 |

续表 5-40

| 误差 | .036 | 2 | .018 |
| 总计 | 526.897 | 9 | |
| 校正的总计 | 11.758 | 8 | |

注：①a. R 方 =0.997（调整 R 方 = 0.988）；②A 指品种，B 指基质，C 指补光时间。

由主因素效应检验表 5-39 和表 5-40 可见，方差分析检验结果表明，品种和基质对番茄植株地上部分干重有显著的影响，对根系干重有极显著的影响。补光时间对植株干重影响不显著，说明选择不同的品种和基质对番茄植株干物质的积累起着重要的作用。

进一步进行各因素水平间的多重比较。

### 3. 地上部分干重

表 5-41　各因素各水平平均数的多重比较（Duncan 法 a=0.05）

| 因素 | 平均数 | 显著性 | 因素 | 平均数 | 显著性 | 因素 | 平均数 | 显著性 |
| --- | --- | --- | --- | --- | --- | --- | --- | --- |
| A1 | 108.0 | a | B1 | 132.0 | b | C1 | 117.17 | a |
| A2 | 118.83 | b | B2 | 107 | a | C2 | 119.0 | a |
| A3 | 128.67 | b | B3 | 116.5 | a | C3 | 119.33 | a |

### 4. 地下部分干重

表 5-42　各因素各水平平均数的多重比较（Duncan 法 a=0.05）

| 因素 | 平均数 | 显著性 | 因素 | 平均数 | 显著性 | 因素 | 平均数 | 显著性 |
| --- | --- | --- | --- | --- | --- | --- | --- | --- |
| A1 | 6.73 | a | B1 | 8.79 | c | C1 | 7.46 | a |
| A2 | 7.54 | b | B2 | 6.65 | a | C2 | 7.49 | a |
| A3 | 8.42 | c | B3 | 7.26 | b | C3 | 7.75 | a |

各因素各水平多重比较结果表明（见表 5-41、表 5-42），各因素各水平植株地上部分和地下部分干重差异比较显著。各因素的最优水平为 A3、B1、C3（1、2），而处理 7 栽培模式为 A3、B1、C3，为多重比较结果之一，与多重比较结果相吻合。可见通过试验结果，处理 7 植株干物质积累较多，说明处理 7 为最佳栽培模式，即中研 988 品种在补光时间为 6 小时，草炭和炉渣作为栽培基质，说明在番茄生产中基质和品种对植株干物质积累的影响非常明显。

### （七）影响番茄产量因素分析

#### 1. 影响番茄前期产量的因素

表 5-43 前期产量分析

| 处理 | 前期产量（kg/ 亩） | 差异显著性（a=0.05） | 差异显著性（a=0.01） |
|---|---|---|---|
| 1 | 3793.64 | a | A |
| 2 | 4224.41 | b | B |
| 3 | 4642.51 | c | D |
| 4 | 4664.62 | c | CD |
| 5 | 5005.02 | d | CE |
| 6 | 4400.29 | b | BCD |
| 7 | 5262.91 | e | E |
| 8 | 4383.93 | b | BC |
| 9 | 4703.05 | c | D |

表 5-44 前期产量方差分析

| 差异源 | SS | df | MS | F | P–value | F crit |
|---|---|---|---|---|---|---|
| 行 | 4459734 | 8 | 557466.7 | 33.66032 | 1.39E–08 | 2.591096 |
| 列 | 6139.07 | 2 | 3069.535 | 0.185341 | 0.832579 | 3.633723 |
| 误差 | 264984.6 | 16 | 16561.54 | | | |
| 总计 | 4730858 | 26 | | | | |

由表 5-43、表 5-44 通过方差分析可以看出，试验设计的 9 个不同处理间前期产量差异达到极显著水平，三个重复间差异不显著，且以处理 7 前期产量最高平均亩产达到 5262.9kg。

表 5-45 主因素效应的检验

| 源 | Ⅲ型平方和 | df | 均方 | F | Sig. |
|---|---|---|---|---|---|
| 校正模型 | 1461760.050（a） | 6 | 243626.675 | 19.630 | .049 |
| 截距 | 187510938.061 | 1 | 187510938.061 | 15108.810 | .000 |
| A | 546497.253 | 2 | 273248.626 | 22.017 | .043 |
| B | 3309.707 | 2 | 1654.853 | .133 | .882 |
| C | 911953.091 | 2 | 455976.545 | 36.741 | .026 |
| 误差 | 24821.403 | 2 | 12410.702 | | |
| 总计 | 188997519.515 | 9 | | | |
| 校正的总计 | 1486581.454 | 8 | | | |

注：①a . R 方 =0 .983（调整 R 方 = 0.933）；②A 指品种，B 指基质，C 指补光时间。

由主因素效应检验表 5-45 可见，方差分析检验结果表明，品种和补光时间对番茄前期产量有显著的影响，且补光时间的影响程度大于品种的影响程度，基质对番茄前期产量的影响不显著。

进一步进行各因素水平间的多重比较。

表 5-46　各因素各水平平均数的多重比较结果表（Duncan 法 a=0.05）

| 因素 | 平均数 | 显著性 | 因素 | 平均数 | 显著性 | 因素 | 平均数 | 显著性 |
|------|--------|--------|------|--------|--------|------|--------|--------|
| A1 | 4220.1900 | a | B1 | 4573.7267 | a | C1 | 4192.6233 | a |
| A2 | 4689.9767 | b | B2 | 4537.7867 | a | C2 | 4530.6933 | a |
| A3 | 4783.2967 | b | B3 | 4581.9500 | a | C3 | 4970.1467 | b |

由表 5-46 各因素各水平多重比较结果表明，品种和补光时间各水平平均产量差异比较显著，A2 和 A3 的前期产量要显著高于 A1 的前期产量；C3 的前期产量显著高于 C1 和 C2；基质的三个水平对番茄前期产量影响不显著。

通过以上分析说明，对于北方保护地早春生产番茄来说，前期产量越高意味着经济效益越高，因此为了达到经济效益的最大化，在选择早熟品种的同时采取适宜的补光时间对于提高经济效益有着很大的影响。

**2. 影响番茄总产量的因素**

表 5-47　番茄总产量分析

| 处理 | 总产量（kg/ 亩） | 差异显著性（a=0.05） | 差异显著性（a=0.01） |
|------|------------------|----------------------|----------------------|
| 1 | 6943.64 | b | B |
| 2 | 6813.66 | a | A |
| 3 | 6847.34 | a | AB |
| 4 | 7447.39 | e | D |
| 5 | 7281.78 | c | C |
| 6 | 7333.69 | cd | CD |
| 7 | 7623.77 | f | E |
| 8 | 7393.70 | de | CD |
| 9 | 7441.56 | e | D |

表 5-48　方差分析

| 差异源 | SS | df | MS | F | P-value | F crit |
|---|---|---|---|---|---|---|
| 处理间 | 2066148.414 | 8 | 258268.55 | 107.18455 | 1.99E-12 | 2.59109618 |
| 重复间 | 6367.657119 | 2 | 3183.8286 | 1.3213271 | 0.294373 | 3.63372347 |
| 误差 | 38553.10055 | 16 | 2409.5688 | | | |
| 总计 | 2111069.172 | 26 | | | | |

由表 5-47、表 5-48 通过方差分析可以看出，试验设计的 9 个不同处理总产量差异达到极显著水平，三个重复总产量差异不显著，且以处理 7 总产量最高，平均亩产达到 7623.8kg。

表 5-49　主因素效应的检验

| 源 | Ⅲ型平方和 | df | 均方 | F | Sig. |
|---|---|---|---|---|---|
| 校正模型 | 686700.107（a） | 6 | 114450.018 | 113.549 | .009 |
| 截距 | 471273878.871 | 1 | 471273878.871 | 467562.518 | .000 |
| A | 635790.945 | 2 | 317895.473 | 315.392 | .003 |
| B | 49772.891 | 2 | 24886.446 | 24.690 | .039 |
| C | 1136.270 | 2 | 568.135 | .564 | .640 |
| 误差 | 2015.875 | 2 | 1007.938 | | |
| 总计 | 471962594.854 | 9 | | | |
| 校正的总计 | 688715.983 | 8 | | | |

注：①a．R 方 =0.997（调整 R 方 = 0.988）；②A 指品种，B 指基质，C 指补光时间。

通过表 5-49，由主因素效应检验表及方差分析检验结果表明，品种和基质对番茄总产量有显著的影响，品种的影响达到极显著水平，基质的影响达到显著水平，补光时间对总产量的影响不显著。

进一步进行各因素水平间的多重比较。

表 5-50　各因素各水平平均数的多重比较（Duncan 法 a=0.05）

| 因素 | 平均数 | 显著性 | 因素 | 平均数 | 显著性 | 因素 | 平均数 | 显著性 |
|---|---|---|---|---|---|---|---|---|
| A1 | 6868.2133 | a | B1 | 7338.2667 | b | C1 | 7223.6767 | a |
| A2 | 7354.2867 | b | B2 | 7163.0467 | a | C2 | 7234.2033 | a |
| A3 | 7486.3433 | c | B3 | 7207.5300 | a | C3 | 7250.9633 | a |

由表 5-50 各因素各水平多重比较结果表明，各因素各水平平均产量差异间比较显著，各因素的最优水平为 A3、B1、C2（1、3），而总产量最高的处理 7 栽培模式为 A3、B1、C3 为多重比较结果之一，与多重比较结果相吻合，可见通过试验结果，处理 7 可获得最高总产量，说明处理 7 为最佳栽培模式，即中研 988 品种在补光时间为 6 小时，采用草炭和炉渣作为栽培基质，说明在番茄生产中基质和品种对产量的影响非常明显。

## 四、结论

通过引进、筛选抗病虫、抗逆性强的优质番茄新品种，结合栽培方式、节水灌溉方法、优化栽培基质、生态生物联合防治病虫害等技术，调控合理的土壤水分，应用温室环境自动监测系统，适时监测设施环境的变化，采用对比和正交试验法，运用数理统计和方差分析试验结果，实现了高寒地区保护地绿色番茄种植。通过试验得出以下结论：

### 1. 品种引进、筛选试验

共引进 8 个新品种，从早熟性、果实品质、畸形果、抗病性及产量等方面进行比较，优选出抗逆性强优质的番茄新品种 3 个，分别是山东省青州市华远农业良种示范基地提供的"秀光 306"，北京中研益农种苗科技有限公司提供"中研 988"，黑龙江省哈尔滨刘元凯种业有限公司提供"金鹏 586"。

### 2. 补光试验

运用对比方法研究了补光与自然光照对秧苗的影响，结果表明，番茄苗期补光能够明显促进协调植物器官的生长，具有提高植株壮苗指数、提高抗病性的作用，促进番茄开花结果，有助于实现育苗生产中培育壮苗的目的。

### 3. 黄板对蚜虫的诱杀试验

黄板对温室番茄的主要害虫蚜虫有诱杀作用，可以作为温室蚜虫的防治措施。同时，黄板放置高度、距出口的距离和距北墙的距离等因素对诱杀蚜虫的数量有重要影响。生产中利用黄板防治蚜虫，在高于植株生长点 0.2m 左右悬挂，并且在温室内侧距出口较远处和温室北侧增加放置密度，将有助于提高防治效果。尽管温室内侧虫量多于靠近出口处，也应在靠近出口处放置黄板，以防止外部虫源经出口进入温室内部。

### 4. 集成技术试验

补充光照和品种的选择对培育壮苗尤为重要，不同的品种和栽培基质对番茄植株干物质的积累起着重要的作用，能够较显著提高植株生物量，利于产量的增加。

补光对开花时间影响显著，且补光不同处理之间差异也显著，说明补光时间不同对开花期有着很大的影响。对幼苗进行 6 小时的补光有利于促进开花结果，促进番茄提早上市。

对于北方保护地早春生产番茄来说，前期产量越高意味着经济效益越高，因此，为了达到经济效益的最大化，在选择早熟品种的同时适当地补充光照对于提高经济效益有着很大的影响。试验结果，处理 7 可获得最高总产量，说明处理 7 为最佳栽培模式，即中研 988 品种在补光时间为 6 小时，采用草炭土和炉渣作为栽培基质可获得最高产量，说明在番茄生产中栽培基质和品种对产量的影响非常明显，大量的试验报道也说明有机基质栽培能明显地提高作物产量[136]。对影响番茄叶霉病、灰霉病和早疫病病情指数的因素进行了分析，品种和补光时间对番茄抗病性的影响非常显著，通过选择抗病性强的番茄品种及适宜的补光时间可以大大降低病害的发生，更有利于保证番茄生产的安全性，提高绿色品质。

# 第六章　　设施樱桃番茄水肥一体化高效栽培技术

樱桃番茄又称袖珍番茄、迷你番茄、小番茄等，属于茄属番茄种的一种[137]，因其果实貌似"樱桃"而得名。

## 一、樱桃番茄概述

樱桃番茄是多汁浆果一年生草本植物，果形有球形、洋梨形及醋栗形等，果色有红色、粉色、黄色及橙色等多种，其中以红色栽培居多[138-139]。

樱桃番茄起源于南美洲的秘鲁、厄瓜多尔、玻利维亚一带，目前在这一带仍有其野生种分布[140]。最初在 15 世纪末，印第安人开始种植，直至 18 世纪初传入欧洲。因樱桃番茄有特殊味道，历史上多作为观赏性植物进行栽培。因樱桃番茄具有果实小巧、形状多样、颜色多彩、营养丰富等独特的优势，20 世纪 80 年代以来在世界范围内被迅速推广发展[141-143]。

### （一）樱桃番茄的主要形态特征

樱桃番茄根系发达，易产生不定根，再生能力强，耐移植，主要分布在 30cm 土层内，吸收力较强，具有一定的耐旱性；茎蔓生，多无限生长类型，茎体表有黄色茸毛，散发特殊气味；叶大且互生，缺刻深，裂片长，不规则奇数羽状复叶，小叶多而细，叶上密被短腺毛，能够分泌汁液，散发特殊气味；花序为单总状，或偶呈分枝的复总状花序，完全花，花冠黄色，花瓣花萼几乎等长，雌蕊位于花的中央，柱头短或与雄蕊等长，子房上位、球形，自然授粉，天然异交率 4%—10%；果实以球形为主，果实鲜艳，有红、黄等果色，2 心室，单果重 10—30g，每花序可结果 10 个以上；种子较小，千粒重 1.2—1.5g，心形，密被茸毛。

### （二）樱桃番茄的营养价值

樱桃番茄不仅果实小巧、形状多样、颜色多彩，而且味清甜，营养物质丰富，是一种非常好的营养保健食品。成熟果实可溶性固形物含量高达 7%—9%，每 100g 鲜果中含水分 94g 左右[130]，碳水化合物 2.5—3.8g，蛋白质 0.6—1.2g，维生素 C20—30mg[144]。此外，樱桃番茄还具有一定的医疗价值，如在成熟果实中，番茄红素和 β–胡萝卜素是最重要的两种色素，具有抗氧化、延缓衰老、防癌抗癌、防止心血管疾病的保健功能[145]；樱桃番茄含有多种人体所需的微量元素，如钙、镁、硒等，在细胞的新陈代谢和增加人体抗癌能力方面起着重要的作用[146]。另外，樱桃番茄植株能吸收氟化氢等有害气体，而且对氟化氢具有很强的抵抗力[147]。因此，樱桃番茄符合现在人们追求天然和健康的潮流，深受消费者的喜爱，被称为"神奇的水果"[148]。

### （三）樱桃番茄生长发育对环境条件的要求

樱桃番茄生长发育对环境条件的要求与普通番茄相似。樱桃番茄是喜温作物，对低温的耐受性有限[149]。种子发芽的适宜温度为25—28℃，最低发芽温度12℃左右；育苗期白天适宜温度20—25℃，夜间10—15℃；开花期对温度较为敏感，温度过高（35℃以上）或过低（15℃以下）都会影响花器的正常发育及开花[150]，白天适宜温度20—30℃，夜间15—20℃，结果期最适温度15—25℃[149]。樱桃番茄根系最适宜的土温为20—22℃，适宜的土壤温度可以促进根系的发育。

樱桃番茄为喜光作物，光饱和点为70000lx。为了维持樱桃番茄的正常生长发育，要保证良好的光照条件，光照不足会引起植株形态、结构的变化[151]。樱桃番茄为短日照植物，但要求不严格。

樱桃番茄为半耐旱植物，一般适宜的空气相对湿度为45%—50%[152]，土壤湿度在土壤最大田间持水量的60%—70%时，樱桃番茄果实品质的各项指标均达最大值[153]。随着干旱胁迫时间的延长及土壤含水量的降低，樱桃番茄幼苗气孔张开率持续下降，叶面积生长速率变缓[154]。樱桃番茄在不同生长时期需水量不同，一般幼苗期和开花坐果前要适当控制水分，盛果期需要增加水分的供应，以满足其生长的需要。

樱桃番茄应以土层深厚、肥沃、通气性好、pH值6—7的砂质壤土或黏质土最好。在南方设施栽培环境下，合理配施化肥和生物有机肥，科学利用氮、磷、钾等营养元素间的交互作用，能有效地改善樱桃番茄植株生长的状况，提高产量[155]。在不同的施肥量配比研究中发现，合理的氮肥施用量不会造成果实内硝酸盐含量的过量积累[156]。樱桃番茄有机肥的配方施肥（鸡粪和茶麸或花生麸搭配施用）不仅比常规营养液基质栽培增加产量、改善品质、降低肥料施用成本，还能够减少灌溉排出液的硝酸盐含量，保护环境[157]。在盆栽试验中，接种丛枝菌根真菌（AMF）和施用腐植酸有机肥对果实风味有明显的调节作用，二者结合效果更佳[158]。

### （四）樱桃番茄栽培关键技术研究进展

樱桃番茄在日本、美国、以色列等农业发达国家栽培较早，我国于20世纪80年代末作为"特菜"（Special vegetable）引进[159]。虽然樱桃番茄在我国栽培历史不长，但人们对樱桃番茄栽培技术的研究比较活跃。根据《万方数据库》统计，自1997年国内期刊发表首篇樱桃番茄论文以来，年发表与樱桃番茄有关的论文（包括学位论文、会议论文）逐年递增，截至2013年已累计发表1079篇，这从一个侧面反映了国内学者对樱桃番茄研究的重视程度。从研究者发表的论文看，研究内容涉及了樱桃番茄产前、产中、产后的各个环节。根据笔者对樱桃番茄的认识，结合对樱桃番茄生产的调查以及与生产者、技术人员的交流，认为樱桃番茄优质高产栽培的技术关键除了病虫害防控技术以外，主要是适宜品种的选择、优质秧苗的培育、合理定植密度的确定、恰当的肥水管理等。

### （五）樱桃番茄的需肥特点及水肥一体化技术

樱桃番茄产量高，需肥量大，耐肥力强，对钙、钾、镁的需求量大[160-162]。而且樱桃番茄多为无限生长类型，现蕾、开花、结果重叠期长[163]。有研究指出，樱桃番茄不同的生育期对肥料的需求不同，其基本特点是在幼苗期以吸收氮元素为主，随着植株的生长对磷、钾的需求量增加[164]；从第一花序开始结实、膨大后，养分吸收量迅速增加，至收获盛期，氮、磷、钾、钙、镁的吸收量已占全生育期吸收量的70%—90%[165]；收获后期对养分吸收明显减少。此外，樱桃番茄的采收期较长，随着果实的采收，养分不断携出，需要在进行果实采收的同时补充养分，以满足植株连续开花结果的需要（王迪轩等，2013）。乔红霞等[163]研究认为，樱桃番茄整个生长发育阶段对N、$P_2O_5$、$K_2O$的吸收比例约为1.0∶0.3∶1.2，肥料N、$P_2O_5$、$K_2O$的施用比例为1∶1∶1.5。

樱桃番茄植株生长发育对矿物质营养的需求主要来自土壤及施肥。在作物栽培上，基肥一般撒施或沟施，追肥一般采用撒施、沟施、穴施、兑水浇施等。自20世纪90年代开始，人们率先在干旱地区采用滴灌等节水灌溉技术[166-167]，进而研发了水肥一体化技术。

水肥一体化技术具有提高作物产量、改善作物品质[168]、提高水分和养分的利用效率、节省人力、保护环境[169-170]等诸多优点，已经在包括番茄在内的多种作物上应用。陈碧华等[171]研究了灌水量与施肥量对番茄的影响，发现番茄植株的株高、茎粗、叶片数、叶宽与灌水量和施肥量之间呈正相关关系，不同水肥处理与番茄果实品质之间存在极显著差异。王荣莲等[172]试验研究了滴灌施肥对温室无土栽培樱桃番茄产量的影响，发现在温室滴灌条件下，灌水量和施肥配比及二者交互作用对番茄产量的影响都极显著。李亮等[173]研究了不同灌溉方式条件对番茄产量和品质的影响，指出在滴灌条件下番茄的产量大于沟灌，滴灌条件下番茄果实的维生素C含量和还原性糖含量均显著高于沟灌，而果实的总酸度则显著低于沟灌。李战国等[174]对樱桃番茄畦灌和滴灌两种灌溉方式的研究也得到相似的结论。

国内外就水肥一体化对番茄的水分和养分吸收利用率的机制进行了不少的研究。Hcbbar[175]在番茄灌溉施肥研究中指出,相对常规施肥,滴灌施肥提高了肥料利用效率,且省肥75%。邓兰生等[176]研究认为,利用滴灌施肥可以按照作物生长时的需肥特性,准确、均匀地将肥水施在作物根系周围,有利于作物对水分和养分的吸收,从而提高肥料利用效率,且肥料利用率与滴灌频率密切相关。贾彩建等[177]以大水漫灌施肥作为对照,研究了滴灌施肥对温室番茄产量及品质的影响,滴灌施肥可节水28.9%—31.0%,节肥17.9%—58.9%。

水肥一体化技术具有毋庸置疑的效果,但由于樱桃番茄多数采用土壤栽培,土壤结构、肥力水平、植株生长的光温水气等环境的不同,势必影响植株的生长及对肥料的需求。迄今为止,虽然许多研究者开展了樱桃番茄施肥技术的研究,但实际应用中仍有许多技术性问题需要解决。

## (六)本研究目的意义

### 1. 目前樱桃番茄栽培存在的问题

我国樱桃番茄栽培历史虽然不长,但发展迅速,发展潜力大。然而,在樱桃番茄栽培中,在品种、育苗、栽培管理等方面均存在一些问题,如:

①品种单一,缺乏优良品种。樱桃番茄是一种高档果品,以鲜食为主,生产上对樱桃番茄品种的要求除了具有较为稳定的果实产量外,特别要求果实品质优良,种子供应稳定且价格适中。虽然目前各地试验、栽培的樱桃番茄品种较多,但真正被生产者、消费者接受的品种并不多。

②育苗风险大。在东北地区,樱桃番茄的栽培季节主要在早春及秋季,其育苗季节分别在12月下旬前后及6月上旬前后,冬季育苗常常是低温寡照天气,夏季则为高温天气,给育苗带来很大难度。

③肥水管理具有盲目性。肥水管理是樱桃番茄高产优质栽培的关键之一,由于各地土壤结构、土壤肥力的不同,基肥、追肥的种类、数量必然存在差异,但在樱桃番茄生产上一般均是凭经验施肥。同时,为了降低环境湿度、提高肥水利用率、降低劳动力成本,通过滴灌追肥已经成为包括樱桃番茄在内的蔬菜作物的追肥方式。目前农资市场上推出了多款可用于水肥一体化使用的水溶性肥料,但这些肥料在樱桃番茄生产上的应用效果,还需要试验验证。肥料的盲目施用不仅增加生产成本,更会影响樱桃番茄果实的产量和品质。此外,樱桃番茄适宜的栽培方式、栽培密度、单株结果数等方面均有值得进一步研究的必要。

### 2. 水溶肥肥料种类对樱桃番茄品质和产量的影响

樱桃番茄是一种高档的果蔬兼用型蔬菜,是国内种植面积和消费量增长最快的茄果类蔬菜之一[178]。樱桃番茄生长期长，需肥量大，但樱桃番茄对水肥的需求规律尚不清楚，大部分生产者根据普通番茄施肥量和施肥方法的经验，直接运用到樱桃番茄栽培中[179]，并延续传统农业水肥管理模式，这种管理理念很容易造成水肥的浪费和破坏土壤的平衡[180]。

水肥一体化滴灌技术作为一种现代化水肥管理技术，具有节水节肥、省时省工、增产增收的特点[181]，且该技术设备简单、成本低廉、安装容易、操作方便、节本增效显著，近几年已得到普及推广应用[182]，但在实际应用中，还是容易出现滴灌系统设计安装不合理、不配套[183]、滴灌施肥随意性大[184]、滴灌不均匀[185]、滴灌带爆裂、滴孔易堵塞[186]等现象，不仅影响正常的施肥灌水效果，而且还会影响设备的使用寿命，导致成本增加，这在一定程度上也制约了该项技术的推广应用[183]。

肥料对作物的生长发挥着十分重要的作用。外在的生物学性状是肥料施用于植物最明显的表现，人们往往认为植物的生物学性状越好，产量也就越高，因此盲目地大量施肥，导致植株的营养生长过旺，却抑制了生殖生长，不但没有得到高产，反而增加了成本。过量或不合理地施用化肥，会引发土壤酸化板结、土壤肥力结构破坏、肥料利用率和果实品质降低、生产成本增加、环境污染等一系列问题。因此，对作物种植过程中所需肥料规律的研究不容忽视。

在灌溉水中加入肥料，对水、肥进行同步控制，是水肥一体化灌溉的一种方法，目前常用的灌溉方式是微灌施肥，主要以微喷灌施肥和滴灌施肥方式居多。其中滴灌施肥可以根据作物不同生育阶段所需的水、肥量，按照少量多次的水肥施用原则，将水和肥定时、定量、均匀、准确地输送到作物根部土壤，具有节水、节肥、节药、省工、增产、增收、改善微生态环境等功效。

## 二、试验区概况

### （一）试验区位置

试验区位于哈尔滨市道里区机场路 1234 号，黑龙江省水利科技试验研究中心 19 号节能日光温室，温室长 50m，宽 6.5m，东西走向，坐北朝南，与其他温室间隔 8m，互不遮阴。覆盖无滴耐老化聚乙烯薄膜，外层覆盖保温被。（详细见图 6-1）

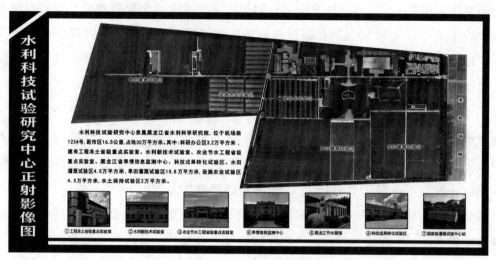

图 6-1 试验区位置图

## （二）试验区水文气象条件

该地属寒温带大陆性季风气候，春季风多干旱少雨，夏季短促炎热多雨，秋季冷凉湿润晴朗，冬季漫长寒冷干燥。多年平均降水量在 537mm 左右；多年平均蒸发量在 1329mm 左右，年平均气温 3.8℃，全年日照时数 2641h，有效积温 2757℃；无霜期 141—145d，属第一积温带。冬季冻土层最深 2.05m，11 月下旬封冻，翌年 4 月下旬开始解冻。年内降水量分布不均，常呈现春旱秋涝现象。

## 三、试验方法

（一）选择具有代表性的栽培方式为基础，从育苗至成熟，严格控制各生育阶段栽培技术；

（二）采用生物技术和生态技术相结合的方法防治病虫害，以减少农药的使用量，保证产品达到国家绿色蔬菜标准；

（三）采用膜下滴灌技术实现灌水，用先进的智能灌溉系统控制土壤水分，采用温室环境自动监测系统测定棚室内土壤水分、土壤温度、空气湿度、光照强度等环境因子，以确定最优环境因子，达到防病害，实现绿色种植；

（四）采用对比和正交试验方法，开展小区试验，运用 Excel 和 SPSS 软件对数据进行统计分析、整理。

# 第一节　肥料筛选试验

肥料是设施樱桃番茄生长过程中的不可缺少的养分供给。在人们注重"绿色健康食品"的消费时代，作物生长所需的养分也需要达到绿色环保标准。鉴于当前我国化肥施用量大、使用效率低下和农业面源污染严重的问题，本项目搜集了国内市场常见的几种肥料进行比较研究，例如氨基酸肥料、腐殖酸肥料及生物菌肥等，通过探讨几种肥料对樱桃番茄产量、品质及抗病性的影响，筛选出适合棚室樱桃番茄生产的新型绿色环保肥料，以期达到高产、优质、绿色的目的，获得好的效益，为北方地区设施樱桃番茄绿色优质化栽培提供科学依据。

## 一、试验材料及试验方法

黑龙江省财政厅科技专项——"北方地区设施樱桃番茄水肥一体化高效栽培技术研究"于 2017 年 1 月正式启动，项目执行期限为 2017 年 1 月—2018 年 12 月。

### （一）试验材料

试验在黑龙江省水利科技试验研究中心 19 号温室内进行，供试材料为北京农瑞德农业科技有限公司提供的台南旺禧樱桃番茄，整地后施底肥，各试验处理均采用常规复合肥（50kg/ 亩）及有机肥（5000kg/ 亩）做基肥，平整做畦，铺设滴灌带和覆膜作业，滴灌带铺在栽植行边上， 滴灌带上的滴头间距 40cm，植株定植穴始终与滴头保持 5cm 距离。

### （二）试验方法

共引进三种肥料（如图 6-2）即为三个处理进行对比试验，每个处理三次重复，共 9 个小区，采用随机排列设计，秧苗定植株行距 40cm×40cm，每小区 24 株，每小区面积 5m²。水肥一体化系统主要由水源、水泵、施肥罐、管道系统（主管、支管）、阀门、滴头等组成，滴灌施肥设备由山东丰田节水器材股份有限公司提供。

三种肥料分别为：鱼肽素有机水溶肥（试验处理 1）、黄腐酸水溶肥（试验处理 2）、氨基酸水溶肥（试验处理 3）。整个生育期各处理均进行 6 次滴灌施肥，施肥时间分别是移栽后 7d（苗期）、14d（苗期）、30d（第一穗花坐果后）、50d（第一穗果转色时）、70d（盛果期）和 90d（盛果期），CK 采用滴清水处理。试验期间灌水原则为第一穗果坐住前间隔 4 天灌一次，第一穗果开始膨大一直到采收结束采取间隔 6 天灌一次。病虫害防治及其他栽培管理采用常规方法。

鱼肽素有机水溶肥　　氨基酸水溶肥　　黄腐酸水溶肥

图 6-2　试验肥料

### （三）数据测定

#### 1. 生态调查

试验过程中，定点跟踪观测记录各处理的开花时间、采收初期和采收末期等物候期，每个处理小区选取有代表性的 3 株，分别在定植期、开花期、坐果期、首采期连续四次测量株高和株径，取平均值。采用游标卡尺测定地上 1cm 处株径，株高采用缝纫线随弯就弯测定，然后用直尺量取缝纫线长度。

采收结束后植株及根系干鲜重的测定：生产结束时，每个处理选择植株 3 株测定地上部干重和地下部干重。茎基部以上部分为地上部，茎基部以下部分为地下部。在挖根部时尽量多带土块，尽量少破坏根系，将其装在孔径 2mm 的尼龙网袋内，用水浸泡 1h 后冲洗干净，烘干后称重。

采收期测产等，均采用人工进行测定。

#### 2. 温室小气候观测

采用温室环境自动监测系统自动监测温室内空气温度和相对湿度，各个试验处理小区不同土层的湿度、温度等。

#### 3. 病情指数调查

在植株生长过程中参照胡晓辉方法（2003）调查早疫病和叶霉病病情指数，参照《农药田间药效试验准则（一）杀菌剂防治蔬菜灰霉病》（GB/T17980.28—2000）调查灰霉病病情指数。病害分级标准参照番茄的病害分级标准见表 6-1。

病情指数 =[（∑各级发病数 × 相应级严重度平均值）／调查总数 ]× 100[85]。

表 6-1 病害分级标准

| 病级 | 早疫病 | 叶霉病 | 灰霉病 |
|---|---|---|---|
| 0级 | 无病 | 无病 | 无病斑 |
| 1级 | 病叶数占全株总叶数的 1/4 以下 | 病叶数占全株总叶数的 1/4 以下 | 1/20 以下花、果发病或 1/4 以下叶片发病 |
| 2级 | 病叶数占全株总叶数的 1/4—1/2 | 病叶数占全株总叶数的 1/4—1/2 | 1/20—1/10 花、果发病或 1/4—1/2 叶片发病 |
| 3级 | 病叶数占全株总叶数的 1/2—3/4 | 病叶数占全株总叶数的 1/2—3/4 | 1/10—1/5 花、果发病或 1/2—3/4 叶片发病 |
| 4级 | 几乎全株叶片都有病斑 | 几乎全株叶片都有病斑 | 1/5 以上花、果发病或部分植株枯死 |
| 5级 | 全株叶片霉烂或枯死，几乎无绿色组织 | 全株叶片霉烂或枯死，几乎无绿色组织 | 全株叶片霉烂或枯死，几乎无绿色组织 |

#### 4. 产量测定

果实成熟时开始收获，每 2—3d 测产一次，每个小区分别测产，累计每次采收重量，统计小区总产，三次重复计算平均值为小区产量，其中单果重为测量 10 个果实的平均重量得出。

#### 5. 数据处理

采用 Excel 和 SPSS 软件对数据进行分析处理，采用 Duncan 法进行多重比较分析。

## 二、结果与分析

### （一）不同试验处理生育期比较

各试验处理秧苗统一于 2016 年 11 月 25 日播种育苗，12 月 10 日分苗于 8cm×8cm 塑料营养钵，2017 年 2 月 15 日定植（带蕾定植，按统一标准筛选秧苗）。由表 6-2 可知，试验各处理开花期较对照（CK）均提前，其中处理 2 较对照提前 5 天，处理 3 和处理 1 分别较对照提前 3 天和 2 天；试验处理 2 较对照提前采收上市 8 天，处理 3 和处理 1 较对照提前采收 5 天和 4 天。因此说明各试验处理均有利于促进樱桃番茄提早开花，促进早熟，试验处理 2 黄腐酸水溶肥更有利于促进早春樱桃番茄提早开花，提早采收上市，从而获得更好的经济效益。

表 6-2 不同试验处理生育期及生长特性比较

| 试验处理 | 定植期（月/日） | 开花期（月/日） | 采收始期（月/日） | 播种至始收（d） | 采收天数（d） | 生育期（d） |
|---|---|---|---|---|---|---|
| 处理 1 | 02/15 | 02/28 | 04/17 | 143 | 68 | 211 |
| 处理 2 | 02/15 | 02/25 | 04/13 | 139 | 63 | 202 |
| 处理 3 | 02/15 | 02/27 | 04/16 | 142 | 70 | 212 |
| CK | 02/15 | 03/02 | 04/21 | 147 | 72 | 219 |

## （二）不同处理对樱桃番茄株高的影响

从表6-3试验可以看出，定植期试验处理和对照的株高差异不大，到了开花期，试验的各个处理株高显著高于对照；到了坐果期，处理2株高极显著高于其他各个处理，处理3和处理1高于对照但不显著；首采期，处理2株高仍然极显著高于其他处理，处理1极显著高于处理3和对照，处理3高于对照但不显著。综上，各个处理在试验前期效果不明显，随着试验处理时间的延长，大大促进了樱桃番茄株高的生长。

表6-3　不同处理对樱桃番茄株高的影响　　　　　（单位：cm）

| 试验处理 | 定植期 | 开花期 | 坐果期 | 首采期 |
| --- | --- | --- | --- | --- |
| 处理1 | 19.67 ± 1.53Aa | 31.17 ± 1.04Aa | 52.93 ± 2.00（Bb） | 144.97 ± 2.80（Bb） |
| 处理2 | 19.43 ± 1.50Aa | 31.6 ± 2.15Aa | 58.63 ± 1.18（Aa） | 157.43 ± 1.96（Aa） |
| 处理3 | 19.17 ± 1.04Aa | 31.03 ± 1.82Aa | 52.67 ± 2.36（Bb） | 133.2 ± 1.80（Cc） |
| CK | 18.37 ± 1.00Aa | 27.47 ± 1.00Ab | 51.40 ± 1.44（Bb） | 131.37 ± 0.71（Cc） |

注：大写字母表示0.01的水平；小写字母表示0.05的水平。

## （三）不同处理对樱桃番茄株径的影响

从表6-4可以看出，试验处理对樱桃番茄株径有很大影响。在定植初期差异不显著，在开花期三个试验处理的株径均极显著高于对照；坐果期和首采期，处理2和处理1均极显著高于处理3和对照，处理3高于对照，但不显著。

综上，在幼苗生长前期由于作用时间短，效果不明显，随着试验处理时间的延长，对株径影响很大，促进了壮苗的形成，有利于提高樱桃番茄植株的抗逆性。

表6-4　不同处理对樱桃番茄株径的影响　　　　（单位：mm）

| 试验处理 | 定植 | 开花 | 坐果 | 首采 |
| --- | --- | --- | --- | --- |
| 处理1 | 3.13 ± 0.06（Aa） | 4.83 ± 0.21（Aa） | 5.80 ± 0.26（Bb） | 6.78 ± 0.16（Bb） |
| 处理2 | 3.05 ± 0.23（Aa） | 4.80 ± 0.10（Aa） | 6.43 ± 0.23（Aa） | 7.37 ± 0.15（Aa） |
| 处理3 | 3.10 ± 0.13（Aa） | 4.78 ± 0.16（Aa） | 4.95 ± 0.05（Cc） | 5.62 ± 0.13（Cc） |
| CK | 3.05 ± 0.18（Aa） | 4.13 ± 0.15（Bb） | 4.90 ± 0.26（Cc） | 5.42 ± 0.13（Cc） |

注：大写字母表示0.01的水平；小写字母表示0.05的水平。

### （四）不同处理对樱桃番茄地上、地下生物量的影响

表6-5　樱桃番茄植株干重和鲜重

| 处理 | 株鲜重（kg） | 株干重（kg） | 根鲜重（g） | 根干重（g） |
|---|---|---|---|---|
| 处理1 | 0.76 ± 0.01（Aa） | 0.106 ± 0.009（Aa） | 24.22 ± 0.44（Aa） | 4.06 ± 0.13（Bb） |
| 处理2 | 0.82 ± 0.03（Aa） | 0.115 ± 0.015（Aa） | 25.28 ± 2.58（Aa） | 4.70 ± 0.33（Aa） |
| 处理3 | 0.66 ± 0.05（Bb） | 0.086 ± 0.008（Ac） | 22.66 ± 1.02（Aa） | 3.66 ± 0.23（Cc） |
| CK | 0.58 ± 0.03（Bc） | 0.084 ± 0.011（Ac） | 22.31 ± 0.44（Ab） | 3.40 ± 0.32（Cc） |

注：大写字母表示0.01的水平；小写字母表示0.05的水平。

如表6-5可知，处理2和处理1的株鲜重极显著高于处理3和对照，但处理2与处理1差异不显著，处理3显著高于对照；处理2和处理1的株干重显著高于处理3和对照，处理2与处理1差异仍然不显著；处理2的根鲜重显著高于对照，与处理1和3差异不显著；处理2的根干重极显著高于其他各个处理，处理1也极显著高于处理3和对照，但处理3和对照之间差异不显著。

由此可以看出，处理1和处理2均有利于植株营养生长，更有利于植株干物质的积累，为产量的形成奠定了基础。

### （五）不同试验处理对樱桃番茄抗病性的影响

表6-6可知，三种不同肥料对番茄灰霉病和叶霉病的病情指数影响较大。试验处理灰霉病和叶霉病病情指数均极显著低于CK，试验各处理早疫病病情指数均低于对照。试验结果表明三种不同肥料对提高早春温室樱桃番茄的抗病能力有很大作用，为生产绿色蔬菜提供了强有力保障。

表6-6　不同试验处理对樱桃番茄病情指数的影响

| 品种 | 病情指数 | | |
|---|---|---|---|
| | 早疫病 | 灰霉病 | 叶霉病 |
| 处理1 | 12.00 ± 0.76（Aa） | 14.57 ± 0.46（Bb） | 14.48 ± 0.67（Aa） |
| 处理2 | 11.99 ± 0.78（Aa） | 12.93 ± 0.45（Aa） | 14.37 ± 0.53（Aa） |
| 处理3 | 12.56 ± 0.62（Aab） | 14.71 ± 0.39（Bb） | 16.19 ± 0.22（Bb） |
| CK | 13.68 ± 0.86（Ab） | 16.78 ± 0.42（Cc） | 18.65 ± 0.36（Cc） |

注：大写字母表示0.01的水平；小写字母表示0.05的水平。

## （六）不同处理对樱桃番茄产量的影响

不同肥料对樱桃番茄产量影响分析结果如表6-7所示：前期产量，处理2最高，显著高于处理3，极显著高于对照；处理1高于处理3，但不显著，显著高于对照；处理3高于对照，但不显著。中期产量，处理2显著高于处理3和对照；处理1高于处理3和对照，但不显著；处理3和对照差异不显著。后期产量表现同于中期产量。总产量处理2极显著高于处理3和对照；处理1高于处理3和对照，但不显著；处理3和对照差异不显著。

处理2可以有效提高樱桃番茄的产量，增产35.8%，其次为处理1，增产15.2%，处理3和对照差异不显著。

表6-7　不同肥料对樱桃番茄产量的影响　（单位：$kg/hm^2$）

| 处理 | 前期产量<br>（4.13—5.5） | 中期产量<br>（5.6—6.8） | 后期产量<br>（6.8—7.3） | 总产量<br>（4.13—7.3） |
|---|---|---|---|---|
| 处理1 | 12845.1 ± 1452.3<br>（ABab） | 17751.9 ± 1424.1<br>（Aab） | 14367.9 ± 451.2<br>（Aab） | 42920.4 ± 4624.8<br>（ABb） |
| 处理2 | 14734.5 ± 507.6<br>（Aa） | 21967.8 ± 394.8<br>（Aa） | 17484.0 ± 3454.5<br>（Aa） | 50590.8 ± 1325.4<br>（Aa） |
| 处理3 | 11350.5 ± 1480.5<br>（ABbc） | 16426.5 ± 4413.3<br>（Ab） | 13197.6 ± 1494.6<br>（Ab） | 39254.4 ± 3609.6<br>（Bb） |
| CK | 9954.6 ± 1734.3<br>（Bc） | 15763.8 ± 1762.5<br>（Ab） | 12323.4 ± 2594.4<br>（Ab） | 37266.3 ± 3059.7<br>（Bb） |

注：大写字母表示0.01的水平；小写字母表示0.05的水平。

## 三、小结

从试验结果可以看出：

### （一）不同肥料对樱桃番茄生育期的影响

各试验处理均有利于促进樱桃番茄提早开花，促进早熟。试验处理2更有利于促进早春樱桃番茄提早开花，提早采收上市，从而获得更好的经济效益。

### （二）对株高、株径的影响

各个肥料处理在试验前期由于作用时间短，效果不明显。随着试验处理时间的延长，不同肥料对樱桃番茄的生长有不同程度的促进，其中处理2腐殖酸类肥料对樱桃番茄株高和株径的影响最大，促进了壮苗的形成，有利于提高樱桃番茄植株的抗性。

### （三）对地上地下生物量积累的影响

处理1和处理2均有利于植株营养生长，更有利于植株干物质的积累，为产量的形成奠定了基础。

### （四）对抗病性的影响

通过三种病害病情指数方差分析可以看出，三种不同肥料对提高早春温室樱桃番茄的抗病能力有很大作用，为生产绿色蔬菜提供了强有力保障。

### （五）产量方面

前期产量，处理 2 最高，显著高于处理 3，极显著高于对照；处理 1 高于处理 3，但不显著，显著高于对照；处理 3 高于对照，但不显著。

中期产量，处理 2 显著高于处理 3 和对照；处理 1 高于处理 3 和对照，但不显著；处理 3 和对照差异不显著。后期产量表现同于中期产量。

总产量，处理 2 极显著高于处理 3 和对照；处理 1 高于处理 3 和对照，但不显著；处理 3 和对照差异不显著。处理 2 可以有效提高樱桃番茄的前期产量和总产量，增产 35.8%，其次为处理 1，增产 15.2%，处理 3 和对照差异不显著。

综上，本试验通过引进鱼肽素有机肥、腐殖酸和氨基酸肥料用于早春樱桃番茄生产中，大大促进了秧苗生长，提高了抗逆性和抗病性，从而促进幼苗定植初期快速适应新的生长环境，有利于樱桃番茄提早上市，提高了产量，尤其腐殖酸肥料表现突出。对于早春生产樱桃番茄来说，采收期提前，有利于抢前抓早，市场价格高，特别是前期产量高，更有利于获得高效益。

## 第二节　樱桃番茄品种引进筛选试验

樱桃番茄果实颜色和形状丰富多样，果实的大小变化也比较大，平均单果重一般在 10—30g。不同樱桃番茄品种的品质、抗病性、抗逆性和产量差异较大，生产者选择品种时不仅需要考虑品种的抗病性、丰产性、早熟性和经济效益，还需要考虑市场消费习惯、栽培方式、栽培季节和用途等因素。樱桃番茄引种试验对改善本地区日光温室樱桃番茄的品种构成，丰富优良樱桃番茄的品种数目，促进北方地区有机农业、生态观光农业的发展，建成获得较高的生态效益、社会效益的现代化高效农业具有重要意义。

### 一、试验材料与方法

#### （一）试验材料

本试验引进筛选樱桃番茄品种 5 个，以当地主栽品种台南旺禧为对照，分别是：

1. 金陵美玉：江苏省农业科学院蔬菜研究所选育

2. 吉农番茄 5 号：吉林省蔬菜花卉研究所选育

3. 西大樱粉 1 号：广西大学农学院选育

4. 香浓 2 号：上海菲图种业有限公司选育

5. 千禧：台湾农友种苗股份有限公司选育

6. 台南旺禧（CK）：北京农瑞德农业科技有限公司提供

## （二）试验方法

整地后施底肥，各品种均采用有机肥 5000kg/ 亩做底肥，平整做畦，铺设滴灌带和覆膜作业，滴灌带铺在栽植行边上， 滴灌带上的滴头间距 40cm，植株定植穴始终与滴头保持 5cm 距离。2016 年 12 月 1 日统一时间播种，2017 年 2 月 15 日统一定植。栽培管理措施按常规进行。

共 5 个品种进行对比试验，即为 5 个试验小区和 1 个对照，三次重复，共 18 个小区，采用随机排列设计，秧苗定植株行距 40cm×40cm，每小区 24 株，每小区面积 5m$^2$。

调查项目按樱桃番茄种质资源描述规范和数据标准规定执行，调查记载各品种的植株性状、果实性状、产量等。

植株生物学性状和生育期性状调查，随机选取每个小区内樱桃番茄 3 株，分别进行挂牌标记，定株、定期观察，通过采用游标卡尺测量各品种的株茎、直尺测量各品种的株高来衡量生长势，对不同品种生长类型、坐果率等进行观察、记录。

发病率调查: 观察植株，表现特定病症( 早疫病、叶霉病、灰霉病 )时记录发病株数，同时按照常规施药防治。

发病率 =（X ／ Y）×100%

X：某品种发病总株数；Y：该品种种植总株数。

果实性状调查: 对果实单果重、果色、果形、果实的抗裂性等性状进行调查并记录，用电子秤称取果实单果重，每个品种选取 20 个达到商品成熟度的正常果实称重，最后计算其平均值。

果实品质的评价：通过对自然成熟的果实进行品尝，调查各品种口感和风味等情况。

果形指数：果实形状关于果形指数（纵径／横径：H/D）大小分级：扁平（H/D ≤ 0.70），扁圆（H/D = 0.71—0.86），圆（H/D = 0.87—1.00），高 圆（H/D = 1.01—1.50）， 长圆（H/D ≥ 1.51）[187]。

产量调查：统计始收期至末收期每小区 24 株樱桃番茄采收的商品果实的总重量，折算出每 667m$^2$ 的总产量。

数据分析：试验数据采用 Excel 软件进行处理，用 SPSS 软件采用 Duncan 法进行单因素显著性分析。

## 二、结果与分析

### （一）不同樱桃番茄品种生育期性状比较

由表6-8可知，樱桃番茄幼苗日历苗龄77 d，吉农番茄5号、香浓2号和千禧始收期最早，西大樱粉1号和对照台南旺禧次之，金陵黛玉早熟性稍差，由此可以看出，吉农番茄5号、香浓2号和千禧较其余两个品种明显早熟，说明早熟性较好。5个樱桃番茄品种从播种至始收需要133—146d，采收期为68—82d，始收期最晚的是金陵黛玉，属于中早熟品种，比最早采收的品种推迟两周时间。

表6-8　不同樱桃番茄品种生育期性状比较

| 试验处理 | 定植期（月/日） | 采收始期（月/日） | 采收末期（月/日） | 播种至始收（d） | 采收天数（d） | 生育期（d） |
|---|---|---|---|---|---|---|
| 金陵黛玉 | 02/15 | 04/25 | 07/16 | 146 | 82 | 228 |
| 吉农番茄5号 | 02/15 | 04/12 | 06/20 | 133 | 68 | 202 |
| 西大樱粉1号 | 02/15 | 04/19 | 07/03 | 140 | 75 | 215 |
| 香浓2号 | 02/15 | 04/14 | 06/26 | 135 | 73 | 208 |
| 千禧 | 02/15 | 04/13 | 06/25 | 134 | 73 | 207 |
| 台南旺禧（CK） | 02/15 | 04/18 | 07/02 | 139 | 75 | 214 |

### （二）不同樱桃番茄品种生物学性状比较

根据试验观察，5个樱桃番茄品种均为无限生长型。

从表6-9看出：

5个品种中，香浓2号和吉农番茄5号茎秆较粗壮，长势强，生长旺盛；金陵黛玉、西大樱粉1号和千禧与对照相比，长势无明显优势。

大多数资料表明，第一花序着生节位的高低和花序之间间隔叶片数的多少，可以反映樱桃番茄品种成熟期的早晚。引进的5个品种中始花节位最高的是西大樱粉1号，为8.5节，属于中早熟品种；金陵黛玉和千禧始花节位略低于西大樱粉1号，但不显著，属于早熟品种；吉农番茄5号显著低于对照，属于极早熟。

所有引进樱桃番茄品种每穗开花数以金陵黛玉最多，为23.1朵；香浓2号最少，为16.6朵。每穗坐果数金陵黛玉最多，其次为吉农番茄5号和千禧。5个品种坐果率比较，吉农番茄5号最高，达80.81%，香浓2号次之，千禧和金陵黛玉与对照相当，只有西大樱粉1号坐果率低于对照，为72.02%，但与对照差异不显著。这表明引进的樱桃番茄品种植株本身的生物学性状都很好，与对照相当，适宜在当地种植。

表 6-9　不同品种生物学性状比较

| 品种 | 生长类型 | 生长势 | 株高/cm | 株茎/cm | 始花节位/节 | 每穗开花数/朵 | 每穗坐果数/个 | 坐果率/% |
|---|---|---|---|---|---|---|---|---|
| 金陵黛玉 | 无限生长类型 | 一般 | 115.68b | 1.23b | 8.4a | 23.1a | 17.2a | 74.46ab |
| 吉农番茄5号 | 无限生长类型 | 强 | 116.35b | 1.39ab | 7.0c | 19.8ab | 16.0a | 80.81a |
| 西大樱粉1号 | 无限生长类型 | 一般 | 133.60a | 1.23b | 8.5a | 16.8b | 12.1b | 72.02b |
| 香浓2号 | 无限生长类型 | 强 | 117.21b | 1.56a | 7.3bc | 16.6b | 13.0b | 78.31a |
| 千禧 | 无限生长类型 | 较强 | 118.85b | 1.29b | 8.1a | 21.2a | 16.0a | 75.47ab |
| 台南旺禧（CK） | 无限生长类型 | 较强 | 118.67b | 1.24b | 7.7b | 12.9c | 9.8c | 75.97ab |

注：小写字母是 5% 水平显著，大写字母是 1% 水平显著。

## （三）不同樱桃番茄品种果实性状比较

表 6-10　不同品种果实性状比较

| 品种 | 果形 | 果色 | 纵径/cm | 横径/cm | 果形指数 | 单果重/g | 风味品质 | 评价 |
|---|---|---|---|---|---|---|---|---|
| 金陵黛玉 | 椭圆形 | 粉红 | 2.61 | 2.21 | 1.18 | 18.6 | 番茄风味浓、酸甜 | +++ |
| 吉农番茄5号 | 椭圆形 | 亮红 | 3.61 | 2.56 | 1.41 | 20.2 | 口感一般、酸 | + |
| 西大樱粉1号 | 椭圆形 | 粉红 | 3.76 | 2.85 | 1.32 | 23.5 | 口感酸甜、有番茄原始风味 | +++ |
| 香浓2号 | 卵圆形 | 深红 | 3.27 | 2.66 | 1.23 | 21.8 | 口感好、酸甜、风味佳 | +++ |
| 千禧 | 卵圆形 | 粉红 | 2.45 | 1.98 | 1.24 | 18.2 | 口感好、酸甜 | ++ |
| 台南旺禧（CK） | 椭圆形 | 粉红 | 3.77 | 2.6 | 1.45 | 23.4 | 风味极佳、甜酸 | +++ |

注：果实风味品质为品尝成熟果实时对果实酸甜风味等做出的评价，由差到好分为 3 级，分别用 +、++、+++ 表示。

从表 6-10 试验结果看，比较 5 个樱桃番茄品种果实性状可以看出不同品种果形、果色、果实的重量等各有差异。

金陵黛玉、西大樱粉 1 号、千禧和对照台南旺禧为粉红色，香浓 2 号为深红色，吉农番茄 5 号为亮红色；

果形主要分为两大类：椭圆形和卵圆形。单果质量最大为西大樱粉 1 号，单个果实的平均重量为 23.5g，最小的是千禧，为 18.2g。

试验中 5 个品种果实都表现为抗裂。风味品质最好的是西大樱粉 1 号，金陵黛玉、香浓 2 号次之，千禧较好，吉农番茄 5 号口感一般。

### （四）不同品种抗病性调查

从表 6-11 不同樱桃番茄品种病害发病率来看，香浓 2 号对叶霉病和灰霉病有极好的抗性；吉农番茄 5 号抗早疫病；西大樱粉 1 号对叶霉病有很好的抗性，但不抗灰霉病，比较适合早春大棚栽培；金陵黛玉对叶霉病、灰霉病的抗性较差，不适于哈尔滨地区早春茬栽培；千禧樱桃番茄对早疫病有良好的抗性，较抗叶霉病和灰霉病；对照品种台南旺禧抗叶霉病和早疫病，较抗灰霉病。

表 6-11　不同樱桃番茄品种抗病性比较

| 品种 | 叶霉病发病率（%） | 灰霉病发病率（%） | 早疫病发病率（%） |
|---|---|---|---|
| 金陵黛玉 | 16.7 | 20.8 | 6.5 |
| 吉农番茄 5 号 | 14.5 | 18.6 | 0 |
| 西大樱粉 1 号 | 0 | 35.8 | 6.0 |
| 香浓 2 号 | 0 | 0 | 4.5 |
| 千禧 | 12.3 | 21.7 | 5.2 |
| 台南旺禧（CK） | 0 | 5.6 | 0 |

### （五）不同品种产量比较

从图 6-3 和表 6-12 可知，吉农番茄 5 号前期产量最高，香浓 2 号次之，二者显著高于金陵黛玉，西大樱粉 1 号、千禧与对照台南旺禧之间前期产量差异不显著。

香浓 2 号总产量最高，对照次之，吉农番茄 5 号、千禧和西大樱粉 1 号均低于香浓 2 号和对照，金陵黛玉总产量最低，但各个品种的亩产量差异均不显著。

表 6-12　不同品种产量比较

| 品种 | 前期产量<br>（kg/ 5m²） | 小区产量<br>（kg/ 5m²） | 亩产<br>（kg/ 亩） | 位次 |
|---|---|---|---|---|
| 金陵黛玉 | 9.5 ± 3.63Aa | 20.8 ± 3.78Aa | 2766 | 6 |
| 吉农番茄 5 号 | 17.6 ± 2.53Ab | 25.2 ± 2.87Aa | 3352 | 3 |
| 西大樱粉 1 号 | 13.1 ± 2.95Aab | 21.7 ± 3.24Aa | 2886 | 5 |
| 香浓 2 号 | 15.5 ± 3.65 Ab | 25.9 ± 3.76Aa | 3445 | 1 |
| 千禧 | 13.8 ± 2.83Aab | 23.2 ± 3.35Aa | 3086 | 4 |
| 台南旺禧（CK） | 13.5 ± 2.60 Aab | 25.5 ± 2.58Aa | 3392 | 2 |

小写字母是 5% 水平显著，大写字母是 1% 水平显著。

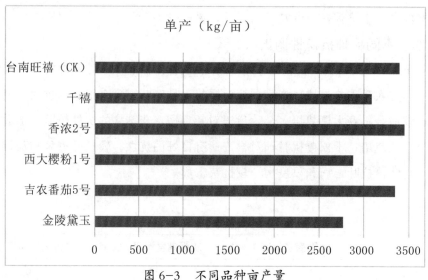

图6-3  不同品种亩产量

### 三、小结

从樱桃番茄品种引进筛选试验结果可以看出：

#### （一）不同品种樱桃番茄早熟性比较

吉农番茄5号、香浓2号和千禧较另两个品种明显早熟，说明这三个品种有利于北方设施栽培樱桃番茄抢前抓早。西大樱粉1号和对照台南旺禧次之，始收期最晚的是金陵黛玉，属于中早熟品种，比最早采收的品种推迟两周时间。

#### （二）不同品种樱桃番茄生物学性状比较

根据试验观察，5个樱桃番茄品种均为无限生长型。香浓2号和吉农番茄5号长势强，生长旺盛；金陵黛玉、西大樱粉1号和千禧与对照相比，长势无明显优势。

引进的5个品种中始花节位最高的是金陵黛玉，属于中早熟品种；其次为西大樱粉1号，千禧始花节位略低于西大樱粉1号；吉农番茄5号、香浓2号和千禧始花节位显著低于对照，属于早熟品种。

5个品种中吉农番茄5号坐果率最高，达80.81%，香浓2号次之，千禧和金陵黛玉与对照相当，只有西大樱粉1号坐果率低于对照，为72.02%，但与对照差异不显著。以上表明引进的小番茄品种植株本身的生物学性状都很好，与对照相当，适宜在当地种植。

#### （三）不同品种樱桃番茄果实性状比较

从试验结果看，5个小番茄品种果形、果色、单果重等各有差异。

金陵黛玉、西大樱粉1号、千禧和对照台南旺禧为粉红色，香浓2号为深红色，吉农番茄5号为亮红色。

果形分为椭圆形和卵圆形；单果重量最大为西大樱粉 1 号，单个果实的平均重量为 23.5g；最小的是千禧，为 18.2g。

试验中 5 个品种果实都表现为抗裂。樱桃番茄风味品质是决定果实市场价值的一个重要的指标，比较好的品种一般都是酸甜适口、多汁、唇间留香，因此，风味品质最好的是西大樱粉 1 号，金陵黛玉、香浓 2 号次之，千禧较好，吉农番茄 5 号口感一般。

### （四）不同品种樱桃番茄抗病性调查

抗病性是引进的新品种在种植方面所面临的主要问题。外来品种对引入地常见的病虫害抵抗力不明确，有些甚至没有抵抗力。为了验证引进的樱桃番茄品种在哈尔滨地区是否适宜种植，对哈尔滨地区春茬樱桃番茄栽培常见的叶霉病、灰霉病和早疫病等抗病性进行了比较研究。

从不同樱桃番茄品种病害发病率来看，香浓 2 号对叶霉病和灰霉病有极好的抗性；吉农番茄 5 号抗早疫病；西大樱粉 1 号对叶霉病有很好的抗性，但不抗灰霉病，比较适合早春大棚栽培；金陵黛玉对叶霉病、灰霉病和早疫病的抗性均较差，不适于哈尔滨地区早春茬栽培；千禧樱桃番茄对早疫病有良好的抗性，较抗叶霉病和灰霉病。

### （五）产量方面

吉农番茄 5 号前期产量最高，香浓 2 号次之，二者显著高于金陵黛玉，西大樱粉 1 号、千禧与对照台南旺禧之间前期产量差异不显著。

香浓 2 号总产量最高，吉农番茄 5 号、千禧和西大樱粉 1 号均低于香浓 2 号和对照，金陵黛玉总产量最低，但各个品种的亩产量差异均不显著。

综合以上，吉农番茄 5 号早熟性、坐果率及长势均优于其他品种，香浓 2 号次之，千禧早熟性较好；金陵黛玉、西大樱粉 1 号、千禧为粉红色，香浓 2 号为深红色，吉农番茄 5 号为亮红色；试验中 5 个品种果实都表现为抗裂，风味品质最好的是西大樱粉 1 号，金陵黛玉、香浓 2 号次之，千禧较好，吉农番茄 5 号口感一般。

从抗病性来看，香浓 2 号对叶霉病和灰霉病有极好的抗性；吉农番茄 5 号抗早疫病；千禧樱桃番茄对早疫病有良好的抗性，较抗叶霉病和灰霉病；西大樱粉 1 号对叶霉病有很好的抗性，但不抗灰霉病，比较适合早春大棚栽培。

从产量来看，吉农番茄 5 号前期产量最高，香浓 2 号次之，香浓 2 号总产量最高。

从以上可以看出，香浓 2 号、吉农番茄 5 号、千禧适合于哈尔滨地区早春温室生产，西大樱粉 1 号比较适合早春大棚栽培。

# 第三节　樱桃番茄水肥一体化试验

## 一、试验设计

### （一）试验材料

以哈尔滨地区常规栽培品种台南旺禧樱桃番茄为试验材料，2017年12月10日播种，12月15日开始出苗，2018年1月4日第2片真叶展开分苗，2018年3月2日生理苗龄7叶1心定植。

### （二）试验方案

试验采用L9（3^4）正交设计，水分管理（A）、复合肥（B）和腐殖酸肥（C）三因素三水平试验（见表6-13、表6-14），共9个处理，3次重复，随机区组排列，共27个小区（见图6-4、图6-5）。每小区面积5m²，定植2行（见图6-6、图6-7），共计24株，行距40cm，株距40cm，采用膜下滴灌给水，滴灌带铺在栽植行边上，滴灌带上的滴头间距40 cm，植株定植穴始终与滴头保持5cm距离，每个小区安装水表和止水阀。9个处理27个小区的复合肥按照试验设置不同用量，在整地后覆膜前施入。腐殖酸肥处理在樱桃番茄开花后灌水的同时，采取膜下滴灌水肥一体化进行，在第一穗花开花开始每间隔15d处理一次，整个生育期共施肥6次。各试验处理小区施入相同量的有机肥作为基肥（2600kg/亩），其他栽培管理措施与常规相同。

表6-13　正交试验设计表

| 处理代码 | A（水分控制下限） | B（复合肥） | C（腐殖酸肥） |
|---|---|---|---|
| 1 | A1 | B1 | C1 |
| 2 | A1 | B2 | C2 |
| 3 | A1 | B3 | C3 |
| 4 | A2 | B1 | C3 |
| 5 | A2 | B2 | C1 |
| 6 | A2 | B3 | C2 |
| 7 | A3 | B1 | C2 |
| 8 | A3 | B2 | C3 |
| 9 | A3 | B3 | C1 |

表 6-14　试验设计水平

| 代号 | 水分控制下限 | 代号 | 用肥总量 | 代号 | 用肥总量 |
|---|---|---|---|---|---|
| A1 | 土壤含水量占田持 80%—100% | B1 | 60kg/ 亩 | C1 | 6L/ 亩 |
| A2 | 土壤含水量占田持 65%—100% | B2 | 40kg/ 亩 | C2 | 4L/ 亩 |
| A3 | 土壤含水量占田持 50%—100% | B3 | 20kg/ 亩 | C3 | 0 |

图 6-4　试验区实景图

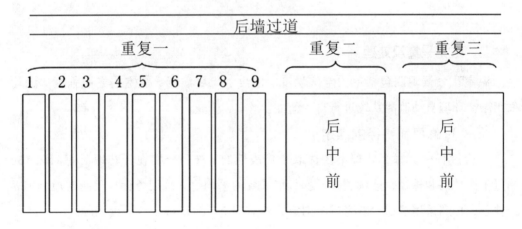

图 6-5　试验小区分布图

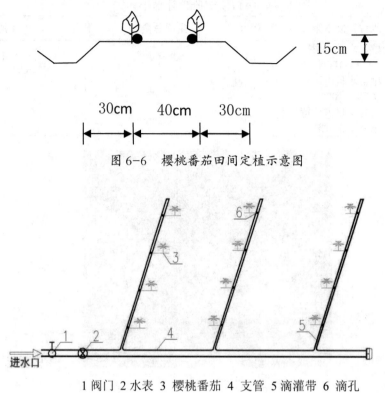

图 6-6　樱桃番茄田间定植示意图

1 阀门 2 水表 3 樱桃番茄 4 支管 5 滴灌带 6 滴孔

图 6-7　试验小区田间布置示意图

## 二、数据采集及处理

温室小气候观测包括室内空气温度、湿度、土壤温度、温室内光照强度等，均采用温室环境自动监测系统进行自动监测。

### （一）株高和株径的测定

试验过程中，每个处理小区选取有代表性的 3 株，分别在开花以后每间隔 15d 测量 1 次株高和株径，连续测量 5 次，取 3 株的平均值。采用游标卡尺测定地上 1cm 处株径，株高采用缝纫线随弯就弯测定，然后用直尺量取缝纫线长度。

### （二）植株地上部分和地下部分鲜重及干重的测定

采收结束后每个处理选定 3 株，对地上植株贴茎基收获后测定鲜重，然后烘干测定单株干质量。并将每一单株的 30cm 内的植株根系连同附带的土块人工用手分拣出来，装在孔径 2mm 的尼龙网袋内，用水浸泡 1h 后冲洗干净，根系表面水分自然蒸发后测定鲜重然后烘干测定干重。干重测定是将植株置于烘箱内 105℃杀青 15min，然后 80℃恒温 24h 后称重。

## （三）病情指数调查

在植株生长过程中参照胡晓辉方法（2003）[84]调查灰霉病和叶霉病病情指数，参照《农药田间药效试验准则（一）杀菌剂防治蔬菜灰霉病》（GB/T17980.28—2000）调查灰霉病病情指数．病害分级标准见表6-1。

病情指数 =[（∑各级发病数 × 相应级严重度平均值）／调查总数 ]×100[85]。

## （四）品质的测定

取各试验处理第1穗果实样品进行番茄果实营养成分测定。

营养成分测定项目包括可溶性固形物、维生素C、可溶性糖、可滴定酸、糖酸比等的含量测定。

几种果实营养成分的测定方法如下：

### 1.维生素C含量的测定方法（比色法）

试样制备：称取100g鲜样，加100ml偏磷酸－乙酸溶液，倒入捣碎机内打成匀浆，用百里酚蓝指示剂调试匀浆酸碱度。如呈红色，即可用偏磷酸－乙酸溶液稀释，若呈黄色或蓝色，则用偏磷酸－乙酸－硫酸溶液稀释，使其pH值为1.20。匀浆的取量需根据试样中抗坏血酸的含量而定。当试样液含量在40—100ug/ml之间，一般取10g匀浆，用偏磷酸－乙酸溶液稀释至100ml，过滤，滤液备用。

测定：（1）分别取试样滤液及标准使用液各100ml于200ml带盖三角瓶中，加2g活性炭，用力振摇1min，过滤，弃去最初数ml滤液，分别收集其余全部滤液，即试样氧化液和标准氧化液，待测定；（2）各取10ml标准氧化液于2个100ml容量瓶中，分别标明"标准"及"标准空白"；（3）各取10ml试样氧化液于2个100ml容量瓶中，分别标明"试样"及"试样空白"；（4）在"标准空白"及"试样空白"溶液中各加入5ml硼酸－乙酸溶液，混合摇动15min，用水稀释至100ml，在4℃冰箱中放置2—3h，取出备用；（5）在"试样"及"标准"溶液中加入5ml500g/l乙酸钠液，用水稀释至100ml，备用。

标准曲线的制备：取上述"标准"溶液（抗坏血酸含量10ug/ml）0.5、1.0、1.5、2.0ml标准系列，取双份分别置于10ml带盖试管中，再用水补充至2.0ml。荧光反应：取（4）中"标准空白"溶液、"试样空白"溶液及（5）中"试样"溶液各2ml，分别置于10ml带盖试管中，在暗室迅速向各管中加入5ml邻苯二胺溶液，在室温下反应35min，于激发光波长338nm，发射光波长420nm处测定荧光强度。标准系列荧光强度分别减去标准空白荧光强度为纵坐标，对应抗坏血酸含量为横坐标，绘制标准曲线或进行相关计算，其直线回归方程供计算使用。

计算：$X=c.V.F.100/1000m$

$X$ 代表试样中抗坏血酸及脱氧抗坏血酸总含量，单位：mg/100g；

$c$ 代表由标准曲线查得或由回归方程算得试样溶液浓度，单位：ug/ml；

$m$ 代表试样的质量，单位：g；

$V$ 代表荧光反应所用试样体积，单位 ml；

$F$ 代表试样溶液稀释倍数。

**2. 可溶性糖含量的测定（蒽酮比色法）**

可溶性总糖的提取：取新鲜果样，擦净表面污物，在榨汁机里榨碎，称取 50mg 样品倒入 10ml 离心管内，加入 4ml 80% 的酒精，置于 80℃水浴中搅拌 40min，4000 转/分离心，收集上清液，其残渣加 2ml80% 的酒精重复提两次，合并上清液。在上清液中加 10mg 活性炭，80℃脱色 30min，定容至 10ml，过滤后取滤液测定。

含量的测定：吸取上述酒精提取液 1ml，加入 5ml 蒽酮试剂混合，沸水浴煮 10min，取出冷却。在 625nm 处测 OD 值。从标准曲线上得到提取液中糖的含量。

**3. 可滴定酸含量的测定（标准滴定法）**

测定：取样 10.00—20.00g 用 150ml$H_2O$（煮沸冷却）放入 250ml 容量瓶中，定容，用干燥滤纸过滤，吸取 50ml，加入酚酞指示剂 3—4 滴，用 0.1N 标准 NaOH 溶液滴定至微红在 1min 内不褪色为终点。

计算：总酸度 $\% = V.N.K.5.100/W$

$V$ 代表滴定体积；$N$ 代表 NaOH 标准液的浓度；$K$ 代表 0.067 苹果酸；$W$ 代表样品重量。

**4. 可溶性固形物的测定**

可溶性固形物的测定采用手持糖量计直接测定。手持糖量计用蒸馏水调零，各处理重复取样后，将果实捣碎，用吸管吸取果样汁液滴到手持糖量计的折射斜面上，在光下读取数据即为可溶性固形物的含量。

**5. 产量**

从开始采收到结束，每个处理小区单独测产，采用电子称每 2—3d 测一次。一直持续到拉秧，累计产量，计算单果重。

## 三、结果与分析

### （一）不同栽培模式对秧苗株高的影响

由表 6–15 显示，随着生育期的延长，各处理樱桃番茄植株的株高基本上随定植后时间增长呈直线增加，在 3 月 20 日即处理开始之前，各处理的植株株高并无明显差异，处理开始后，随着植株的生长发育进程，不同处理的植株的株高的生长速度不一，植株株高逐渐开始显现差异。

在处理 15d 和 30d 时（4 月 4 日和 4 月 19 日），各处理株高开始表现出差异，水分控制下限占田间持水量 80%—100% 的各处理株高高于水分控制下限占田间持水量 65%—100% 的各处理，水分控制下限占田间持水量 50%—100% 的各处理株高最矮，相同水分控制下限的各处理之间差异不明显。

从 5 月 3 日开始到 5 月 19 日，各处理间樱桃番茄株高测定值表现出了比较明显的差异（表 6-15），高水、高肥的处理 1（A1B1C1）株高增长速度最快（图 6-8），处理 2 和处理 3 次之；9 个处理中，水分控制下限占田间持水量 50%—100% 的各处理株高极显著低于其他处理株高，其中处理 9（A3B3C1）的株高最矮。

表 6-15　樱桃番茄开花后不同时期株高测定结果

| | 3 月 20 日 | 4 月 4 日 | 4 月 19 日 | 5 月 3 日 | 5 月 19 日 |
|---|---|---|---|---|---|
| 处理 1 | 34.6 ± 1.18Aa | 59.4 ± 1.54De | 108.4 ± 2.11Dd | 137.4 ± 1.55Ce | 209.9 ± 1.34Dd |
| 处理 2 | 35.3 ± 1.23Aa | 55.6 ± 1.08CDd | 105.6 ± 1.65Dd | 134.9 ± 1.87Cde | 195.2 ± 1.22Cc |
| 处理 3 | 34 ± 2.36Aa | 54.2 ± 2.33Ccd | 106.8 ± 1.32Dd | 133.2 ± 1.54Cd | 191.7 ± 2.03Cc |
| 处理 4 | 33.9 ± 1.44Aa | 52.4 ± 1.87BCcd | 103.4 ± 1.96ABbc | 124.3 ± 2.33Bc | 177.1 ± 2.54Bb |
| 处理 5 | 34.3 ± 1.52Aa | 50.9 ± 2.05BCbc | 105.8 ± 1.01CDd | 127.6 ± 2.85Bc | 175.4 ± 2.98Bb |
| 处理 6 | 34.7 ± 1.18Aa | 51.7 ± 1.96BCbc | 102.3 ± 1.22BCc | 127.9 ± 2.53Bc | 177.1 ± 1.67Bb |
| 处理 7 | 35.7 ± 1.75Aa | 48.6 ± 2.34Bb | 97.7 ± 1.35aab | 114.2 ± 2.31Aab | 167.3 ± 1.58Aa |
| 处理 8 | 34.8 ± 1.32Aa | 42.9 ± 2.18Aa | 98.6 ± 1.42ABab | 117.2 ± 1.97Ab | 168.3 ± 1.79Aa |
| 处理 9 | 34.3 ± 1.08Aa | 41.4 ± 2.35Aa | 97.5 ± 1.33Aa | 113.1 ± 1.61Aa | 165.2 ± 2.54Aa |

注：大写字母表示 0.01 水平，小写字母表示 0.05 水平

对 5 月 19 日测得的樱桃番茄株高数据进行了主因素效应检验分析及各因素各水平的多重比较分析（见表 6-16 和表 6-17）。分析结果表明，灌水对樱桃番茄的株高有显著的影响，B 和 C 两种肥料对株高的影响以及两种肥料的三个水平之间差异均不显著，三个灌水控制指标之间差异显著，A1 显著高于 A3，但 A1 与 A2、A2 与 A3 之间差异不显著。

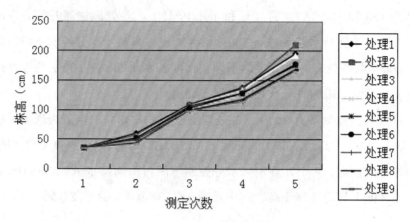

图 6-8　樱桃番茄株高的变化

表 6-16　影响樱桃番茄株高主因素效应的检验

| 源 | Ⅲ型平方和 | df | 均方 | F | Sig. |
|---|---|---|---|---|---|
| 校正模型 | 1726.573（a） | 6 | 287.762 | 6.786 | .134 |
| 截距 | 294197.760 | 1 | 294197.760 | 6938.081 | .000 |
| A | 1617.920 | 2 | 808.960 | 19.078 | .050 |
| B | 74.807 | 2 | 37.403 | .882 | .531 |
| C | 33.847 | 2 | 16.923 | .399 | .715 |
| 误差 | 84.807 | 2 | 42.403 | | |
| 总计 | 296009.140 | 9 | | | |
| 校正的总计 | 1811.380 | 8 | | | |

注：① a .R 方 = 0.953 （调整 R 方 =0 .813）；② A 指灌水控制指标，B 指复合肥，C 指腐殖酸肥。

表 6-17　樱桃番茄株高各因素各水平平均数的多重比较（Duncan 法 a=0.05）

| 因素 | 平均数 | 显著性 | 因素 | 平均数 | 显著性 | 因素 | 平均数 | 显著性 |
|---|---|---|---|---|---|---|---|---|
| A1 | 198.9 | b | B1 | 184.8 | a | C1 | 183.5 | a |
| A2 | 176.5 | ab | B2 | 179.6 | a | C2 | 179.9 | a |
| A3 | 166.9 | a | B3 | 178.0 | a | C3 | 179.0 | a |

## （二）不同栽培模式对樱桃番茄株茎的影响

由表 6-18 可以看出，各处理樱桃番茄植株的株茎在 3 月 20 日即处理开始之前，并无明显差异。处理开始后，随着植株的生长发育进程，不同处理的植株株茎的生长速度不一，植株株茎逐渐开始显现差异。在处理 15d 和 30d 时（4 月 4 日和 4 月 19 日），各处理的株高开始表现出差异，水分控制下限占田间持水量 65% 的各处理组合表现出优势，试验处理 5 优势较明显。

从 5 月 3 日开始到 5 月 19 日，各处理樱桃番茄株茎测定值表现出了比较明显的差异（表 6-18），处理 5（A2B2C1）株茎增长速度最快（图 6-9），极显著高于其他处理，处理 3 株茎最低。因此说明采取水肥一体化形式追施腐植酸肥可以使植株茎秆粗壮、叶片大，光合作用增强，光合产物增加，促进樱桃番茄植株生长。

表 6-18 樱桃番茄开花后不同时期株茎测定结果

| | 3 月 20 日 | 4 月 4 日 | 4 月 19 日 | 5 月 3 日 | 5 月 19 日 |
|---|---|---|---|---|---|
| 处理 1 | 0.45 ± 0.08Aa | 0.51 ± 0.07Aa | 0.62 ± 0.02ABa | 0.73 ± 0.02ABabc | 0.87 ± 0.06Aab |
| 处理 2 | 0.41 ± 0.04Aa | 0.48 ± 0.04Aa | 0.60 ± 0.02Aa | 0.70 ± 0.02ABab | 0.80 ± 0.02Aa |
| 处理 3 | 0.45 ± 0.05Aa | 0.51 ± 0.03Aa | 0.61 ± 0.05Aa | 0.67 ± 0.06Aa | 0.79 ± 0.03Aa |
| 处理 4 | 0.44 ± 0.08Aa | 0.54 ± 0.05Aab | 0.65 ± 0.02ABab | 0.75 ± 0.01ABabc | 0.89 ± 0.03Ab |
| 处理 5 | 0.42 ± 0.06Aa | 0.63 ± 0.05Ab | 0.71 ± 0.03Bb | 0.81 ± 0.03Bc | 1.04 ± 0.04Bc |
| 处理 6 | 0.39 ± 0.06Aa | 0.53 ± 0.09Aab | 0.64 ± 0.06ABab | 0.71 ± 0.05ABab | 0.81 ± 0.04Aa |
| 处理 7 | 0.48 ± 0.07Aa | 0.58 ± 0.06Aab | 0.67 ± 0.01ABab | 0.76 ± 0.02ABbc | 0.87 ± 0.05Aab |
| 处理 8 | 0.45 ± 0.06Aa | 0.53 ± 0.07Aab | 0.60 ± 0.04Aa | 0.69 ± 0.05Aab | 0.82 ± 0.05Aa |
| 处理 9 | 0.46 ± 0.06Aa | 0.55 ± 0.09Aab | 0.63 ± 0.05ABa | 0.71 ± 0.08ABab | 0.80 ± 0.03Aa |

注：大写字母表示 0.01 水平，小写字母表示 0.05 水平

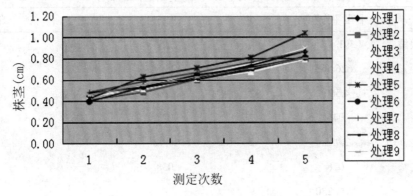

图 6-9 樱桃番茄株茎随时间的变化

### （三）影响樱桃番茄叶霉病抗病性因素的分析

由表 6-19 可以看出，水分控制下限占田间持水量 80%—100% 的处理 3 叶霉病病情指数最高，显著高于处理 5、处理 7 和处理 9；水分控制下限占田间持水量 50%—100% 的处理 9 叶霉病病情指数最低。

由主因素效应检验表 6-20 可见，灌水和腐殖酸肥对樱桃番茄叶霉病病情指数有显著的影响，说明樱桃番茄生长期选择适宜的灌水指标对叶霉病的抗性强弱影响很大，

同时再补充适当的腐殖酸肥料有利于提高抗病能力。

进一步进行各因素水平间的多重比较。由表6-21各因素各水平多重比较结果表明，三个灌水水平叶霉病病情指数为A1>A2>A3，差异显著；复合肥料各水平病情指数差异不显著；腐殖酸肥三个水平的叶霉病病情指数差异显著，且C3>C2>C1，腐殖酸肥料按照6L/亩的使用量更有利于提高樱桃番茄对叶霉病的抗病能力。

表6-19　各处理叶霉病病情指数分析

| 处理 | 叶霉病病情指数 | 差异显著性（a=0.05） | 差异显著性（a=0.01） |
|---|---|---|---|
| 1 | 17.15 | ab | AB |
| 2 | 17.92 | ab | AB |
| 3 | 18.92 | b | B |
| 4 | 17.56 | ab | AB |
| 5 | 16.37 | a | AB |
| 6 | 17.05 | ab | AB |
| 7 | 16.35 | a | AB |
| 8 | 16.85 | ab | AB |
| 9 | 15.58 | | A |

表6-20　影响樱桃番茄叶霉病主因素效应的检验

| 源 | Ⅲ型平方和 | df | 均方 | F | Sig. |
|---|---|---|---|---|---|
| 校正模型 | 7.591（a） | 6 | 1.265 | 33.265 | .029 |
| 截距 | 2626.563 | 1 | 2626.563 | 69059.487 | .000 |
| A | 4.560 | 2 | 2.280 | 59.954 | .016 |
| B | .046 | 2 | .023 | .606 | .623 |
| C | 2.985 | 2 | 1.492 | 39.237 | .025 |
| 误差 | .076 | 2 | .038 | | |
| 总计 | 2634.230 | 9 | | | |
| 校正的总计 | 7.667 | 8 | | | |

注：①a．R方=0.990（调整R方=0.960）；②A指灌水，B指复合肥，C指腐殖酸肥。

表6-21　各因素各水平平均数的多重比较（Duncan法a=0.05）

| 因素 | 平均数 | 显著性 | 因素 | 平均数 | 显著性 | 因素 | 平均数 | 显著性 |
|---|---|---|---|---|---|---|---|---|
| A1 | 18.0 | c | B1 | 17.02 | a | C1 | 16.37 | a |
| A2 | 16.99 | b | B2 | 17.05 | a | C2 | 17.11 | b |
| A3 | 16.26 | a | B3 | 17.18 | a | C3 | 17.78 | b |

### （四）影响樱桃番茄灰霉病抗病性因素分析

通过表 6-22 可以看出，试验的 9 个不同处理对樱桃番茄灰霉病的抗性差异比较明显，尤其处理 7 和处理 5 对樱桃番茄灰霉病的抗性最强，处理 3 灰霉病发生最严重，处理 2 次之。

表 6-22 灰霉病病情指数分析

| 处理 | 灰霉病病情指数 | 差异显著性（a=0.05） | 差异显著性（a=0.01） |
|---|---|---|---|
| 1 | 14.78 | a | A |
| 2 | 15.65 | ab | A |
| 3 | 15.74 | b | A |
| 4 | 15.26 | ab | A |
| 5 | 14.12 | a | A |
| 6 | 15.34 | ab | A |
| 7 | 14.10 | a | A |
| 8 | 15.25 | ab | A |
| 9 | 15.13 | a | A |

表 6-23 影响樱桃番茄灰霉病主因素效应的检验

| 源 | Ⅲ型平方和 | df | 均方 | F | Sig. |
|---|---|---|---|---|---|
| 校正模型 | 9.994（a） | 6 | 1.666 | 29.620 | .033 |
| 截距 | 2070.250 | 1 | 2070.250 | 36815.353 | .000 |
| A | 3.770 | 2 | 1.885 | 33.519 | .029 |
| B | 1.822 | 2 | .911 | 16.199 | .058 |
| C | 4.402 | 2 | 2.201 | 39.141 | .025 |
| 误差 | .112 | 2 | .056 | | |
| 总计 | 2080.356 | 9 | | | |
| 校正的总计 | 10.106 | 8 | | | |

注：① a . R 方 =0 .989（调整 R 方 = 0.955）；② A 指灌水，B 指复合肥，C 指腐殖酸肥。

通过主因素效应的检验表 6-23 分析，对于樱桃番茄灰霉病病情指数的影响、灌水控制下限和补充腐殖酸肥料都起到了决定性作用。

进一步进行各因素水平间的多重比较（表 6-24）结果表明，灌水的三个水平病情指数分别为 A1> A2 >A3，且 A1 与 A2、A3 差异显著，A2 和 A3 差异不显著；复合肥各水平灰霉病病情指数为 B3> B2>B1，B3 与 B1 的灰霉病病情指数差异性显著；腐殖酸肥料的三个水平病情指 C3>C2>C1，C3 的灰霉病病情指数显著高于 C2 和 C1，说明腐殖酸肥料按 6L/ 亩的使用量对于提高樱桃番茄灰霉病抗性能力也非常有利。

表6-24 各因素各水平平均数的多重比较（Duncan 法 a=0.05）

| 因素 | 平均数 | 显著性 | 因素 | 平均数 | 显著性 | 因素 | 平均数 | 显著性 |
|------|--------|--------|------|--------|--------|------|--------|--------|
| A1 | 16.06 | b | B1 | 14.71 | a | C1 | 14.39 | a |
| A2 | 14.91 | a | B2 | 15.01 | ab | C2 | 15.03 | a |
| A3 | 14.54 | a | B3 | 15.78 | b | C3 | 16.08 | b |

### （五）影响樱桃番茄早疫病抗性因素的分析

通过对试验 9 个处理早疫病病情指数进行的方差分析（表6-25）可以看出，处理 3 的早疫病病情指数最高，处理 2 次之，处理 3 和处理 2 之间差异不显著；处理 3 极显著高于处理 5，处理 5 的早疫病病情指数最低，说明处理 5 有助于提高樱桃番茄早疫病的抗病能力。

表6-25 番茄早疫病病情指数分析

| 处理 | 早疫病病情指数 | 差异显著性（a=0.05） | 差异显著性（a=0.01） |
|------|----------------|----------------------|----------------------|
| 1 | 13.13 | b | AB |
| 2 | 14.53 | bc | B |
| 3 | 15.94 | c | B |
| 4 | 12.84 | ab | AB |
| 5 | 10.62 | a | A |
| 6 | 13.25 | b | AB |
| 7 | 12.8 | ab | AB |
| 8 | 12.92 | ab | AB |
| 9 | 12.85 | ab | AB |

表6-26 主因素效应的检验

| 源 | III型平方和 | df | 均方 | F | Sig. |
|------|-------------|-----|----------|-----------|------|
| 校正模型 | 16.253（a） | 6 | 2.709 | 30.675 | .032 |
| 截距 | 1570.273 | 1 | 1570.273 | 17781.145 | .000 |
| A | 8.470 | 2 | 4.235 | 47.957 | .020 |
| B | 2.994 | 2 | 1.497 | 16.950 | .056 |
| C | 4.789 | 2 | 2.395 | 27.117 | .036 |
| 误差 | .177 | 2 | .088 | | |
| 总计 | 1586.703 | 9 | | | |
| 校正的总计 | 16.430 | 8 | | | |

注：① a . R 方 =0.989（调整 R 方 = 0.957）；② A 指灌水，B 指复合肥，C 指腐殖酸肥。

表6-27 各因素各水平平均数的多重比较（Duncan 法 a=0.05）

| 因素 | 平均数 | 显著性 | 因素 | 平均数 | 显著性 | 因素 | 平均数 | 显著性 |
|------|--------|--------|------|--------|--------|------|--------|--------|
| A1 | 14.53 | b | B1 | 12.92 | a | C1 | 12.20 | a |
| A2 | 12.24 | a | B2 | 12.69 | a | C2 | 13.53 | b |
| A3 | 12.86 | a | B3 | 14.01 | b | C3 | 13.90 | b |

通过主因素效应的检验表6-26和影响因素各水平的多重比较结果表6-27看出，对于樱桃番茄早疫病病情指数的影响，灌水控制下限和腐殖酸肥料起到了决定性作用，3个灌水水平处理的早疫病病情指数平均值为A1（14.53）> A3（12.86）> A2（12.24），且A1与A2、A3差异显著，A2和A3差异不显著；复合肥的3个水平的早疫病病情指数B3（14.01）>B1（12.92）>B2（12.69）；腐殖酸肥的3个水平的早疫病病情指数C3（13.90）>C2（13.53）>C1（12.20）。灌水控制下限和腐殖酸肥的影响程度达到0.05水平，复合肥的影响程度不显著。

通过以上对樱桃番茄三种常见病害叶霉病、灰霉病和早疫病病情指数的分析可以看出，灌水控制下限和腐殖酸肥料的应用对樱桃番茄抗病性的影响非常显著，早春温室由于温度低、光照弱，导致秧苗极其容易发生病害，控制适宜的灌水下限及应用腐殖酸肥料大大降低病害的发生，可以使植株茎秆粗壮、叶片大，叶绿素含量提高，光合作用增强，光合产物增加，更有利于保证樱桃番茄生产的安全性，提高绿色品质。

### （六）樱桃番茄植株干重影响因素分析

由主因素效应检验表6-28和表6-29可见，方差分析检验结果表明，灌水和腐殖酸肥的应用对樱桃番茄植株地上部分干重有极显著影响，复合底肥的应用对樱桃番茄地上部干重和根系干重均有显著的影响；说明采用适宜的灌水控制下限和选择适宜的肥料对樱桃番茄植株干物质的积累起着重要的作用。

表6-28 影响地上部分干重主因素效应的检验 （单位：g）

| 源 | Ⅲ型平方和 | df | 均方 | F | Sig. |
|------|-----------|-----|------------|-----------|------|
| 校正模型 | 864.133（a） | 6 | 144.022 | 107.213 | .009 |
| 截距 | 118749.160 | 1 | 118749.160 | 88398.878 | .000 |
| A | 330.320 | 2 | 165.160 | 122.948 | .008 |
| B | 242.007 | 2 | 121.003 | 90.077 | .011 |
| C | 291.807 | 2 | 145.903 | 108.613 | .009 |
| 误差 | 2.687 | 2 | 1.343 | | |
| 总计 | 119615.980 | 9 | | | |
| 校正的总计 | 866.820 | 8 | | | |

注：①a．R方=0.997（调整R方=0.988）；②A指灌水，B指复合肥，C指腐殖酸肥。

表6-29　影响根系干重主因素效应的检验　　（单位：g）

| 源 | Ⅲ型平方和 | df | 均方 | F | Sig. |
|---|---|---|---|---|---|
| 校正模型 | 6.689（a） | 6 | 1.115 | 29.852 | .033 |
| 截距 | 454.685 | 1 | 454.685 | 12175.427 | .000 |
| A | 1.344 | 2 | .672 | 17.996 | .053 |
| B | 3.408 | 2 | 1.704 | 45.624 | .021 |
| C | 1.937 | 2 | .969 | 25.936 | .037 |
| 误差 | .075 | 2 | .037 | | |
| 总计 | 461.448 | 9 | | | |
| 校正的总计 | 6.764 | 8 | | | |

注：① a．R方 =0 .989（调整 R 方 = 0.956）；② A 指灌水，B 指复合肥，C 指腐殖酸肥。

进一步进行各因素水平间的多重比较。各因素各水平多重比较结果（表6-30、表6-31）表明，各因素各水平植株地上部分和地下部分干重差异比较显著，各因素的最优水平 A2、B1$_{(2)}$、C1，而处理5栽培模式为 A2、B2、C1 为多重比较结果之一，与多重比较结果相吻合。可见通过试验结果，处理5植株干物质积累较多，说明处理5是樱桃番茄植株干物质积累的最佳栽培模式，即节能日光温室早春栽培樱桃番茄灌水控制下限占田间持水量的 65%—100%，底肥采用 40kg/ 亩复合肥，开花后采用水肥一体化增施腐殖酸肥料 6L/ 亩。

表6-30　地上部干重各因素各水平平均数的多重比较（Duncan 法 a=0.05）

| 因素 | 平均数 | 显著性 | 因素 | 平均数 | 显著性 | 因素 | 平均数 | 显著性 |
|---|---|---|---|---|---|---|---|---|
| A1 | 116.4 | b | B1 | 120.3 | b | C1 | 120.5 | b |
| A2 | 121.4 | c | B2 | 116.37 | b | C2 | 117.0 | b |
| A3 | 106.8 | a | B3 | 107.9 | a | C3 | 107.1 | a |

表6-31　地下部分干重各因素各水平平均数的多重比较（Duncan 法 a=0.05）

| 因素 | 平均数 | 显著性 | 因素 | 平均数 | 显著性 | 因素 | 平均数 | 显著性 |
|---|---|---|---|---|---|---|---|---|
| A1 | 6.67 | a | B1 | 7.75 | b | C1 | 7.76 | b |
| A2 | 7.61 | b | B2 | 7.3 | b | C2 | 6.80 | a |
| A3 | 7.04 | ab | B3 | 6.28 | a | C3 | 6.76 | a |

### （七）影响樱桃番茄品质的因素分析

**1. 不同水肥处理对樱桃番茄可溶性固形物含量的影响**

从图 6-10、表 6-32、表 6-33 和表 6-39 樱桃番茄可溶性固形物含量分析结果可以看出，各处理固形物含量受腐殖酸肥料和水分控制下限的影响显著，在一定范围内，灌水量多、增加腐殖酸肥的施用有利于樱桃番茄可溶性固溶物的形成；各因素各水平可溶性固形物含量差异比较显著，试验处理 5 可溶性固形物含量最高，试验处理 2 和处理 6 次之；试验处理 1、处理 2、处理 5、处理 6 极显著高于其他处理；

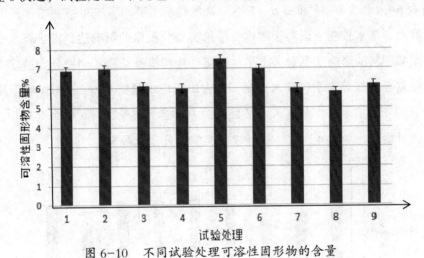

图 6-10　不同试验处理可溶性固形物的含量

表 6-32 影响可溶性固形物含量的主因素效应检验

| 源 | Ⅲ型平方和 | df | 均方 | F | Sig. |
|---|---|---|---|---|---|
| 校正模型 | 2.853（a） | 6 | .476 | 20.381 | .048 |
| 截距 | 380.250 | 1 | 380.250 | 16296.429 | .000 |
| A | 1.167 | 2 | .583 | 25.000 | .038 |
| B | .347 | 2 | .173 | 7.429 | .119 |
| C | 1.340 | 2 | .670 | 28.714 | .034 |
| 误差 | .047 | 2 | .023 | | |
| 总计 | 383.150 | 9 | | | |
| 校正的总计 | 2.900 | 8 | | | |

注：① a . R 方 =0 .984（调整 R 方 = 0.936）；② A 指灌水，B 指复合肥，C 指腐殖酸肥。

表6-33　各因素各水平可溶性固形物含量平均数的多重比较（Duncan法 a=0.05）

| 因素 | 平均数 | 显著性 | 因素 | 平均数 | 显著性 | 因素 | 平均数 | 显著性 |
|------|--------|--------|------|--------|--------|------|--------|--------|
| A1 | 6.7 | b | B1 | 6.3 | a | C1 | 6.9 | b |
| A2 | 6.8 | b | B2 | 6.8 | a | C2 | 6.7 | b |
| A3 | 6.0 | a | B3 | 6.4 | a | C3 | 6.0 | a |

**2.不同水肥处理对樱桃番茄可溶性糖含量的影响**

由表6-34、表6-35和图6-11不同处理樱桃番茄果实中可溶性糖含量的测试结果可以看出，灌水控制下限对于樱桃番茄果实糖分积累的影响达到极显著水平，复合肥和腐殖酸肥料的影响达到显著水平；高肥处理樱桃番茄果实中糖分含量较高，与低肥、中肥差异达显著水平；灌水控制下限占田间持水量的65%—100%对于樱桃番茄果实糖分的积累有利，3个灌水水平处理的差异达到显著水平；9个处理中，处理5的糖分含量最高，处理4次之，处理3果实中糖分含量最少。

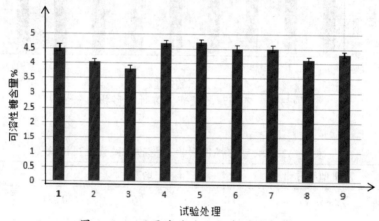

图6-11　不同试验处理可溶性糖含量

表6-34　影响樱桃番茄可溶性糖含量的主因素效应检验

| 源 | Ⅲ型平方和 | df | 均方 | F | Sig. |
|------|-----------|-----|------|-----|------|
| 校正模型 | .720（a） | 6 | .120 | 75.000 | .013 |
| 截距 | 170.564 | 1 | 170.564 | 106602.250 | .000 |
| A | .372 | 2 | .186 | 116.333 | .009 |
| B | .200 | 2 | .100 | 62.583 | .016 |
| C | .147 | 2 | .074 | 46.083 | .021 |
| 误差 | .003 | 2 | .002 | | |
| 总计 | 171.287 | 9 | | | |
| 校正的总计 | .723 | 8 | | | |

注：① a．R方＝0.996（调整R方＝0.982）；② A指灌水，B指复合肥，C指腐殖酸肥。

表6-35　各因素各水平可溶性糖含量平均数的多重比较（Duncan法a=0.05）

| 因素 | 平均数 | 显著性 | 因素 | 平均数 | 显著性 | 因素 | 平均数 | 显著性 |
|------|--------|--------|------|--------|--------|------|--------|--------|
| A1 | 4.13 | a | B1 | 4.56 | b | C1 | 4.5133 | c |
| A2 | 4.62 | c | B2 | 4.29 | a | C2 | 4.3467 | b |
| A3 | 4.31 | b | B3 | 4.21 | a | C3 | 4.2000 | a |

### 3. 不同水肥处理对樱桃番茄可滴定酸含量的影响

同样，从图6-12和表6-36中我们还可以看出，灌水控制下限对樱桃番茄果实中可滴定酸含量的影响达到显著水平，灌水控制下限土壤含水量占田间持水量80%—100%对果实中酸含量的增加有利；而试验处理2和处理3的酸含量相对较高，9个处理中，处理9的可滴定酸含量最低，说明高肥低水的耦合对于降低樱桃番茄果实的酸度有利。

通常人们用糖酸比值的大小评价樱桃番茄的口感，从图6-13可以看出，处理9糖酸比最高，处理3糖酸比最低，也就是说，在一定范围内，低肥高水对于提高樱桃番茄果实中的糖酸比不利，而低水高肥对于提高樱桃番茄果实的糖酸比具有很好的效果。

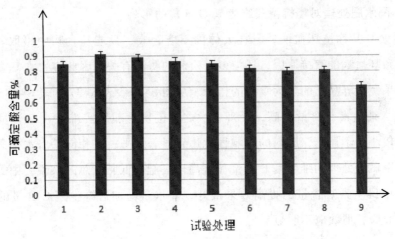

图6-12　不同试验处理可滴定酸含量

表6-36　影响樱桃番茄可滴定酸含量的主因素效应检验

| 源 | III型平方和 | df | 均方 | F | Sig. |
|------|-----------|----|------|------|------|
| 校正模型 | .027（a） | 6 | .005 | 13.226 | .072 |
| 截距 | 6.267 | 1 | 6.267 | 18193.581 | .000 |
| A | .019 | 2 | .009 | 27.323 | .035 |
| B | .004 | 2 | .002 | 5.645 | .150 |

续表 6-36

| 源 | Ⅲ型平方和 | df | 均方 | F | Sig. |
|---|---|---|---|---|---|
| C | .005 | 2 | .002 | 6.710 | .130 |
| 误差 | .001 | 2 | .000 | | |
| 总计 | 6.295 | 9 | | | |
| 校正的总计 | .028 | 8 | | | |

注：①a．R方 =0.975（调整 R 方 = 0.902）；②A 指灌水，B 指复合肥，C 指腐殖酸肥。

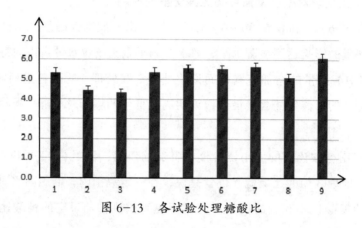

图 6-13　各试验处理糖酸比

## 4. 不同水肥处理对樱桃番茄维生素 C 含量的影响

维生素 C 又称抗坏血酸，它在人体内不能合成，只能从食物中摄取。维生素 C 不只是导致坏血病的直接原因，还与多种疾病的防治有关，因此维生素 C 含量高低是衡量新鲜果蔬营养品质的最为重要的指标。从图 6-14、表 6-37 和表 6-38 可以看出，试验处理 2 维生素 C 含量最高，处理 5 次之；樱桃番茄果实维生素 C 含量受灌水的影响程度较小，不显著，肥料的影响程度达到显著水平；在相同灌水水平条件下，中等施肥水平试验处理的维生素 C 含量显著高于高肥和低肥。总的来说，中等施肥水平对于果实中维生素 C 含量的提高效果最好，灌水量增加对维生素 C 含量的增加虽基本上为正效应，但效应不明显。

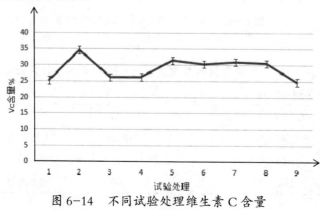

图 6-14　不同试验处理维生素 C 含量

表 6-37　影响樱桃番茄维生素 C 含量的主因素效应检验

| 源 | Ⅲ型平方和 | df | 均方 | F | Sig. |
|---|---|---|---|---|---|
| 校正模型 | 91.948（a） | 6 | 15.325 | 16.944 | .057 |
| 截距 | 7480.520 | 1 | 7480.520 | 8270.947 | .000 |
| A | .870 | 2 | .435 | .481 | .675 |
| B | 49.373 | 2 | 24.686 | 27.295 | .035 |
| C | 41.705 | 2 | 20.852 | 23.056 | .042 |
| 误差 | 1.809 | 2 | .904 | | |
| 总计 | 7574.277 | 9 | | | |
| 校正的总计 | 93.757 | 8 | | | |

注：① a . R 方 =0 .981（调整 R 方 = 0.923）；② A 指灌水，B 指复合肥，C 指腐殖酸肥。

表 6-38　各因素各水平维生素 C 含量平均数的多重比较（Duncan 法 a=0.05）

| 因素 | 平均数 | 显著性 | 因素 | 平均数 | 显著性 | 因素 | 平均数 | 显著性 |
|---|---|---|---|---|---|---|---|---|
| A1 | 28.6 | a | B1 | 27.4 | a | C1 | 27.0 | a |
| A2 | 29.2 | a | B2 | 32.1 | b | C2 | 31.9 | b |
| A3 | 28.7 | a | B3 | 27.0 | a | C3 | 27.6 | a |

表 6-39　不同水肥处理对樱桃番茄果实营养成分的影响

| 处理 | 可溶性固形物（%） | 可溶性糖（%） | 可滴定酸（%） | 维生素 C（mg/100g） | 糖/酸 |
|---|---|---|---|---|---|
| 1 | 6.9 ± 0.19 | 4.52 ± 0.24 | 0.85 ± 0.12 | 25.1 ± 2.34 | 5.3 |
| 2 | 7.0 ± 0.18 | 4.04 ± 0.13 | 0.91 ± 0.22 | 34.5 ± 2.13 | 4.4 |
| 3 | 6.1 ± 0.28 | 3.82 ± 0.55 | 0.89 ± 0.15 | 26.1 ± 2.71 | 4.3 |
| 4 | 6.0 ± 0.66 | 4.66 ± 0.52 | 0.87 ± 0.09 | 26.2 ± 2.2 | 5.4 |
| 5 | 7.5 ± 0.26 | 4.7 ± 0.26 | 0.85 ± 0.16 | 31.4 ± 1.42 | 5.5 |
| 6 | 7.0 ± 0.31 | 4.5 ± 0.27 | 0.82 ± 0.06 | 30.2 ± 3.83 | 5.5 |
| 7 | 6.0 ± 0.58 | 4.50 ± 0.22 | 0.80 ± 0.11 | 30.9 ± 2.9 | 5.6 |
| 8 | 5.8 ± 0.28 | 4.12 ± 0.18 | 0.81 ± 0.07 | 30.5 ± 2.67 | 5.1 |
| 9 | 6.2 ± 0.56 | 4.32 ± 0.28 | 0.71 ± 0.05 | 24.6 ± 2.2 | 6.1 |

## 5. 小结

通过以上分析，不同水肥处理樱桃番茄可溶性固形物含量受腐殖酸肥料和水分控制下限的影响显著。在一定范围内，灌水量多，增加腐殖酸肥的施用有利于樱桃番茄可溶性固溶物的形成。

不同处理樱桃番茄果实中可溶性糖含量的测试结果可以看出，灌水控制下限对于樱桃番茄果实糖分的积累影响达到极显著水平，复合肥和腐殖酸肥料的影响达到显著水平；高肥处理樱桃番茄果实中糖分含量较高，与低肥、中肥差异达显著水平；灌水控制下限占田间持水量的 65%—100% 对于樱桃番茄果实糖分的积累有利，3 个灌水水平处理的差异达到显著水平。

灌水控制下限对樱桃番茄果实中可滴定酸含量的影响达到显著水平，灌水控制下限土壤含水量占田间持水量 80%—100% 对果实中酸含量的增加有利，说明高肥低水的耦合对于降低樱桃番茄果实的酸度有利，对于提高樱桃番茄果实的糖酸比具有很好的效果。

樱桃番茄果实维生素 C 含量受灌水的影响程度较小，不显著，肥料的影响程度达显著水平；在相同灌水水平条件下，中等施肥水平试验处理的维生素 C 含量显著高于高肥和低肥。总的来说，中等施肥水平对于果实中维生素 C 含量的提高效果最好，灌水量增加对 维生素 C 含量的增加虽基本上为正效应，但效应不明显。

### （八）影响樱桃番茄产量因素分析

#### 1. 影响樱桃番茄前期产量的因素

由表 6-40 和主因素效应检验表 6-41 可见，试验处理 5 前期产量最高，其次为处理 4，处理 3 前期产量最低，灌水指标的控制和底肥的使用对樱桃番茄前期产量有显著的影响，且灌水的影响程度大于底肥的影响程度，腐殖酸肥料对樱桃番茄前期产量的影响不显著，这可能是由于本试验处理是在开花后进行的，肥料作用于植株的时间短。

表 6-40 前期产量分析

| 处理 | 小区产量（kg/5m²） | 差异显著性（a=0.05） | 差异显著性（a=0.01） |
|---|---|---|---|
| 1 | 11.0 | abc | AB |
| 2 | 10.6 | ab | AB |
| 3 | 8.8 | a | A |
| 4 | 12.5 | bc | B |
| 5 | 13.4 | c | B |
| 6 | 11.8 | bc | AB |
| 7 | 11.9 | bc | AB |
| 8 | 11.6 | bc | AB |
| 9 | 10.3 | ab | AB |

表6-41　影响樱桃番茄前期产量的主因素效应检验

| 源 | Ⅲ型平方和 | df | 均方 | F | Sig. |
|---|---|---|---|---|---|
| 校正模型 | 14.200（a） | 6 | 2.367 | 26.962 | .036 |
| 截距 | 1153.734 | 1 | 1153.734 | 13143.810 | .000 |
| A | 8.896 | 2 | 4.448 | 50.671 | .019 |
| B | 4.709 | 2 | 2.354 | 26.823 | .036 |
| C | .596 | 2 | .298 | 3.392 | .228 |
| 误差 | .176 | 2 | .088 | | |
| 总计 | 1168.110 | 9 | | | |
| 校正的总计 | 14.376 | 8 | | | |

注：① a . R 方 =0 .988（调整 R 方 = 0.951）；② A 指灌水，B 指复合肥，C 指腐殖酸肥。

表6-42　各因素各水平前期产量平均数的多重比较结果（Duncan 法 a=0.05）

| 因素 | 平均数 | 显著性 | 因素 | 平均数 | 显著性 | 因素 | 平均数 | 显著性 |
|---|---|---|---|---|---|---|---|---|
| A1 | 10.11 | a | B1 | 11.82 | b | C1 | 11.56 | a |
| A2 | 12.58 | c | B2 | 11.88 | b | C2 | 11.43 | a |
| A3 | 11.28 | b | B3 | 10.27 | a | C3 | 10.98 | a |

各因素各水平多重比较结果（表6-42）表明，灌水的各水平前期平均产量的差异比较显著，A2 的前期产量显著高于 A3 的前期产量，A3 的前期产量要显著高于 A1 的前期产量；B1 和 B2 的前期产量显著高于 B3；腐殖酸肥料的三个水平对樱桃番茄前期产量影响不显著。

通过以上分析说明，对于北方保护地早春生产樱桃番茄来说，前期产量越高意味着经济效益越高。因此为了达到经济效益的最大化，在选择早熟品种的同时，采取适宜的灌水控制指标和施用适量的复合底肥对于提高经济效益有着很大的影响。早春温度低，灌水量过大，容易导致地温过低，土壤湿度和空气湿度加大，不利于根系的发生，从而影响植株生长。

**2. 影响樱桃番茄总产量的因素**

从表6-43 可以看出，试验设计的 9 个不同处理的总产量差异比较明显，其中处理 5 总产量最高，平均亩产达到 3450kg，极显著高于处理 8、处理 9、处理 1、处理 2 和处理 3；且以处理 3 总产量最低，平均亩产 2637kg。

表 6-43　樱桃番茄总产量分析

| 处理 | 小区产量（kg/5m²） | 差异显著性（a=0.05） | 差异显著性（a=0.01） |
|---|---|---|---|
| 1 | 22.8 | bc | AB |
| 2 | 21.7 | ab | AB |
| 3 | 19.8 | a | A |
| 4 | 24.5 | cd | BC |
| 5 | 25.9 | d | C |
| 6 | 23.2 | bc | BC |
| 7 | 23.3 | bc | BC |
| 8 | 22.6 | bc | AB |
| 9 | 21.5 | ab | AB |

表 6-44　影响樱桃番茄总产量的主因素效应检验

| 源 | Ⅲ型平方和 | df | 均方 | F | Sig. |
|---|---|---|---|---|---|
| 校正模型 | 24.553（a） | 6 | 4.092 | 27.692 | .035 |
| 截距 | 4683.121 | 1 | 4683.121 | 31690.293 | .000 |
| A | 14.949 | 2 | 7.474 | 50.579 | .019 |
| B | 7.762 | 2 | 3.881 | 26.263 | .037 |
| C | 1.842 | 2 | .921 | 6.233 | .138 |
| 误差 | .296 | 2 | .148 | | |
| 总计 | 4707.970 | 9 | | | |
| 校正的总计 | 24.849 | 8 | | | |

注：① a . R 方 =0.988（调整 R 方 = 0.952）；② A 指灌水，B 指复合肥，C 指腐殖酸肥。

由主因素效应检验表 6-44 可见，灌水和复合肥料对樱桃番茄总产量有显著的影响，腐殖酸肥料对总产量的影响不显著。

进一步进行各因素水平间的多重比较。

表 6-45　各因素各水平总产量平均数的多重比较（Duncan 法 a=0.05）

| 因素 | 平均数 | 显著性 | 因素 | 平均数 | 显著性 | 因素 | 平均数 | 显著性 |
|---|---|---|---|---|---|---|---|---|
| A1 | 21.4 | a | B1 | 23.5 | b | C1 | 23.4 | a |
| A2 | 24.5 | b | B2 | 23.4 | b | C2 | 22.7 | a |
| A3 | 22.5 | a | B3 | 21.5 | a | C3 | 22.3 | a |

　　各因素各水平多重比较结果（表6-45）表明，各因素各水平平均产量的差异比较显著，各因素的最优水平为A2、B1$_{(2)}$、C1$_{(2,3)}$，而总产量最高的处理5栽培模式A2、B2、C1为多重比较结果之一，与多重比较结果相吻合，可见通过试验结果，处理5可获得最高总产量，即节能日光温室早春栽培樱桃番茄灌水控制下限占田间持水量的65%—100%，底肥采用40kg/亩复合肥，开花后采用水肥一体化增施腐殖酸肥料6L/亩有助于获得高产。说明在早春温室樱桃番茄生产中底肥的施用和灌水指标的控制对产量的形成影响非常大。

　　任何一种植物的生长均离不开肥水供应，植物生长所需的肥水一方面来自土壤本身，另一方面依靠追施肥水。有关樱桃番茄施肥方面已有较多的文献报道[188-191]，如武爱莲等[192]认为，无机肥和有机肥结合施用有利于促进番茄生长发育，提高产量，改善品质。由于目前在樱桃番茄生产上，施肥多数仅凭经验，在一些樱桃番茄主产区，施肥问题还很突出[193]。

　　在樱桃番茄追肥方法上，习惯上采用撒施、穴施、兑水浇施等，实际上，利用滴灌设备进行肥水供应已经成为许多作物栽培中的一项经济、有效的技术，并为广大生产者所接受。但有关樱桃番茄水肥一体化技术研究报道不多。水肥一体化技术的普及，需要解决诸多问题，包括肥料种类及其性质、肥料用量及施用时期等。从肥料种类角度分析，为了应用水肥一体化技术，肥料种类不仅需要根据不同作物生长发育对矿物质元素的需求，而且需要考虑其溶解性；应用于水肥一体化的肥料必须是全溶性肥料，否则不仅施肥量难掌控，而且容易堵塞滴孔，造成追肥失败，进而影响产量和品质。

## （九）不同栽培模式施肥成本对比

表6-46　不同栽培模式施肥成本对比

| 栽培模式 | 施肥 | | 施肥总成本（元/亩） |
| --- | --- | --- | --- |
| | 基肥 | 追肥 | |
| 常规栽培 | 900—1100元（有机肥5000kg/亩＋二铵40kg/亩） | 400—500元 | 1300—1600 |
| 水肥一体栽培 | 450—600元（有机肥2600kg/亩＋蔬菜复合肥20—60kg/亩） | 400—450元 | 850—1000 |

从上表可以看出，常规栽培樱桃番茄全生育期施肥成本为 1300 元 / 亩至 1600 元 / 亩，水肥一体化高效栽培施肥成本 850 元 / 亩至 1000 元 / 亩，水肥一体化高效栽培较常规栽培有机肥用量节约近 50%，节约用肥成本 34.6%—37.5%。由此可看出水肥一体化高效栽培樱桃番茄较传统栽培模式施肥成本可节约 30% 以上。

### （十）该技术适用范围及应用情况

该项集成技术适用于北方早春保护地樱桃番茄生产。

人们随着生活质量的提高和环境保护意识的增强，对直接影响身心健康的食品要求更为严格，尤其是对人们日常生活不可缺少的蔬菜，要求更为迫切。发展绿色蔬菜保障人民身心健康、造福子孙后代，产生的巨大社会效益是无法估量的。发展绿色蔬菜能保护良好的生态环境，为持续稳定地发展蔬菜生产创造了有利条件，同时也保护了人类免遭危害，可获得显著的生态效益。另外，在目前蔬菜市场竞争日益激烈的条件下，提高质量是开拓市场的主要条件，发展绿色蔬菜将是蔬菜产业的重要任务，改进产品质量，进行出口创汇来提高蔬菜产业的经济效益，不失为一条很好的途径。

保护地设施栽培一直是黑龙江省冬春淡季农业生产的重要载体，是一个国家或地区农业现代化水平的重要标志。它打破了地域差异、气候差异和环境差异，创造了任何作物均能生长的环境载体，最大限度地满足作物生长所需的环境因子。据统计，2018 年黑龙江省设施蔬菜播种面积近 140 万亩，其中樱桃番茄栽培面积占 1/5，而且呈现逐年增加的趋势，因此北方地区设施樱桃番茄水肥一体化高效栽培技术成果推广应用前景广阔。

通过两年的试验，该项技术具备了进一步推广的应用条件。本项目研究的樱桃番茄水肥一体化高效栽培技术存在被农户认识和接受的过程，为了使该项技术尽快推广，在项目执行期间，通过与省水科院正在承担的科研项目区合作，展开应用。

### 四、取得的成果

（一）樱桃番茄经农业农村部谷物及制品质量监督检验测试中心（哈尔滨）按原农业部发布的中华人民共和国农业行业标准 NY/T655-2012 标准检验，达到国家绿色食品标准；

（二）采用水肥一体化高效栽培技术与常规栽培对比，用肥节约 34.6%—37.5%；

（三）采用膜下滴灌生产樱桃番茄与传统沟灌相比，节水 43%；

（四）发表论文 1 篇：《灌水频率对樱桃番茄生长发育的影响》，《水利科学与寒区工程》2019 年第 2 期；

（五）发布实施黑龙江省地方标准一项。

# 第七章　水肥一体化栽培技术规程

## 第一节　温室樱桃番茄滴灌水肥一体化栽培技术规程

本标准规定了温室樱桃番茄滴灌水肥一体化栽培产地环境、滴灌系统、品种选择、播种育苗、整地定植、田间管理、病虫害防治、采收及生产档案。

本标准适用于黑龙江省温室樱桃番茄栽培生产。

### 一、滴灌系统

#### （一）首部枢纽

**1. 供水控制装置**

选用潜水泵和恒压变频控制装置。

**2. 施肥罐（器）**

可选用重力施肥罐、压差式施肥罐、文丘里施肥器等。

**3. 过滤器**

水源处一级过滤宜选用离心式和筛网式过滤器组合过滤，施肥罐（器）出口处二级过滤宜选用120—200目叠片或筛网式过滤器，过滤器的选择按GB/T 50485的规定执行。

**4. 配件**

安装包括控制阀、水表、压力表等配件，配件的选择按GB/T 50485的规定执行。

#### （二）输配水管网布置及选材

**1. 主管**

采用塑料给水管，管材选择应符合CJJ 101的规定，应埋在地下，埋深应结合土壤冻层深度、地面荷载确定。

**2. 支管**

采用聚乙烯（PE）管，壁厚2.0—2.5mm，管径32—50 mm，管材质量应符合GB/T 13663.2的规定，应铺在地面。

**3. 滴灌带（管）**

滴灌带（管）壁厚0.2—0.5mm，管径10—16mm，滴头间距30—40cm，质

量应符合 GB/T 19812.3 的规定，布置在畦面植株根部附近，与畦长相同。

### （三）滴灌系统安装施工及运行

滴灌系统安装施工及运行应符合 GB/T5 0485 的规定，定期检测使用的安全性。

## 二、品种选择

应选择抗逆性强、耐贮运、品质佳、无限生长类型品种，种子质量应符合 GB 16715.3 的规定。

## 三、播种育苗

### （一）播种时间和方法

11 月下旬—次年 1 月中旬播种。宜采用 50 孔穴盘干籽直播或催芽直播，每孔播种 1 粒，覆土厚度 0.5—1.0cm。

### （二）苗期管理

#### 1. 温度

室内白天气温 20—25℃，夜间气温 12—15℃，5cm 土温 15—20℃。

#### 2. 湿度

室内空气相对湿度 50%—60%。根据天气情况及植株长势及时灌水。

#### 3. 光照

应采用透光性好的流滴抗老化膜，可人工补光，日光照时间达到 10—12h。

## 四．整地定植

### （一）整地

土壤翻 25—30cm，结合整地施腐熟的农家肥 4000—5000kg/ 亩，磷酸二铵和硫酸钾各 20—25kg/ 亩。耙平，做畦宽 80—100cm，铺设滴灌带（管），可覆地膜。肥料使用应符合 NY/T 496 的规定。

### （二）定植

日历苗龄 60—80d，10cm 土温稳定通过 12℃以上的晴天上午定植，保苗 2400—2800 株 / 亩。

## 五、田间管理

### （一）水肥一体化管理

#### 1. 系统使用

施肥前后，把滴灌系统支管的控制阀完全打开，滴清水 15—20min，冲洗管道。根据施肥方案将定量的肥料溶于水中，用纱布（网）过滤后倒入施肥罐（器），打开控制阀进行施肥。

## 2. 水肥管理

定植时应灌水 1 次，水量 8—10m³/亩；在缓苗后 5—7d 的晴天上午灌水 1 次，水量 5—7m³/亩，随水追施腐殖酸水溶肥料，肥料使用应符合 NY 1106 的规定；坐果后应根据土壤干湿情况及植株长势灌水，每次水量 10—12m³/亩，每隔 7—10d 随水追肥 1 次，采用腐殖酸水溶肥和 N∶P∶K（20∶10∶30）大量元素水溶肥交替施用，大量元素水溶肥应符合 NY 1107 的规定。

### （二）温度

室内白天气温高于 30℃时通风，低于 20℃时关闭通风口，当外界夜间最低气温达到 13℃时昼夜通风。

### （三）整枝

宜采用单干整枝，当株高 ≥ 20cm 时，用尼龙绳吊蔓。保留 8—10 穗果，顶部花序留 2—3 片叶摘心，及时摘除侧枝。

### （四）保花保果

在晴天上午 8—11 时用竹竿、木棍轻轻敲打吊绳来促进授粉或采取番茄灵或 2.4-D 保花保果。

## 六、病虫害防治

### （一）防治原则

采用"预防为主、综合防治"的方针，优先使用农业防治、物理防治和生物防治。必须使用化学防治时，农药使用应符合 GB/T 8321 和 NY/T 1276 的规定。

### （二）主要病虫害防治方法

#### 1. 主要病害防治

灰霉病宜采用腐霉利或嘧霉胺防治；叶霉病宜采用多菌灵或甲基托布津防治。

#### 2. 主要虫害防治

蚜虫宜采用吡虫啉或噻虫嗪防治，或利用黄板诱杀；白粉虱宜采用阿维菌素或异丙威防治，或利用黄板诱杀。

## 七、采收

适时采收。

## 八、生产档案

应建立生产档案，包括品种名称、播种育苗、施肥、灌水、病虫害防治及采收等。

# 第二节　温室春茬黄瓜膜下滴灌水肥一体化栽培技术规程

本文件规定了温室春茬黄瓜膜下滴灌水肥一体化栽培的产地环境与温室条件、滴灌系统要求、品种选择与播种育苗、整地、施底肥与覆膜、定植、水肥一体化管理、其他管理、病虫害防治、采收及生产档案。

本文件适用于黑龙江省温室春茬黄瓜膜下滴灌水肥一体化栽培。

## 一、产地环境与温室条件

### （一）产地环境

1. 土壤质量应符合 GB 15618 的规定。

2. 空气质量应符合 GB 3095 的规定。

3. 农田灌溉水杂质粒度不大于 0.125mm，质量应符合 GB 5084 的规定。

### （二）温室条件

1. 温室结构标准能达到冬季生产条件，最低温度 ≥ 8℃。

2. 宜采用透光性好的棚膜，棚膜安装与验收应符合 NY/T 1966 的规定。

## 二、滴灌系统要求

### （一）系统构成与要求

1. 系统由水源、首部枢纽、输配水管网等配套系统构成。

2. 系统的规划、微灌技术参数、微灌系统水力设计应符合 GB/T 50485 第 3 章—第 5 章及 NY/T 2132 的相关规定。

3. 工程设施配套与设备选择应符合 GB/T 50485 第 6 章的规定。

4. 工程施工与安装应符合 GB/T 50485 第 7 章的规定。

### （二）首部枢纽

1. 宜选用潜水泵和恒压变频控制装置。

2. 施肥罐（器）宜选用重力施肥罐、压差式施肥罐、文丘里施肥器等。

3. 水源一级过滤宜选用离心式和筛网式过滤器组合过滤，施肥罐（器）出口二级过滤宜选用 120—200 目叠片或筛网式过滤器。

4. 安装控制阀、水表、压力表等配件。

### （三）输配水管网布置及选材

1. 采用主管、支管、滴灌带三级管网。

2. 主管宜采用 PE（聚乙烯）或 PVC（聚氯乙烯）塑料给水管，管材应符合 CJJ 101 的规定。主管应埋在地下，埋深应结合土壤冻层深度、地面荷载确定。

3. 支管应铺在地面，与做畦方向垂直，宜采用 PE 管，壁厚 2.0—2.5mm，管径 32—50mm，管材应符合 GB/T 13663.2 的规定。

4. 滴灌带与支管垂直布置，整地做畦后在畦面中间铺设 2 条滴灌带，间距 15—25cm，与做长相同，壁厚 0.2—0.4mm，内径 10—16mm，滴水孔间距 20—30cm，应符合 GB/T 19812.3 的规定。

5. 管道水压试验和系统试运行应符合 GB/T 50485 第 8 章的规定。

### 三、品种选择与播种育苗

#### （一）品种选择

应选择耐低温、早熟、抗病、优质、高产、适应市场需求的品种，种子质量应符合 GB 16715.1 中 4.2.4 的规定。

#### （二）播种育苗

可在定植前 40d–50d 播种，操作方法应符合 GB/Z 26581 的规定。

### 四、整地、施底肥与覆膜

#### （一）整地

土壤深翻 25—30cm，整平耙细，做畦，畦高 20—25cm，畦面宽 70—90cm。

#### （二）施底肥

结合整地施腐熟农家肥 4000—5000kg/ 亩，磷酸二铵和硫酸钾各 20—25kg/ 亩，肥料使用应符合 NY/T 496 的规定。

#### （三）覆膜

在滴灌带上面宜覆黑色地膜，地膜应符合 GB 13735 的规定。

### 五、定植

#### （一）定植时间

10cm 土温稳定通过 12℃时，选择晴天上午定植。

#### （二）定植方式与密度

每畦 2 行，定植于滴灌带外侧 10—12cm，3000—3200 株 / 亩。

### 六、水肥一体化管理

#### （一）管道清洗

滴灌系统施肥前后，完全打开支管控制阀，滴清水 15—20min 冲洗管道。根据施肥方案将定量的肥料溶于水中，用纱布（网）过滤后倒入施肥罐（器），打开控制阀进行施肥。

## （二）水肥管理

1. 根据 NY/T 3244 第 4 章总体原则，进行黄瓜水肥管理。

2. 定植时灌水 1 次，水量 8—10m³/亩。定植后 3—4d 晴天上午灌 1 次缓苗水，水量 5—7m³/亩。

3. 缓苗后至根瓜期：视土壤干湿情况，适当控水。根瓜坐住后，土壤湿度低于田间持水量的 50%—60% 时灌水，水量 5—7m³/亩，随水追施腐植酸水溶肥，肥料质量应符合 NY 1106 的规定，滴灌浓度控制在 0.2%—0.3%。

4. 结瓜前期：土壤湿度低于田间持水量的 60%—70% 时灌水，每次水量 5—7 m³/亩，隔水施肥，采用腐植酸水溶肥和大量元素水溶肥（N：$P_2O_5$：$K_2O$=20：10：20）交替施用，两者分别符合 NY 1106 和 NY/T 1107 的规定，滴灌浓度控制在 0.3%—0.4%。

5. 结瓜中、后期：土壤湿度低于田间持水量的 70%–80% 时灌水，每次水量 10—12 m³/亩，隔水施肥，采用腐植酸水溶肥和大量元素水溶肥（N：$P_2O_5$：$K_2O$=20：10：30）交替施用，两者分别符合 NY 1106 和 NY/T 1107 的规定，滴灌浓度控制在 0.3%—0.4%。

## 七、其他管理

### （一）温度管理

白天温度高于 30℃ 通风，低于 22℃ 关闭通风口，当外界夜间最低气温在 13℃ 时，昼夜通风。

### （二）整枝绕蔓

根据长势及时吊绳、绕蔓，及时摘除病叶、老叶、侧枝和多余卷须。

### （三）滴灌带回收及废物清除

采收结束后回收滴灌带，及时清除肥料的空包装、田间植株及废膜等。

## 八、病虫害防治

### （一）防治原则

坚持"预防为主，综合防治"的方针，优先使用农业防治措施，尽量利用物理和生物防治措施。必要时合理使用低风险农药，应符合 GB/T 8321 和 NY/T 1276 的相关规定。

### （二）主要病虫害防治方法

主要病虫害防治方法应符合 GB/Z 26581 中 6.3—6.6 的规定。

## 九、采收

### （一）采收原则

果实达到商品成熟时，适时采收，早收根瓜，勤收腰瓜，及时摘除畸形瓜。

### （二）采收要求

采收时轻摘轻放，以免果实损伤。

## 十、生产档案

每个温室应建立独立、完整的膜下滴灌水肥一体化栽培生产档案，保留生产过程中各个环节的有效记录，内容包括滴灌系统检修、播种育苗、整地、施底肥与覆膜、定植、水肥一体化管理、病虫害防治及采收等。

# 第三节　温室春茬番茄膜下滴灌水肥一体化技术规程

## 一、范围

本文件规定了温室春茬番茄膜下滴灌水肥一体化栽培的产地环境、滴灌系统、品种选择、播种育苗、整地施肥与铺带覆膜、定植、水肥一体化管理、其他田间管理、病虫害防治、采收和生产档案。

本文件适用于温室春茬番茄膜下滴灌水肥一体化栽培。

## 二、规范性引用文件

下列文件中的内容通过文中的规范性引用而构成本文件必不可少的条款。其中，注日期的引用文件，仅该日期对应的版本适用于本文件；不注日期的引用文件，其最新版本（包括所有的修改单）适用于本文件。

GB 3095　环境空气质量标准

GB 5084　农田灌溉水质标准

GB/T 8321(所有部分)　农药合理使用准则

GB/T 13663.2　给水用聚乙烯（PE）管道系统　第2部分：管材

GB 15618　土壤环境质量　农用地土壤污染风险管控标准（试行）

GB 16715.3　瓜菜作物种子　第3部分：茄果类

GB/T 19812.3　塑料节水灌溉器材　第3部分：内镶式滴灌管及滴灌带

GB/T 50485　微灌工程技术标准

CJJ 101　埋地塑料给水管道工程技术规程

NY/T 496　肥料合理使用准则　通则

NY 1106 含腐植酸水溶肥料

NY/T 1107 大量元素水溶肥料

NY/T 1276 农药安全使用规范 总则

NY/T 2312 茄果类蔬菜穴盘育苗技术规程

DB23/T 452 大棚番茄生产技术规程

### 三、术语和定义

本文件没有需要界定的术语和定义。

### 四、产地环境

土壤环境质量应符合 GB 15618 的规定，环境空气质量应符合 GB 3095 的规定，农田灌溉用水质量应符合 GB 5084 的规定。

### 五、滴灌系统

#### （一）基本要求

1. 滴灌系统由水源、首部枢纽、输配水管网等配套系统构成。

2. 工程施工、安装和试运行等应符合 GB/T 50485 的规定。

#### （二）首部枢纽

1. 宜选用潜水泵和恒压变频控制装置。

2. 施肥罐宜选用压差式施肥罐。

3. 水源一级过滤宜选用离心式和筛网式过滤器组合过滤，施肥罐出口二级过滤宜选用 120—200 目叠片或筛网式过滤器。

4. 安装控制阀、水表、压力表等配件。

#### （三）输配水管网布置及选材

1. 采用主管、支管、滴灌带三级管网。

2. 主管应埋在地下，埋深应结合土壤冻层深度、地面荷载确定。宜采用 PE（聚乙烯）或 PVC（聚氯乙烯）塑料给水管，管径 50 mm，壁厚 3 mm，管材应符合 CJJ 101 的规定。

3. 支管应铺在地面，与做畦方向垂直，宜采用 PE 管，壁厚 2.0—2.5 mm，管径 32 mm，管材应符合 GB/T 13663.2 的规定。

4. 滴灌带与畦长相同，壁厚 0.2—0.4 mm，内径 10—16 mm，滴水孔间距 20—30 cm，应符合 GB/T 19812.3 的规定。

### 六、品种选择

宜选用耐低温、抗病、高产、适应市场需求的品种，种子质量应符合 GB 16715.3 的规定。

## 七、播种育苗

宜在定植前 60—80 d 采用 50 孔穴盘播种，每孔播 1 粒，育苗程序应符合 NY/T 2312 的规定。

## 八、整地施肥与铺带覆膜

### （一）整地施肥

土壤深翻 25—30 cm，整平耙细，结合整地施腐熟农家肥 4000—5000 kg/ 亩，磷酸二铵和硫酸钾各 20—25 kg/ 亩，肥料使用应符合 NY/T 496 的规定。可做高畦，畦高 20—25 cm，畦面宽 60—80 cm，畦沟宽 40—50 cm。

### （二）铺带覆膜

畦面中间铺设 2 条滴灌带，间距 10—15 cm，滴灌带上面宜覆黑灰双色地膜。

## 九、定植

### （一）定植时间

10 cm 土温稳定通过 10 ℃以上时，宜选择晴天上午定植。

### （二）定植方法

双行定植于滴灌带外侧 10—15 cm 处，定植密度 2800—3200 株 / 亩，定植后及时封埯。

## 十、水肥一体化管理

### （一）管道清洗

滴灌系统施肥前后，完全打开支管控制阀，滴清水 15—20 min 冲洗管道。根据施肥方案将定量的肥料溶于水中，用纱布（网）过滤后倒入施肥罐，打开控制阀进行施肥。

### （二）水肥管理

1. 定植时视土壤干湿情况灌 1 次水，水量 8 —10 m³/ 亩。可在定植后 3—5 d 灌 1 次缓苗水，宜选择晴天上午，水量 5—7 m³/ 亩。

2. 开花至初果期：土壤含水量控制在田间持水量的 50%—60%。

3. 结果初期：第一穗果开始膨大，土壤含水量低于田间持水量的 60%—70%时灌水，每次水量 6—8 m³/ 亩，采用腐植酸水溶肥和大量元素水溶肥（平衡型）隔水交替施用，浓度 0.1%—0.2%，肥料使用应符合 NY 1106 和 NY/T 1107 的规定。

4. 结果盛期：土壤含水量低于田间持水量的 70%—80%时灌水，每次水量 8 —10 m³/ 亩，采用腐植酸水溶肥和大量元素水溶肥（高钾型）隔水交替施用，浓度 0.2%—0.3%，肥料使用应符合 NY 1106 和 NY/T 1107 的规定。

5.结果后期：土壤含水量低于田间持水量的70%—80%时灌水，每次水量6—8 m³/亩，隔水施用大量元素水溶肥（平衡型），浓度0.1%—0.2%，肥料使用应符合NY/T 1107的规定。

## 十一、其他田间管理

定植后温度管理、植株调整、保花保果应符合DB23/T 452的规定。

## 十二、病虫害防治

### （一）防治原则

坚持"预防为主，综合防治"的方针，优先使用农业防治、物理防治和生物防治。必须使用化学防治时，农药使用应符合GB/T 8321和NY/T 1276的规定。

### （二）主要病害防治

灰霉病：可用腐霉利、嘧霉胺等药剂防治。

叶霉病：可用春雷霉素、武夷菌素等药剂防治。

### （三）主要虫害防治

蚜虫：可用苦参碱、吡虫啉等药剂防治。

白粉虱：可用阿维菌素、吡虫啉等药剂防治。

## 十三、采收

适时采收。

## 十四、生产档案

应建立生产档案，内容包括产地环境、滴灌系统、品种选择、播种育苗、整地施肥与铺带覆膜、定植、水肥一体化管理、其他田间管理、病虫害防治及采收。

# 第四节 春茬油豆角大棚双膜节水栽培技术规程

## 一、范围

本文件规定了春茬油豆角大棚双膜节水栽培的产地环境、滴灌系统、品种选择、播种育苗、整地施肥与铺带覆膜、定植、田间管理、病虫害防治、采收和生产档案。

本文件适用于大棚内覆盖地膜的春茬油豆角节水栽培。

## 二、规范性引用文件

下列文件中的内容通过文中的规范性引用而构成本文件必不可少的条款。其中，注日期的引用文件，仅该日期对应的版本适用于本文件；不注日期的引用文件，其最新版本（包括所有的修改单）适用于本文件。

GB 3095 环境空气质量标准

GB 5084 农田灌溉水质标准

GB/T 8321 农药合理使用准则

GB/T 13663.2 给水用聚乙烯（PE）管道系统 第2部分：管材

GB 15618 土壤环境质量 农用地土壤污染风险管控标准（试行）

GB/T 19812.3 塑料节水灌溉器材 第3部分：内镶式滴灌管及滴灌带

CJJ 101 埋地塑料给水管道工程技术规程

NY/T 496 肥料合理使用准则 通则

NY 1106 含腐植酸水溶肥料

NY/T 1107 大量元素水溶肥料

NY/T 1276 农药安全使用规范 总则

NY 2619 瓜菜作物种子 豆类（菜豆、长豇豆、豌豆）

## 三、术语和定义

本文件没有需要界定的术语和定义。

## 四、产地环境

土壤环境质量应符合 GB 15618 的规定，空气质量应符合 GB 3095 的规定，农田灌溉用水质量应符合 GB 5084 的规定。

## 五、滴灌系统

### （一）首部枢纽

1.宜选用潜水泵和恒压变频控制装置。

2.施肥罐宜选用压差式施肥罐。

3.水源一级过滤宜选用离心式和筛网式过滤器组合过滤，施肥罐出口二级过滤宜选用 120—200 目叠片或筛网式过滤器。

4.安装控制阀、水表、压力表等配件。

### （二）输配水管网布置及选材

1.采用主管、支管、滴灌带三级管网。

2.主管应埋在地下，埋深应结合地面荷载确定。宜采用 PE（聚乙烯）或 PVC（聚氯乙烯）塑料给水管，管径 50 mm，壁厚 3.0 mm，管材应符合 CJJ 101 的规定。

3.支管应铺在地面，与做畦方向垂直，宜采用 PE 管，壁厚 2.0—2.5 mm，管径 32 mm，管材应符合 GB/T 13663.2 的规定。

4. 滴灌带与畦长相同，壁厚 0.2—0.4 mm，内径 10—16 mm，滴水孔间距 20—30 cm，应符合 GB/T 19812.3 的规定。

## 六、品种选择

宜选用优质、抗逆性强、耐贮存、分枝能力强、适应市场需求的早熟蔓生品种，种子质量应符合 NY 2619 的规定。

## 七、播种育苗

### （一）播种时间

宜在定植前 25—30 d 播种。

### （二）播种方法

可采用 8 cm×8 cm 营养钵，干籽直播，每钵 2 粒，播深 2—2.5 cm，宜覆盖不织布。

### （三）苗期管理

1. 温度：播种后至出苗，昼温 20—25 ℃，夜温 15—18 ℃；出苗后，昼温 18—20 ℃，夜温 12—15 ℃；定植前 3—5 d 进行幼苗锻炼，昼温 15—20 ℃，夜温 10—12 ℃。

2. 水分：见干见湿管理。

## 八、整地施肥与铺带覆膜

### （一）整地施肥

土壤深翻 25—30 cm，整平耙细，结合整地施腐熟农家肥 3000—4000 kg/ 亩，磷酸二铵和硫酸钾各 15—20 kg/ 亩，肥料使用应符合 NY/T 496 的规定。可做高畦，畦高 20—25 cm，畦面宽 60—80 cm，畦沟宽 40—50 cm。

### （二）铺带覆膜

畦面中间铺设 2 条滴灌带，间距 10—15 cm，滴灌带上面宜覆黑灰双色地膜。

## 九、定植

### （一）扣棚

宜在春季定植前 25—30 d 或上一年秋季上冻前扣棚。

### （二）定植时间

10 cm 土温稳定在 12 ℃以上时，宜选择晴天上午定植。

### （三）定植方法

每畦 2 行，单株定植，株距 40—45 cm，定植于滴灌带外侧 10—12 cm 处。

## 十、田间管理

### （一）节水灌溉管理

1.定植至缓苗：定植时视土壤干湿情况灌 1 次水，水量 8—10 $m^3$/ 亩。可在定植后 3—5 d 灌 1 次缓苗水，宜选择晴天上午，水量 5—7 $m^3$/ 亩。

2.开花至结荚：土壤含水量控制在田间持水量 50%—60%。

3.采收始期：土壤含水量低于田间持水量 50%—60%时灌水，水量 3—5 $m^3$/ 亩。

4.采收盛期：土壤含水量低于田间持水量 60%—70%时灌水，水量 5—7 $m^3$/ 亩。

5.采收后期：土壤含水量低于田间持水量 50%—60%时灌水，水量 3—5 $m^3$/ 亩。

### （二）肥料管理

当第 1 花序嫩荚约 3 cm 长时，结合浇水施用腐植酸水溶肥。采收期每间隔 12—15d 随水交替施用腐植酸水溶肥和大量元素水溶肥。肥料浓度 0.1%—0.2%，肥料使用应符合 NY 1106 和 NY/T 1107 的规定。

### （三）温度管理

棚内白天温度高于 32 ℃时通风，低于 22 ℃时关闭通风口，夜间外界气温高于 15 ℃时昼夜通风。

### （四）植株调整

植株甩蔓前，及时吊绳绕蔓，生长期及时摘除老叶、病叶，当主蔓接近棚顶时及时摘心，以后下部侧枝发出后应留花序摘心。

## 十一、病虫害防治

### （一）防治原则

坚持"预防为主，综合防治"的方针，优先使用农业防治、物理防治和生物防治。必须使用化学防治时，农药使用应符合 GB/T 8321 和 NY/T 1276 的规定。

### （二）主要病害防治

枯萎病：可用百菌清、多菌灵等药剂防治。

锈病：可用苯醚甲环唑、三唑酮等药剂防治。

### （三）主要虫害防治

蚜虫：可用抗蚜威、吡虫啉等药剂防治。

潜叶蝇：可用灭蝇胺、阿维菌素等药剂防治。

红蜘蛛：可用吡虫啉、虫螨克等药剂防治。

## 十二、采收

适时采收。

## 十三、生产档案

应建立生产档案，内容包括：产地环境、滴灌系统、品种选择、播种育苗、整地施肥与铺带覆膜、定植、田间管理、病虫害防治及采收等。

# 第八章　蔬菜产业发展机遇

## 一、依托良好的政策环境，明确发展方向

国家层面启动了全国绿色高质高效创建示范县建设以及果、菜、茶有机肥替代化肥工程等，为特色经济作物发展提供了政策保障。黑龙江省委、省政府为了发展蔬菜、食用菌和果树等特色经济作物，制订了果蔬产业和食用菌产业方面的农业强省战略规划，为产业发展指明了方向。同时，速冻蔬菜产业是蔬菜产业的接续产业，黑龙江省结合"十四五"时期速冻蔬菜产业一体化发展的目标定位，强力推动速冻蔬菜产业实现高质量发展。《全省农业和农产品加工项目招商工作方案》提出引进龙头企业带动 666.67hm² 以上露地蔬菜规模种植，引进大、中型设施果蔬生产项目，到 2025 年露地蔬菜面积达到 30 万 hm²，设施蔬菜面积达到 10 万 hm²。

## 二、着眼市场前景，抓住发展机遇

近年来，我国供给侧结构性改革和农业种植结构调整不断推进，黑龙江省以优质的气候、种质和土壤资源带动绿色蔬菜产业蓬勃发展[194]。黑龙江省冬春淡季主要靠外地蔬菜满足市场需求，地产蔬菜鲜销量和窖储菜供应量比例不超过50%，通过采取春提早和秋延后的棚室栽培技术，可在一定程度上满足市民对绿色新鲜蔬菜的需求。在"北菜南销"市场格局基本形成的条件下，黑龙江省可利用 7—9 月蔬菜生产旺季的有利条件，将高品质蔬菜供应长三角、珠三角、京津冀等地区蔬菜市场。出口贸易方面，利用边境口岸优势，发展对俄果蔬、食用菌等农产品贸易。

## 三、利用生态特色，发挥产业优势

黑龙江省拥有良好的生态环境、宝贵的黑土资源、独特的气候条件，为绿色、优质特色果蔬发展奠定了基础，高端优质果蔬拥有较大的价格空间。品质方面，与长江流域等夏季湿热地区同类品种相比，黑龙江省茄果类蔬菜中蛋白质和可溶性糖等营养物质含量较高。食用菌生产规模居全国前列，黑龙江省丰富的农林副产品资源以及独特的生态条件为黑木耳生产提供了有利条件，黑木耳年产量居全

国首位，以"不与农争时、不与粮争地"为产业特色迅猛发展[195]。

## 四、蔬菜产业发展对策

### 1. 加大设施农业及配套设施设备的研发力度

加大力度研发抗灾能力强、节能性能优越、满足寒地越冬蔬菜生产要求的高效节能日光温室及配套设施设备。加快智慧园艺生产、高效小型农业机械等工厂化技术手段的研发创新，有效降低单位面积成本投入，提高蔬菜产业竞争力。蔬菜产业属于劳动和技术密集型产业，随着国内外农业机械化生产科技力量与研发资金投入力度的不断加大，适应蔬菜生产不同需求的专用机械种类日益丰富。黑龙江省是农业大省，主要农作物耕、种、收综合机械化水平居全国首位，蔬菜作物机械化水平尚处于起步阶段，随着近年来人工成本逐年攀升、规模化作业效率不高等问题日益突出，推进蔬菜产业农机农艺融合意义重大。

### 2. 培育优质蔬菜新品种

要研发具有抗逆、抗病、品质优良等特性的蔬菜新品种，建立创新适于寒地的秋冬、冬春高效蔬菜生产模式。我国种业自主创新与发达国家还有很大差距，要把种业作为农业科技攻关和农业农村现代化的重点任务来抓，推进种业高质量发展，打赢种业"翻身仗"。黑龙江省主栽大宗蔬菜品种以国内自主知识产权品种为主，但品质与日、韩和欧美仍存在一定差距，仍需通过创新品种、搜集资源和稳定支撑等手段促进蔬菜产业稳定发展[196]。

### 3. 加强速冻蔬菜生产、加工及贮藏能力建设

在我国果蔬加工产业的良好发展态势下，将本地春、夏季过剩的蔬菜，通过速冻加工等方式，提高本地蔬菜储备能力，有效提升产品价值。速冻蔬菜产业是蔬菜产业的接续产业，具有高附加值和科技含量高的特点，黑龙江省速冻蔬菜产业虽起步较晚，但发展较快且发展潜力较大。针对日趋旺盛的消费需求，结合全省速冻蔬菜产业一体化发展的目标定位，强力推动全省速冻蔬菜产业实现高质量发展。

## 五、我国现代化设施生产研究方向

我国设施蔬菜未来研究方向包括设施装备现代化、生产管理现代化、设施蔬菜优质化和多样化、多业态融合高效化以及设施蔬菜空间拓展等。

设施装备现代化研究方向：提升节能设施现代化水平，将其改造成装配式、低成本装备化以及便于环境控制自动化和作物生产机械化的设施类型；降低现代设施的成本和能耗，改造成低成本可高效利用太阳能以及低成本利用清洁能源的

设施类型。

生产管理现代化研究方向：应提升环境调控的自动化和智能化水平，节能日光温室、节能单栋和连栋大棚要实现环境调控自动化和智能化；提升设施蔬菜生产的机械化水平，要构建宜机化生产模式与技术体系，筛选和研发适合节能日光温室和塑料大棚的小型农机装备。

设施蔬菜产品需求研究方向：①强力开发满足市场需求的优质、特色产品。商品品质、营养品质和风味品质均优质的产品是未来发展的核心；养生与治疗的功能性蔬菜、保健和教育产品是未来发展的新方向；都市家庭蔬菜、观光旅游蔬菜、绿地立体休闲蔬菜、生态餐厅蔬菜、多生物共生蔬菜、餐馆超市蔬菜等休闲产品是未来发展的新领域；重要工业用植物原料、重要医药类植物原料等产品是未来发展的新特色。②大力研发特需产品，例如满足海岛需求、沙漠需求、极地需求、远洋船舶航运需求、太空需求的产品。植物工厂将是这个方向的主体。植物工厂近年来取得许多突破，研发出各种植物工厂专用装备，构建了最优产量、品质形成的光质优化配方，创制出多通道 LED 光源及智能管控系统；光温耦合调控可以显著降低运行能耗，比空调能效提高 3.4 倍，能耗降低 24.6%—63.0%。

积极拓展多业态融合的研究方向：例如饭店设施蔬菜、超市设施蔬菜、观光园区设施蔬菜、园艺教育设施蔬菜、农业博物馆设施蔬菜等发展方向。

促进设施蔬菜空间拓展的研究方向：在因地制宜拓展蔬菜发展空间方面，要合理规划布局，华南热带地区主要以防台风遮阳避雨棚为主，长江以南亚热带地区以遮阳保温塑料大棚（连栋）为主，黄淮海及中原地区以节能日光温室和保温塑料大棚为主，西北、华北和东北地区以节能日光温室为主。非耕地的空间高效拓展具有较大潜力，特别是沿海滩涂和矿山废弃地等非耕地开发潜力巨大，戈壁沙漠及荒山荒坡在确保生态环境安全条件下可适量开发。未来通过设施蔬菜种植面积拓展、非耕地的高效利用、设施蔬菜单产的提升以及周年利用率的提高，力争蔬菜产业为粮食作物提供优质耕地 333 万 $hm^2$ 以上。

## 六、我国设施蔬菜研究方向及任务

面向现代化，我国设施蔬菜基础研究的主要方向及任务：

一是在搜集原始及特色设施蔬菜种质资源的基础上，构建种质资源数据库、表型数据库、基因表达数据库等综合数据库，利用后基因组时代大数据挖掘、数学建模或机器学习等思路，解析重要物种的系统演化及驯化机理，为专用种质创新和育种提供共性基础理论与技术。

二是通过人工栽培选择变异、有计划地进行远缘和近缘杂交选择变异、采用各种诱变技术人为创造变异，从中选择各器官多样化的优异变异植株和品系，开发种质资源的 DNA 序列分析及分子标记，揭示野生资源到栽培品种的系统演化，为充分利用我国丰富的设施蔬菜种质资源提供信息。

三是开展设施蔬菜轻简化栽培的生物学基础，设施蔬菜水肥需求规律与高效利用的基础，设施蔬菜土壤障碍发生及调控机制，小型节能设施环境及蔬菜作物生长发育模型研究，以及植物工厂蔬菜栽培光－温－营养耦合及其调控机制研究。

面向现代化，我国设施蔬菜重点技术与产品创新的方向与任务：

一是现代节能蔬菜设施结构优化设计及其装配式建造技术。研制适合不同生态区和不同作物的装配式现代节能日光温室与大跨度多层覆盖现代节能大棚，在不同生态区实现设施建造装配化、设施空间大型化、设施作业宜机化、土地利用高效化、设施性能优良化、环境调控自动化和物联网化、能耗成本低值化；研制节能日光温室和塑料大棚的保温和蓄热材料、装备及系统，实现保温和蓄热的低成本、高性能，提高设施蔬菜节能减排的整体水平。

二是现代节能蔬菜设施环境智能调控技术。研制低成本高性能蔬菜设施专用环境监控传感器，构建基于设施环境变化模型和蔬菜生长发育模型的设施蔬菜现代专家管理系统；研制基于物联网和现代专家管理系统的低成本高效环境自动调控技术体系；研究适合我国节能设施的低成本环境调控装备；提高我国特色设施蔬菜生产的精准调控能力，为促进我国设施蔬菜产业现代化和智能化提供技术支持。

三是现代节能设施蔬菜宜机化优质多抗专用新品种选育。针对适合我国不同生态区的设施蔬菜宜机化优质专用品种缺乏问题，需要加快研究进程，使之适应设施蔬菜现代化发展的要求。挖掘适合不同生态区的设施蔬菜宜机化优质多抗关键功能基因；创建适合设施蔬菜宜机化优质多抗新品种选育的现代育种技术；创制设施蔬菜宜机化优质多抗优异新种质，培育设施蔬菜宜机化优质多抗新品种，从而提高我国特色设施蔬菜生产能力，为促进我国设施蔬菜产业现代化提供品种保障。

四是现代节能设施蔬菜绿色高效栽培模式与关键技术。包括适合机械化生产的设施蔬菜高产优质绿色种植模式；基于物联网的低成本设施蔬菜生长发育及环境要素监测系统；设施蔬菜气候环境要素与肥水的自动化调控系统；设施蔬菜小型智能机械化生产技术；设施蔬菜机械化作业系统；设施蔬菜生产管理全程自动化服务系统等。

五是非耕地节能设施蔬菜绿色高效栽培模式与关键技术。沿海滩涂、沙漠戈壁、荒山荒坡等非耕地设施蔬菜宜机化高产优质绿色种植模式创建；基于物联网的非耕地低成本设施蔬菜环境要素监控系统；适合不同生态环境非耕地设施蔬菜肥水自动化调控系统；适合非耕地设施蔬菜智能机械化生产技术；适合不同生态区非耕地设施蔬菜生产管理全程自动化服务系统。

六是设施蔬菜抗逆减灾生产关键技术。包括筛选耐低温和弱光的设施蔬菜专用品种；研发设施蔬菜高光效植株群体合理配置与形态调整技术；研制提升设施内土壤温度和通气栽培的关键技术；研发以光为核心的各种设施蔬菜最佳综合环境（温度、湿度、$CO_2$浓度、土壤水分、植株营养等）调控技术；创建以光照为核心的设施蔬菜综合环境管理技术模型。

七是设施蔬菜土壤障碍调控模式与技术。研发调控设施蔬菜土壤障碍的施肥配方及施用技术，建立不同设施蔬菜、不同土壤质地、不同栽培茬口的防止土壤障碍的科学施肥模型；探讨生物炭、秸秆等有机物料和关键营养元素等土壤投入品抑制和修复设施蔬菜土壤障碍的作用及关键技术；研制各种嫁接砧木嫁接栽培抑制设施蔬菜土壤障碍的作用及技术；研究设施蔬菜重度障碍土壤高效替代栽培技术。

八是设施蔬菜新发、重大、难控病虫害绿色防控策略与技术。强化外来病虫害快速监测、检验检疫与除害处理技术，重大入侵病虫害种群扩张蔓延机制与高效防控技术，重大病虫害灾变机制与可持续防控技术，病虫害与蔬菜作物互作机制及关键防控技术，病虫害物理防控机理及其关键技术，病虫害生态防控机理及其关键技术的创新。

九是蔬菜植物工厂节能高效生产模式与技术。包括不同蔬菜生长发育和品质形成的最佳光配方（人工光植物工厂），基于最佳光配方为核心的耦合环境的蔬菜生长发育模型，植物工厂内的各环境因子模拟模型，基于上述两种模型的植物工厂环境物联网自动调控系统，选育适合蔬菜植物工厂的专用品种，研发蔬菜植物工厂栽培模式、技术系统和生产工艺流水线，以及适合蔬菜植物工厂的低成本智能装备、栽培设施与设备、基质与营养液配方。

十是特需设施蔬菜相关产品与关键技术。包括适合海岛、极地、边防、远洋以及家庭小型设施蔬菜的新品种选育，新装备、新基质开发，生产模式、栽培系统与技术研发。

## 七、结语

设施蔬菜是我国不可或缺的重要产业，设施蔬菜现代化势在必行。同时中国特色设施蔬菜产业将为碳达峰和碳中和做出贡献。当前，设施蔬菜现代化的科技需求重点是提质增效和推进现代化技术，智能化技术应用也将成为未来的重点。黑龙江省地处我国的高纬度地区，无霜期短，属一年一熟制地区；设施蔬菜在解决北方地区蔬菜市场供应方面发挥了重要作用。黑龙江省设施农业运行中存在气候限制、政策因素制约、专业技术人才缺乏、质量发展水平不高、产业同质化严重和结构单一等问题，可以通过加大政策和资金支持、加强集成农技指导、优化农业产业结构和产业空间布局、推进农业融合发展和促进产供销一体化等途径进行完善。

# 参考文献

[1] 齐飞，朱明，周新群，等. 农业工程与中国农业现代化相互关系分析 [J]. 农业工程学报，2015，31（1）：1-10.

[2] van Henten E J. Green house mechanization：state of the art and futuere perspective[J]. Act a Horticulturae，2006（710）：55-70.

[3] 陈丹艳，杨振超，孔政，等. 设施农业固碳研究现状与展望 [J]. 中国农业科技导报，2018，20（2）：122-128.

[4] 蔡保忠，曾福生. 农业基础设施的粮食增产效应评估：基于农业基础设施的类型比较视角 [J]. 农村经济，2018（12）：24-30.

[5] 陈殿奎. 我国大型温室发展概况 [J]. 农业工程学报，2000，16（6）：28.

[6] 张乃明. 设施农业理论与实践 [M]. 北京：化学工业出版社，2006：1-17.

[7] 平英华，胡进鑫，何生保. 我国设施农业发展体系建设构想 [J]. 农业开发与装备，2007（3）：40-42.

[8] 李文荣. 论设施农业的创新与发展 [J]. 农机化研究，2007，29（8）：183-186.

[9] 徐茂，邓蓉. 国内外设施农业发展的比较 [J]. 北京农学院学报，2014，29（2）：74-78.

[10]Redmond R S，Fatemeh K，C Ting K，et al.Advances in greenhouse automation and controlled environment agriculture：a transition to plant factories and urban agriculture[J]. International Journal of Agricultural and Biological Engineering，2018，11（1）：1-22.

[11] 骆飞，徐海斌，左志宇，等. 我国设施农业发展现状、存在不足及对策 [J]. 江苏农业科学，2020，48（10）：57-62.

[12] 袁为海. 我国现代设施农业发展现状与方向 [J]. 中国农村科技，2023（6）18-21.

[13] 翟雪玲. 拎稳"菜篮子"，给设施农业升级 [N]，人民日报海外版，2023（2）：5-6.

[14] 韩俊. 中国粮食安全与农业走出去战略研究 [M]. 北京：中国发展出版社，2014：1-8.

[15] 郭世荣，孙锦，束胜，等. 国外设施园艺发展概况、特点及趋势分析 [J]. 南京农业大学学报，2012，35（5）：43-52.

[16]彭澎，梁龙，李海龙，等.我国设施农业现状、问题与发展建议[J].北方园艺,2019( 5)：

161-168.

[17] 高翔，齐新丹，李骅. 我国设施农业的现状与发展对策分析 [J]. 安徽农业科学，2007，35（11）：3453-3454.

[18]ten Berge H F M, van Ittersum M K, Rossing W A H , et al. Farming options for The Netherlands explored by multi-objective modelling[J]. European Journal of Agronomy，2000，13（2/3）：263-277.

[19] 世界现代农业典范——荷兰现代设施农业 [J]. 中国农业信息快讯，2002（8）：14-16.

[20] 徐良，王凯荣，郑丹. 荷兰种植业产业化体系对中国农业发展的借鉴 [J]. 陕西农业科学，2016，62（2）：94-96.

[21]Masumoto T, Yuan X, Yoshida T, et al. Status quo and perspectives inintegrated management of water resource facilities for agricultural water use in the Upper Tone River Basin[J]. Tech Rep Natl Ist Rural Eng, 2006, 204：115-128.

[22]Tsuru H, Yokoyama N, Fujii Y. Toward urban agriculture of new style-plant factory laboratory[J]. The Journal of the Institute of Electrical Engineers of Japan，2006，126（5）：264-267.

[23] 宁翠珍. 自动控制技术与设施农业 [J]. 山西农业（ 致富科技），2007（5）：47.

[24]Washizu A, Nakano S. Exploring the characteristics of smart agricultural development in Janpan：analysis using a smart agricultural Kaizen level technology map[J]. Computers and Electronics in Agriculture，2022，198：107001.

[25] 吴良. 日本现代农业发展的实践与启示 [J]. 世界农业，2012（1）：78-82.

[26] 张淑荣，付俊红. 以色列外向型设施农业发展战略：对天津市设施农业发展的启示 [J]. 世界农业，2012（7）：86-88.

[27] 李俊，李建明，曹凯，等. 西北地区设施农业研究现状及存在的问题 [J]. 中国蔬菜，2013（6）：24-29.

[28] 韩小婷. 以色列现代农业科技创新领域及创新经验[J]. 农业工程技术，2022，42( 20)：4-5+7.

[29] 陶爱祥. 发达国家节水农业经验及启示 [J]. 世界农业，2014（8）：151-153.

[30] 宗哲英，王帅，王海超，等. 水肥一体化技术在设施农业中的研究与建议 [J]. 内蒙古农业大学学报（自然科学版），2020，41（1）：97-100.

[31] 李国臣，马成林，于海业，等. 温室设施的国内外节水现状与节水技术分析 [J]. 农机化研究，2002，24（4）：8-11.

[32] 成福伟. 发达国家现代农业园区的发展模式及借鉴 [J]. 世界农业，2017（1）：

13-17.

[33]Ding B J，Hofvander P，Wang H L, et al. Aplant factory for mothpheromone production[J]. Nature Communications，2014，5（1）：1-7.

[34]Li G Y，Li X Y，Jiang C H, et al. Analysis on impact of facility agriculture on ecological function of modern agriculture[J]. Procedia Environmental Sciences，2011，10：300-306.

[35]张轶婷，刘厚诚. 日本植物工厂的关键技术及生产实例[J]. 农业工程技术（温室园艺），2016（13）：29-33.

[36]Farrell E， Hassan M I, Tufa R A, et al.Reverse electrodialys is powered greenhouse comcept for water- and energy –self –sufficient agriculture[J]. Applied Energy，2017，187：390-409.

[37]魏斌，毕研飞，孙昊，等. 江苏常熟国家农业科技园区设施园艺创新技术应用示范[J]. 农业工程技术，2017，37（19）：81-85.

[38]张骞，淮贺举，孙宁，等. 信息化引领现代农业园区发展现状与对策研究[J]. 中国农业科技导报，2019，21（12）：8-13.

[39]钟志宏，兰峰，管帮富，等. 物联网技术在江西现代农业示范园区的应用[J]. 现代园艺，2016（19）：75-77.

[40]王楠，焦子伟，李东育，等. 我国绿色设施农业栽培关键技术研究进展[J]. 江苏农业科学，2021，49（18）：18-24.

[41]丁亚会，张云鹤，孙宁等，我国设施农业发展的国际经验与启示[J]. 江苏农业科学，2023，51（16）：1-8.

[42]艾来提·达依木. 发展我国设施农业节水灌溉技术的对策研究[J]. 装饰装修天地，2017（19）：309.

[43]姚光琴，我国设施农业节水灌溉技术的发展对策分析[J]. 农业机械化与现代化，2022（3）：19-21.

[44]李超. 水利工程渠道防渗施工技术分析[J]. 现代农村科技，2022（3）：55-56.

[45]徐庭鑫. 渠道防渗水利工程技术的设计特点[J]. 装饰装修天地，2021（10）：284.

[46]董维龙.水利工程渠道渗漏的原因及防渗施工技术探讨[J].清洗世界，2021，37（10）：160-161.

[47]苏来文，灌溉渠道防渗技术的认识与思考[J]. 农业开发与装备，2023（5）：233-234.

[48]王博，周倩，李润.低压管道输水灌溉及在柘城县的推广应用研究[J]. 河南水利与

南水北调，2017（7）：24-25.

[49] 章振平. 低压管道输水灌溉技术在农田的应用 [J].. 农林科技，2016（14）：284.

[50] 龚志浩. 我国低压管道输水灌溉工程在设计和运行方面的问题与对策 [J]. 水能经济，2017（4）：345.

[51] 胡也男. 农业发展中农艺节水技术的应用研究 [J]. 农机使用与维修，2020（8）：139.

[52] 田丰. 浅谈节水抗旱作物品种筛选 [J]，山西水利科技，2008，167（1）：28-29.

[53] 尹光华，陈温福，刘作新，等. 中国北方半干旱区机械化坐水种技术研究 [J]. 农业现代化研究，2007，28（2）：238-240.

[54] 庄晓铠. 我国农艺节水技术研究进展及发展趋势 [J]. 南方农机，2018，49（2）：89.

[55] 孙玉凤. 延寿县推广水稻节水控制灌溉技术综述 [J]. 黑龙江水利科技，2016，5（44）：16-18.

[56] 王向平，薛忠海，刘洪国. 黑龙江八五二农场水稻节水控制灌溉技术推广成效 [J]. 农业工程技术，2021（8）：19-21.

[57] 李思林. 水稻节水灌溉栽培技术措施的运用 [J]. 农业与技术，2019，39（15）：105-106.

[58] 李滨. 农艺节水技术的发展与应用研究 [J]. 农业科技与装备，2021，305（5）：65-66.

[59] 韩宪东. 现代农业中推广节水农业技术的策略研究 [J]. 农业开发与装备，2019（5）：92-93.

[60] 崔毅. 农业节水灌溉技术及应用实例 [M]. 北京：化学工业出版社，2005.

[61] 杨丽娟，张玉龙，李晓安，等. 灌水方法对塑料大棚土壤 – 植株硝酸盐分配影响 [J]. 土壤通报，2000，31（2）：63-65.

[62] Chaney K. Effect of nitrogen fertilizer rate on soil nitratcontent after harvesting winter wheat[J]. Jagric Sci，1990（114）：171-176.

[63] 水利部. SL56—2013 农村水利技术术语 [S]. 北京：中国水利水电出版社，2013.

[64] 贺城，廖娜. 我国节水灌溉技术体系概述 [J]. 农业工程，2014，4（2）：39-44.

[65] 鲁会玲，尤海波，王喜庆. 滴灌技术在农业设施化生产中的应用 [J]. 黑龙江水利科技，2006，34（2）：142-143.

[66] Silber A，Xu G，Levkovitch I，Soriano S，Bilu A & Wallach R. High fertigation frequency：the effects on uptake of nutrients water and plant growth[J]. Plant and Soil，2003（253）：467-477.

[67] Hebbar S S, Ramachandrappa B K, Nanjappa H V, Prabhakar M.Studies on NPK drip fertigation in field grown tomato (Lycopersicon esculentum Mill) [J]. Europ J Agronomy, 2004, 21: 117-127.

[68] Khalil Ajdary, Singh D K, Singh A K, Manoj Khanna. Modelling of nitrogen leaching from experimental onion field under drip fertigation[J].agricultural water management, 2007 (89): 15-28.

[69]Bar-Yosef B, Sagiv B, Markoviteh T and Levkovitch I.PhosPhorus Placement effects on sweet corn growth, uptake and yield.In: Dahlia Greidinger Intemational Symposium on Fertigation Proc[J].Haifa.Israel, 1995, 141-154.

[70]Hagin J, Tueker B.Fertilization of Dryland and Irrigation Soils[J]. Springer-Verlag, Berlin, 1982, 147-153.

[71] 王虎, 王旭东, 杨莹. 滴灌施肥条件下土壤铵氮分布规律的研究 [J]. 干旱地区农业研究, 2006, 24（1）: 51-55.

[72] 方瑞华. 我国设施农业的现状和发展方向 [J]. 江苏理工大学学报, 1998, 19（4）: 53-58.

[73] 杨振超, 邹志荣, 屈锋敏, 等. 设施园艺产业发展与人才培养 [J]. 农业工程技术（温室园艺）, 2007, （1）: 15-17.

[74] 陈多方, 许鸿, 徐腊梅, 等. 北疆棉区棉花膜下滴灌蒸散规律研究 [J]. 新疆气象, 2001（2）: 17-18.

[75] 逢焕成. 我国节水灌溉技术现状与发展趋势分析 [J]. 中国土壤与肥料, 2006（5）: 1-6.

[76] 杜尧东, 刘作新. 渗灌—设施园艺先进的节水灌溉技术 [J], 资源开发与市场 2000.16（5）: 266-267.

[77] 乔立文, 陈友, 齐红岩, 等. 温室大棚蔬菜生产中滴灌带灌溉应用效果分析 [J]. 农业工程学报, 1996, 12（2）: 34-39.

[78] 鱼宏刚, 周兴有, 王天斌, 等. 蔬菜温室的渗灌节水试验 [J]. 吉林蔬菜, 2001, （1）: 40-41.

[79] 娄国启. 节水灌溉新技术在现代农业发展中的应用 [J]. 科技资讯, 2017, 15（25）: 101-102.

[80] 刘峰, 石建利. 水肥一体化技术在设施农业中的应用 [J], 农业工程技术, 2023（3）: 39-40.

[81]闫峰.水肥一体化技术在设施农业中的研究与建议 [J]. 城市建设理论研究（电子版），

2020（5）：61.

[82]潘敏睿，马军，王杰，等.水肥一体化技术发展概述[J].中国农机化学报，2020，41（8）：204-210.

[83]张雪飞，彭凯，王建春，等.设施蔬菜水肥一体化智能灌溉控制系统的设计及试验[J].山西农业科学，2017，45（9）：1534-1538.

[84]胡晓辉.棚室渗灌处理对番茄、黄瓜生长及产量的影响[D].东北农业大学研究生毕业论文，2003.

[85]力谐.病情指数计算公式的错误及改正[J].湖北农业科学，1987（7）：40.

[86]黄士杰.膜下滴灌节水技术与设施栽培研究[J].北方园艺，2008（1）：87.

[87]王湃，杨方明.膜下滴灌一举多得[J].农民文摘，2009（5）.

[88]骆荣靖，王振昌，刘卫红.大棚蔬菜膜下滴灌技术[J].山东蔬菜，2007（2）：36.

[89]Janoudi A K，Widders I E，et al Water deficits and environment factors affect photosynthesis in leaves of cucumber（cucumber is sativus）[J].J.Amer SocHort Sci，1993，118（3）：366-370.

[90]张西平.日光温室膜下滴灌黄瓜需水规律的研究[D].西北农林科技大学研究生毕业论文，2005.

[91]徐淑贞，张双宝，鲁俊奇，等.日光温室滴灌番茄需水规律及水分生产函数的研究与应用[J].节水灌溉，2001（4）：27.

[92]王俊霞.滴灌技术在温室中的应用[J].农业技术与装备，2009（1）.

[93]桑艳朋，王祯丽，刘慧英.膜下滴灌量对甜瓜产量和品质的影响[J].中国瓜菜，2005（6）：11-13.

[94]毛学森，李登顺.日光温室黄瓜节水灌溉研究[J].灌溉排水，2000，19（2）：45-47.

[95]刘祖贵，段爱旺，等.水肥调配施用对温室滴灌番茄产量及水分利用率的影响[J].中国农村水利水电，2003（1）：10-12.

[96]蒋先明等.蔬菜栽培学各论[M].中国农业出版社，1984.12.

[97]王丽霞，罗庆熙.设施园艺中番茄节水灌溉的研究进展[J].农业工程科学，2005（5）：427.

[98]Adams P，Thomas J C，Vernon D M，Jean R G. Distinct cellular and organismic reponses to salt stress [J]. Plant and Cell Physiology，1992，33（8）：1215-1223.

[99]Bethke P C，Drew M C. Stomatal and nonstomatal components to inhibition of photosynthcsls in leaves of Capsicum annuum during progressive exposure to NaCl salinity [J].

Plant Paysiology，1992，（99）：219-226.

[100] Downton W. J. S.， Grant W. J. R.， Robinson S. P. Photosynthetic and stomata responses of spinach leaves to salt stress[J].Plant Physiol，1985，（77）：85-88.

[101] Munns R. Comparative physiology of salt and water stress [J]. Plant Cell Environ，2002，25：239-250.

[102] Shalhevet J，Huck M G，Schroeder B P. Root and shoot growth response to salinity in maize and soybean [J]. Agronomy Journal，1995，87（3）：512-516.

[103] Pieter J C，Kulpef，Kuiper D，Schmt J. Root functioning under stress condition：An introduction [J]. Plant and Soil，1988，（111）：249-253.

[104] Bou wman A F.Soil and greenhouse Eeffct[M].Chichester：John Wiley and Sons，1990，22（3）：145-148.

[105] 韩永峰，屠扬，等.无土栽培的概况及发展对策.河北林果研究 2010，25（3）：296-298.

[106] 夏树让.国内外无土栽培的应用及发展方向 [J].农产品加工（创新版）.2009（3）：35-37.

[107] 张洪芬.浅谈蔬菜无土栽培技术的发展趋势.经济技术协作信息，2010（1 8）：156.

[108] Michael Raviv. Horticulture use of composted material. Acta Hort.1998，469：225-233.

[109] 柴晓芹.无土栽培及其发展趋势 [J].甘肃农业科技，1999（1）：4-5.

[110] 连兆煌，李式军.无土栽培原理与技术 [M].中国农业出版社，1994.

[111] 秦嘉海，陈广泉，肖占文.几种全营养混合基质的理化性质比较及在番茄生产中的应用 [J].甘肃农业科技，1997（4）：36-38.

[112] 李静，赵秀兰，魏世强，等.无公害蔬菜无土栽培基质理化特性研究 [J].西南农业大学学报，2000，22（2）：112-115.

[113] 李天林，沈兵，李红霞.无土栽培基质培选料的参考因素与发展趋势 [J].石河子大学学报，1999，3（3）：9-13.

[114] 李谦盛，郭世荣，李式军.利用工农业废弃物生产优质无土栽培基质 [J].自然资源学报，2002（4）：123-127.

[115] 王虹，徐刚，等.中药渣有机基质配比对辣椒生长及产量、品质的影响 [J].江苏农业学报，2009，26（6）：1301-1304.

[116] 程智慧，于艳辉，张庆春.辣椒栽培有机基质在蔬菜育苗中的二次利用初探 [J].西

北农业学报，2010，19（4）：123-126.

[117] 李孝良，常江，等.营养条件对无土栽培辣椒产量和品质的影响 [J]. 安徽农业科学，2004，32（5）：94-947.

[118] 毛妮妮，翁忙玲，姜卫兵.固体栽培基质对园艺植物生长发育及生理生化影响研究进展 [J]. 内蒙古农业大学学报，2007，28（3）：283-287.

[119] 郭世荣，李式军，程斐，马娜娜.2000.有机基质在蔬菜无土栽培上的应用效果.沈阳农业大学学报.31（1）：89-92.

[120] 张西平.日光温室膜下滴灌黄瓜需水规律的研究 [D]. 西北农林科技大学研究生毕业论文，2005.

[121] 徐淑贞，张双宝，鲁俊奇，等.日光温室滴灌番茄需水规律及水分生产函数的研究与应用 [J]. 节水灌溉，2001（4）：28-30.

[122] 杨天宇，金美丽.黑龙江省农产品出口基地建设问题探究 [J]. 农场经济管理，2016（4）：31-33.

[123] 崔宁波.黑龙江省蔬菜产业发展现状及对策研究.北方园艺，2010（13）：219-221.

[124] 于振华，陈立新，于杰，刘淑艳，李景富.黑龙江省蔬菜产业现状与发展建议.北方园艺，2014（11）：170-173.

[125] 潘凯，黄婷，王雪涵，等.黑龙江省蔬菜产业现状及发展战略 [J]. 中国蔬菜，2017(9)：12-16.

[126] 陶可全，于杰，吕涛，等.黑龙江省蔬菜冬季生产现状及发展对策 [J]. 北方园艺，2015（7）：161-163.

[127] 韩哲，毕洪文，郑妍妍，等，2021年黑龙江省蔬菜价格变化趋势分析及产业发展对策 [J]，现代农业科技，2023（7）：210-214

[128] 冯一新，王丽冬，徐健，等.黑龙江省蔬菜育苗现状、存在问题与对策 [J]，中国蔬菜，2019（7）：18-22.

[129] 聂书明，杜中平.西宁地区温室番茄新品种引进与筛选试验 [J]. 北方园艺，2011(21)：32-33.

[130] 张以顺，黄霞，陈云凤.植物生理实验教程 [M]. 北京：高等教育出版社，2009：21-24.

[131] Lee H J，Titus J S1Relationship between nit rate reductive activity and level of soluble carbohydrates under prolonged darkness inMM1106 apple leaves [J]. Journal of Horticultural. Sciences，1993，68（4）：589-5961.

[132] 张振贤，王培伦，等 . 蔬菜生理 . 中国农业科技出版社，1993.

[133] 侯加林 . 温室番茄生长发育模拟模型的研究 [D]. 北京：中国农业大学，2005.

[134] 朱续熹，孙再军 . 烟苗素质对移栽后农艺性状的影响 [J]. 安徽农业科学，2007，35（4）：1061-1062.

[135] 侯茂林，文吉辉，卢伟 . 烟粉虱成虫在日光温室内的分布和日活动规律 [J] . 生态学报，2006，26（5）：1431-1437.

[136]La-Malfa G.，Noto G.，Casarotti D，teal.Soilless lettuce production[J].Colure Protette，1998，27（4）65-70.

[137] 王朝晖，王云，杜云安，等 . 樱桃番茄引种栽培试验初报 [J]. 湖北农业科学，2009，48（10）：2458-2460.

[138] 中国农业科学院蔬菜研究所，中国蔬菜栽培学 [M]. 北京： 农业出版社，1987，624.

[139] 李式军 . 珍稀名优蔬菜 [M]. 北京：中国农业出版社，1995，168.

[140] 康建坂 . 两个樱桃番茄新品种选育研究 [D]. 福建农林大学，2009.

[141] 黄丽华，李芸瑛 . 樱桃番茄果实营养成分分析 [J]. 中国农学通报，2005，21（10）：91-92.

[142] 马越，李新远，赵晓燕 . 樱桃番茄的营养品质及其抗氧化活性的研究 [J]. 食品研究与开发，2007，28（7）： 133-136.

[143] 钱兰华，沈雪琳 . 不同颜色樱桃番茄矿物元素分析 [J]. 长江蔬菜（学术版），2011（8）：44-46.

[144] 朱海生 . 樱桃番茄种质资源遗传多样性及杂交纯度鉴定 PRPD 分析 [D]. 福建农业大学，2005.

[145] 乐素菊，刘厚诚，翟英芬，等 . 樱桃番茄果实风味分析 [J]. 中国蔬菜，2003（3）：15-17.

[146] 徐暄 . 紫外分光光度法测定樱桃番茄中微量元素硒 [J]. 安徽农业科学，2009，37（22）：10356+10397

[147] 缪崑，王雁，彭镇华 . 植物对氟化物的吸收积累及抗性作用 [J]. 东北林业大学学报，2002，30（3）： 100-106.

[148] 王玉彦 . 栽培樱桃番茄效益高 [J]. 吉林蔬菜，2001（5）： 10-11.

[149] 时凤云，王建英，徐文国，等 . 低温冷害对温室樱桃番茄的影响和病虫害的防治 [J]. 中国农学通报，2009，25（19）： 248-250.

[150]Berry SZ ， Uddin MR. Effect of high temperature on fruit set in tomato cultivars and

selected germplasm[J].Hortscience，1988，23（3）：606-608.

[151]陶建平，钟章成.光照对苦瓜形态可塑性及生物量配置的影响[J].应用生态学报，2003，14（3）：336-340.

[152]刘维侠，曹振木，党选民，等.樱桃番茄及其栽培技术[J].热带农业工程，2008,32(1)：15-18.

[153]武慧平，朱铭强，张盼盼，等.土壤含水量对温室樱桃番茄生长发育及果实品质的影响[J]，干旱地区农业研究，2012，30（4）：32-36.

[154]梁蕊芳，康利平，徐龙，等.干旱胁迫对樱桃番茄幼苗叶片生长特性的影响[J].北方园艺，2013（23）：15-18.

[155]林碧英，张瑜，陈青青，等，不同施肥水平对温室樱桃番茄生长和产量的影响[J].西北农业学报，2010，19（5）：122-126.

[156]李文娆，李建设，芦燕，等.不同施肥方式对温室樱桃番茄果实和土壤硝酸盐含量变化的影响[J].西北植物学报2005，25（9）：1798-1804.

[157]林春华，黄亮华.配方施肥对基质栽培樱桃番茄产量、品质和环境的影响[J].中国蔬菜，2000（1）：14-16.

[158]李焱.菌根真菌和腐植酸有机肥对樱桃番茄产量和品质的影响[J].北方园艺，2009（8）：95-97

[159]张德纯，曹华."特种蔬菜"栽培（一）概述[J].中国蔬菜，2001（2）：52-53.

[160]黄丽华，李芸瑛.樱桃番茄果实营养成分分析[J].中国农学通报，2005，21（10）：91-92.

[161]唐琳.水肥一体化对樱桃番茄产质量及肥料利用率的影响研究[D].广西大学，2013.

[162]杜红.不同N、K、Ca水平对基质栽培番茄的影响[D].山东农业大学，2014.

[163]乔红霞，汪羞德，朱爱凤，等.樱桃番茄滴灌专用肥配方选择及吸肥规律[J].上海农业学报2003，19（3）：80-82.

[164]罗安荣.温室樱桃番茄产量品质及水分生产函数[D].西北农林科技大学，2011.

[165]姜伟，王勇，曹继龙，等.日光温室番茄需肥特点及其科学施肥技术研究[J].内蒙古农业科技，2012（5）：56-58.

[166]鲁会玲，尤海波，王喜庆.滴灌技术在农业设施化生产中的应用[J].黑龙江水利科技，2006.34（2）：142-143.

[167]张新星，杨振杰，彭云，等.我国节水灌溉的现状与分析[J].安徽农业科学，2014，42（33）：11972-11974

[168]Ravi B, Sujatha S, Balasimha D. Impact of drip fertigation on productivity of arecanut（Arecacatechu L.）[J]. Agricultural Water Management, 2007, 90（1-2）: 101-111.

[169]Ham TK. Water management in drip-irrigated vegetable production using plasticulture technology for the intensive production of vegetable crops[J]. Proceeding of an ASHS seminar, 1994, 28-29.

[170]屈玉玲,胡朝霞,李武.设施蔬菜应用水肥一体化技术的试验研究[J],山西农业科学,2007, 35（10）: 83-85.

[171]陈碧华,郜庆炉、杨和连,等.日光温室膜下滴灌水肥耦合技术对番茄生长发育的影响[J].广东农业科学,2008（8）: 63-65+78.

[172]王荣莲,于健,谭玉梅,等.温室滴灌施肥水肥耦合对无土栽培樱桃番茄产量的影响[J].灌溉排水学报,2009, 28（4）: 87-89.

[173]李亮,张玉龙,马玲玲,等.不同灌溉方法对日光温室番茄生长、品质和产量的影响[J].北方园艺,2007（2）: 75-78.

[174]李战国.不同灌溉施肥方式对樱桃番茄产量和品质的影响[J].安徽农业科学,2008, 36（18）: 7623-7624.

[175]Hebbar SS, Ramachandrappa BK, Nanjappa HV, et al. Studies on NPK drip fertigation in fieldgrown tomato（Lycopersicon esculentum Mill.）[J].European Journal of Agronomy, 2004.21（1）: 117-127.

[176]邓兰生,张承林.滴灌施氮肥对盆栽玉米生长的影响[J].植物营养与肥料学报,2007, 13（1）: 81-85.

[177]贾彩建,周海燕,刘新渠,等.滴灌施肥对温室番茄产量及品质的影响[J].山东农业科学,2008（8）: 70-72.

[178]林涛,李锦泉,黄青峰,等.樱桃番茄新品种'红艳艳1号'的选育[J].福建农业学报,2011, 26（5）: 758-761.

[179]林潮澜,叶利勇,邹文武,等.不同有机无机肥料配比对番茄果实品质与产量的影响[J].上海蔬菜,2006（1）: 61-68.

[180]郝庆照,王春夏,朱明玉,等.大棚樱桃番茄水肥一体化水分与养分利用技术研究[J].现代农业科技,2013（21）: 93+98.

[181]傅西秀.设施蔬菜膜下水肥一体化滴灌概述[J].上海蔬菜,2013（5）: 74+79.

[182]张子鹏,陈仕军.水肥一体化滴灌技术在大田蔬菜生产上的应用初报[J].广东农业科学,2009（6）: 89-90.

[183]马兴华.蔬菜简易水肥一体化滴灌栽培技术[J].长江蔬菜,2014（9）: 43-45.

[184] 虞娜, 张玉龙, 黄毅, 等. 温室滴灌施肥条件下水肥耦合对番茄产量影响的研究 [J]. 土壤通报, 2003, 34 (3): 179-183.

[185] 李久生, 杜珍华, 栗岩峰. 地下滴灌系统施肥灌溉均匀性的田间试验评估 [J]. 农业工程学报, 2008, 24 (4): 83-87.

[186] 李久生, 陈磊, 栗岩峰. 地下滴灌灌水器堵塞特性田间评估 [J]. 水利学报, 2008, 39 (10): 1272-1278.

[187] 秦立金, 李嘉薇, 李慧敏, 等. 不同樱桃番茄新品种生长及品质特性比较研究 [J]. 赤峰学院学报 (自然科学版), 2018, 34 (11): 10-12.

[188] 李远新, 李进辉, 陈新芝, 等. 氮磷钾配施对保护地番茄生长发育及产量的影响 [A]. 中国园艺学会. 中国科协第 3 届青年学术年会园艺学卫星会议暨中国园艺学会第 2 届青年学术讨论会论文集 [C]. 中国园艺学会, 1998: 5.

[189] 姜汉川, 居立海. 氮钾肥配施对番茄产量和品质的影响 [J]. 江苏农业科学, 2005 (5): 117-119.

[190] 李战国. 不同灌溉施肥方式对樱桃番茄产量和品质的影响 [J]. 安徽农业科学, 2008, 36 (18): 7623-7624.

[191] 林碧英, 张瑜, 陈青青, 等. 不同施肥水平对温室樱桃番茄生长和产量的影响 [J]. 西北农业学报, 2010, 19 (5): 122-126.

[192] 武爱莲, 焦晓燕, 韩鹏远, 等. 增施有机肥对番茄生长、产量及土壤剖面硝态氮的影响 [J]. 山西农业科学, 2013, 41 (1): 66-69.

[193] 张东, 赵丹, 赵振海, 等. 广西田阳县兴城村樱桃番茄裂果原因分析与对策 [J]. 热带农业科学, 2014, 34 (7): 98-101.

[194] 李金霞, 冯国军, 毕洪文. 黑龙江省菜豆市场分析及发展对策 [J]. 北方园艺, 2017 (24): 205-210.

[195] 马云桥, 张介弛. 黑龙江省黑木耳菌种生产现状及发展对策 [J]. 北方园艺, 2010 (14): 218-219.

[196] 王红蕾, 陈立新, 杨述, 等. 黑龙江省蔬菜种业发展分析与展望 [J]. 农业展望, 2021, 17 (10): 71-75.